U0233761

超级生物
探寻指南

［美］马修·D. 拉普兰特＿＿＿＿＿＿著
（Matthew D. LaPlante）

胡小锐　钟毅＿＿＿＿＿＿译

SUPERLATIVE
THE BIOLOGY OF EXTREMES

中信出版集团｜北京

图书在版编目（CIP）数据

超级生物探寻指南/（美）马修·D.拉普兰特著；
胡小锐，钟毅译. -- 北京：中信出版社，2021.1
书名原文：Superlative: The Biology of Extremes
ISBN 978-7-5217-2442-4

I.①超… II.①马… ②胡… ③钟… III.①生物学
－普及读物 IV.①Q-49

中国版本图书馆CIP数据核字（2020）第222019号

超级生物探寻指南

著　者：［美］马修·D.拉普兰特
译　者：胡小锐　钟毅
出版发行：中信出版集团股份有限公司
　　　　　（北京市朝阳区惠新东街甲4号富盛大厦2座　邮编　100029）
承 印 者：中国电影出版社印刷厂

开　本：880mm×1230mm　1/32　　印　张：10.5　　　字　数：280千字
版　次：2021年1月第1版　　　印　次：2021年1月第1次印刷
京权图字：01-2020-5793
书　号：ISBN 978-7-5217-2442-4
定　价：59.00元

献给海蒂·乔伊

大自然的杰出使者

祖里已经满月了。虽然体重比我重，但它跑得比我快，也更有活力。当它踢着尘土和干草，从象妈妈身边跌跌撞撞地朝我跑来，把还没有长大的鼻子伸到我的相机前面的时候，我禁不住笑了起来。

尽管过程有一点儿曲折，但我还是得偿所愿了。

在阿富汗战争和伊拉克战争最激烈的那几年，我一直在美国盐湖城的一家报社工作，从事国家安全方面的报道。为了报道伊拉克战争，我曾三次踏出国门，亲眼看到了死亡、绝望和凄凉的场景。回国后，每天听到的又是关于诈骗、虐待、绝望和愚蠢行为的新闻报道，当地一家军事机构接连发生自杀事件，军人们因为在一家超级基金场所^①工作而身患重病，诸如此类。一场又一场军人葬礼接踵而来……

每一天，我都感到伤心、愤怒，因此，我觉得自己需要做点儿什么。

于是，我问编辑："你能不能让我偶尔写一些快乐的东西呢？"

"比如说？"他问道。

"比如说，小动物。"我回答。

"走开！"他说。

第二天、第三天，我又分别找了他一次，才最终说服了他。在不影响工作进度的前提下，我可以写一写当地的动物园。

一年后，我来到了一头幼象的面前。

"嘿，小家伙。欢迎来到这个世界。"我轻声地打着招呼，仿佛面对的是我襁褓中的女儿。

跑到我面前后，祖里停了下来。过了几秒钟，它把灰色的大耳朵伸展开来，歪着头，然后飞快地跑向拖着灰色肚子的母亲。一会儿工夫，它就跑回母亲身边。然后，它开始在泥里打着滑，翻着跟斗，还在干草堆里打滚。¹我一下子被它迷住了。

其实，我本来就对大象情有独钟。

我至今还记得我第一次去动物园的情景。更确切地说，我至今还记得那次看到的那些大象，特别是其中一头名叫斯莫基的非洲公象。在小得可怜的混凝土围栏的映衬下，它的身躯显得尤其庞大。我站在它的面前，在满心欢喜的同时，一股敬畏之情油然而生。竟然真的有这么大的动物！随后几年里，我经常会梦到它。我在上学用的笔记本里为它画像，

---

① 超级基金场所：严重污染场所。1980年，为解决危险物质泄漏的治理及其费用负担问题，美国国会通过了《综合环境反应补偿与责任法》，又称《超级基金法》。——译者注

还在日记里记录了一些关于它的故事。

像我这样对异乎寻常的事物情有独钟的孩子，当然不会少。孩子们天生就着迷于极端事物。如果你对此表示怀疑，就不妨做一个实验，看看能不能把小学生手中的《吉尼斯世界纪录大全》抢过来。上二年级时，我得到了我的第一本《吉尼斯世界纪录大全》，那是我从沃里克小学读书俱乐部订购的。拿到手之后，没过几天就读完了，我又从头开始读了一遍。我女儿8岁时，也经常翻看我放在桌上的《吉尼斯世界纪录大全》，一看就是几个小时。

她当然会乐此不疲，因为这套书里有无穷的乐趣。

世界上最古老的热带雨林在哪里？[2]哪种昆虫蜇人最痛？[3]哪种恐龙尾巴最长？[4]所有这些，书中应有尽有。此外，书中还列出了一些有人为因素的纪录，例如2015年，一个叫约瑟夫·托特林的家伙，在烈焰焚身的情况下被一匹马拖行了500米，目的是赢得一个值得商榷的荣誉：在浑身着火的情况下被拖行的距离超过人类历史上的所有已知纪录。

我们为什么这样做呢？我们为什么会关心这些纪录呢？其他动物在面对最大、最快、最强壮或者其他的极端品质时往往会不以为意，但我们总是十分关注。这似乎已经成为一个根深蒂固的习惯了。

或许，这个习惯早就有了。

世界各地的洞穴壁画描绘了人类远古祖先遇到的各种各样体型庞大的动物，包括猛犸象、长颈鹿、野牛和熊。在我们最古老的故事以及很多新故事中，体型庞大的巨人、龙和海洋生物比比皆是，包括中国古代神话中开天辟地的巨神盘古，以及现代美国电影塑造的一代又一代巨猿——金刚。

为什么"最大"总是那么重要呢？对古时候的猎人来说，猎杀最大的羚羊、瞪羚或角马，与猎杀一只普通大小的羚羊、瞪羚或角马相比，区别并不仅仅是有了炫耀的权利，还在于多了几天的口粮。"小脑袋猿人"[5]是我们人类的早期祖先。为了生存，他们必须与严酷无情的周围环境做斗争，而捕杀超级猎物的猎人可以给他们自己和家人带来生存优势。

这并不是说炫耀的权利不重要。对于想要生存下来的穴居人来说，那些能够杀死他们所在地区最快、最强壮或最致命动物的人是最好的伴侣人选。这是一种强大的选择力量。

对极端事物的迷恋似乎是人类的一种天性，但科学界常常表现出非常不感兴趣的样子。

以非洲中部的非洲巨蛙（*Conraua goliath*）为例。这种动物以海龟、鸟类和蝙蝠为食，[6]喀麦隆人称之为"bebe"，因为它有人类婴儿那么大。

由于蛙类是一种指示动物，对气候变化特别敏感，因此科学研究经常以蛙类作为研究对象。想知道如何快速准确地从几十种蛙的喧嚣中分辨出某一种蛙的叫声吗？通过一项名为"基于增强特征和机器学习算法的澳大利亚蛙类声学分类"的研究，你不仅可以找到答案，还会学到更多的东西。[7]想知道被铜、汞、铅和锌等金属污染的水对蛙的健康有哪些影响吗？"两个野生欧洲水蛙种群的组织对重金属污染的抗氧化反应"这项研究会告诉你答案。[8]收录科学、技术和卫生出版物的ScienceDirect数据库总共包含超过11.4万篇关于蛙类的研究文章。

在所有这些文章中，提到世界上最大的蛙的文章有多少呢？截至我创作本书的时候，一共有19篇。其中只有一篇是专门研究非洲巨蛙的，研究的内容是非洲巨蛙肠道里的寄生虫。在其他大多数文章中，世界上最大的蛙只是一个一笔带过的话题——它是世界上最大的蛙，仅此而已。

很多科学家一旦了解某个新研究课题的一鳞半爪，就会担心有人捷足先登。但是当克劳德·米乌德开始研究世界上最大的蛙类时，他并不担心会被其他研究人员占得先机。他唯一关心的是如何及时揭开非洲巨蛙的秘密。

米乌德是世界上最重要的蛙类专家之一。亲赴非洲巨蛙原始栖息地，对非洲巨蛙进行长时间实地研究的科学家为数不多，而米乌德就是其中之一。他认为，非洲巨蛙已经濒临灭绝，可能等不到人们开展任何有意义的研究就会消失殆尽。2017年开始有人研究非洲巨蛙，但在此之前，已经有10多年没有人评估过它的数量了。不仅如此，只有喀麦隆西南部和赤道几内亚北部的中低海拔地区才有的非洲巨蛙还遭到了人类的大量捕食，同时它们因为农业、伐木、人类定居和蛙类赖以繁殖的溪流沉积而承受着巨大的生存压力。[9]

因此，尽管非洲巨蛙在2004年被世界自然保护联盟（IUCN）正式列为"濒危"物种，但如今它很可能还要被贴上"极度濒危"的标签——这是为防止野外物种彻底灭绝而采取的一个不怎么可靠的措施。

我们不能把濒临灭绝看作这种巨型动物需要单独面对的一出悲剧。了解一种动物应对极端情况的能力，有助于我们更好地了解这种动物的整体情况。然而，无论是这种巨型动物的卵和幼虫发育，还是它的鸣叫、交配和产卵等行为，甚至是像它能活多久这样的基本信息，我们都还有很多不清楚的地方——有的也许永远也无法搞清楚。"这个物种的生物学知识中有很多黑箱，"米乌德告诉我，"失去这个物种，就会使我们在了解生物现象时受到影响，而且这种影响已经开始限制我们了。"

尽管如此，我们几乎没有采取任何拯救措施，更不用说研究这种世界上最大的蛙了——米乌德认为，它可能也是世界上最古老的蛙类之一。既然它兼具体型巨大和年代久远这两大特点，就不应该是一个巧合的产物。在某个方面出类拔萃的生物，在其他方面常常也是超凡脱俗的，这为我们观察、学习极端生物学提供了更多的机会。

但是，即使缺少平均寿命等最基本的信息，我们也不可能冒着风险，对这种巨型动物的生物性衰老和细胞衰老（细胞停止生长）过程妄加猜测。米乌德说："了解野生动物的衰老机制，有助于理解人体老化的生物学机理。"

这不仅仅是一种猜想。早在20世纪60年代，研究人员就注意到非洲爪蟾的衰老速度非常缓慢，[10]因此他们利用这种动物做了一些早期试验，以验证端粒（染色体上防止退化的"帽子"结构）的长度和老化之间是否存在某种联系。如今，很多研究人员在致力于研究阿尔茨海默病、骨质疏松症、心脏病等与年龄有关的疾病的同时，已经把关注的目光投向了端粒在人类衰老过程中所发挥的作用。

人们的爱好各不相同，有的喜欢做铁路模型，有的喜欢画水彩画，而我热衷于介绍不同学科的科学家相互认识。[11]最近通过我的安排，研究中美洲蛙群的爬行动物学家格雷斯·迪伦佐和世界上最著名的老化生物学专家之一、生物化学家劳拉·尼德霍费尔进行了一次对话。仅仅几分钟之后，两位科学家就蛙类对老化研究的启示展开了热烈讨论。

蛙的老化过程似乎非常缓慢，所以在野外找到一只衰老的蛙并不是那么容易。"我从来没见过衰老的蛙，"迪伦佐告诉我们，"我甚至不能告诉你蛙类衰老之后是什么样子，尽管我已经在丛林里待过很长一段时间了。"

他的话立刻引起了尼德霍费尔的兴趣。她刚刚在泽维尔大学参加了一个与老化研究有关的研讨会，还在会上做了一个关于小鼠的报告——小鼠的衰老过程与人类相似。她的报告结束之后，格洛斯特海洋基因组学研究所的安德烈亚·博德纳尔紧接着又做了一个关于海胆的报告。海胆似乎永远不会衰老。

尼德霍费尔说："我们通过研究不同的物种，获得了很多关于人类衰老的信息。"然而，小鼠和海胆在进化上相差很远。那么，小鼠和蛙类在进化中差异如何呢？这两者在遗传匹配上的关系更加接近，因此有助于我们寻找影响衰老的基因。

如果真的像一些研究人员建议的那样，把蛙类作为老化研究的模式生物[12]，那么世界上最古老的蛙能告诉我们什么呢？我们可能永远也不会知道答案。米乌德说，如果非洲巨蛙灭绝了，我们就会失去一扇了解自己的窗户。

想一想这中间的讽刺意味。人类对无尾目动物研究得非常多，没有几种动物能与之相比。为了帮助学生们学习肌肉骨骼结构、心脏生理学和神经生理学，美国的中学每年会杀死数十万只蛙。这几乎已经成为庆祝学生们踏入中学校门的庆典活动的一部分。

我们研究得最多的蛙类，比如爪蟾、蟾蜍、林蛙，体型大小处于蛙类的中间水平。体型最大的蛙是家猫大小的非洲巨蛙，体型最小的阿马乌童蛙只有铅笔头橡皮那么大。[13]就重量而言，我们最喜欢研究的蛙正好处于中间水平。从新陈代谢这个角度来看，它们需要的食物量也正好处于中间水平，诸如此类。从任何一种蛙类都有的特征来看，我们研究的蛙很有可能都处于平均水平。这真是太巧了！

不仅如此，我们还可以很容易地在自然界中找到这些蛙类。我们经常研究的蛙类之一——欧洲林蛙（*Rana temporaria*），遍布欧洲各地。实际上，它们被通俗地称作"普通青蛙"。

被研究人员普遍忽视的不仅仅是巨蛙。在ScienceDirect数据库收录的论文中，以世界上最大的蚯蚓——10英尺[①]长的澳大利亚吉普斯兰大蚯蚓作为标题的论文仅有三篇。这个数据库中没有任何一篇论文的主题是大脑最小的哺乳动物——马达加斯加的侏儒鼠狐猴。

---

① 　1英尺=0.304 8米。——编者注

在某种程度上，科学研究对超级生物不够关注是有道理的。本质上，极端现象是异常值。科学对存在于钟形曲线最边缘位置的数据有一种偏见，经常把这些数据排除在外，以消除极端变异性对统计分析可能造成的影响。这也是合乎情理的。

被很多研究奉为圭臬的功利主义，也认为这种忽视异常值的倾向性是有道理的。青霉素是20世纪20年代发现的。自此以后，它挽救了无数人的生命，但同时也夺去了一些人的生命。这是因为有些人——比如那些携带白细胞介素（一种刺激免疫系统的蛋白质）基因变体的人——对青霉素过敏的风险可能远远高于其他人，而青霉素过敏可导致皮疹、发烧、肿胀、气短、过敏反应，在一些非常少见的情况下，甚至会导致死亡。[14]对于这些人来说，亚历山大·弗莱明馈赠给人类的礼物无异于毒药。但是，如果医生认为抗生素不适用于所有人并因此拒绝给任何人开抗生素，那么我们中的很多人可能活不到现在。[15]

但在过去几年里，许多科学家逐渐认识到超级生物的潜力长期以来遭到忽视。围绕极端生物，尤其是濒临灭绝的动植物——伦敦动物学会称之为"具有独特进化意义的全球濒危"（EDGE）物种——展开的科学和环保活动出现了爆炸性增长。自2007年以来，伦敦动物学会不断向世界各地派遣研究人员，研究中国大鲵（世界上最大的两栖动物）、洞螈（在不进食的情况下可以存活的时间长于其他任何已知的脊椎动物）、三趾树懒（世界上已知新陈代谢率最低的哺乳动物），以及类似的动物。

这些生物不只是生物学上的罗塞塔石碑，它们还是人们不得不关注的生物。因此，它们是伟大的科学大使。我们迫切需要科学大使。尽管这种需要有时似乎不是那么迫切，但历史的大趋势是世界日益民主化。在这种趋势下，领导人做出选择时在很大限度上要考虑选民的愿望。在这样一个民主化世界里，如果人们普遍不了解某种事物——特别是具有客观重要性的事物，就有可能招致厄运。[16]

　　我在美国犹他州立大学教授新闻报道、专题写作和危机报道时经常告诉学生，要让读者关注任何重要事情，你的报道必须生动有趣。毫无疑问，极端生物是有趣的，利用极端生物进行生态、环保、研究和科学史方面的重要报道，可以吸引那些自认为对科学不怎么感兴趣的人。

　　值得庆幸的是，科学大使就在我们身边。只要你足够努力，就可以在世界上任何一个地方，找到在某个方面具有超级特征的生物。你会发现它们就居住在你后院篱笆上的苔藓里，悬挂在附近公园的树枝上，甚至正在你家附近的人行道上乱窜。

　　这些超级生物不仅有助于我们了解与它们密切相关的生物，还可以帮助我们了解人类在这个宇宙中的位置。

　　想知道我们的身体多么宏伟吗？我们可以暂时抛开生物学，想一想中微子——人类能想象到的最小的物质。到底有多小呢？想象一下，就在你思考这个问题的这一刻，数十亿中微子正在以接近光速的速度穿过你的身体。

　　想知道我们的身体有多么渺小吗？如果你知道目前可观测的宇宙的宽度有930亿光年，你就找到这个问题的答案了。1977年，从地球发射出去的旅行者1号探测器正在以每小时约40 000英里[①]的速度远离我们，飞驰在前往恒星"格利泽445"所在空间区域的宇宙高速公路上，目前快要到达140亿英里标记处了。假设它能避开沿途所有的星际灾难，那么它将在4万年后到达目的地——相对于我们迅速膨胀的宇宙而言，它的位置并没有发生十分明显的变化。[17]

　　如果我们以这种方式思考周围的事物，就可以清楚地看到我们与地

---

①　1英里≈1.61千米。——编者注

球上所有其他生物之间的联系。世间万物都是由118种已知元素组成的。相对于地球的46亿年历史而言，我们的存在只不过是一个无限小的时间点；而相对于大到不可思议的宇宙而言，地球只不过是"围绕一个小点运转的一个小点（这样的小点有很多）"[18]。地球生物的遗传密码是用相同的4种核酸"拼写"成的，通常由共用的长序列组成。

正因为地球上所有的已知生物都具有这种相似性，所以我们有必要去研究那些乍一看与人类以及已知生物的同类明显不同的生物。自然界中的那些超级现象——包括速度最快的动物、最小的生物、进化最慢的生物和最古老的生物——有助于我们深入了解自己的特性，进而有助于我们了解自己的潜力。

这种潜力在我们面前已经存在了很长一段时间，就半遮半掩地隐藏在我们周围那些最大的、最小的、最古老的、最快的、声音最大的、最致命的、最强壮的、最聪明的生物体内。对于这些生物，我们一直感到好奇，一直在收集它们的信息，也一直在讲述关于它们的故事。

我不再是一名日报记者，但我仍在从事大量的新闻工作，而且涉及的都是一些阴暗的主题，诸如非洲东北部的杀婴仪式、东南亚种族灭绝的遗物、中美洲的帮派冲突等。[19]与此同时，我仍然希望做一些能给我带来快乐、让我产生敬畏之心的事情，以平衡这类报道带来的痛苦。

因此，从几年前开始，我在东奔西走之余，还会抽空去看一看那些超级生物，例如世界上最大的植物、海洋中最聪明的居民和地球上最致命的捕食者。我不一定总能找到它们，但很多科学家非常热心，积极地帮助我了解这些生物。没过多久，我就了解到，研究这些生物的研究人员通常都十分热心，因为他们能分享我那种惊喜交加的感觉。总的来说，他们喜欢谈论他们的工作，而我喜欢和这样的人交谈。

我也会去看望祖里。它长大了很多，[20]也不像以前那么吵闹了，但我们经常会一起共进午餐。我坐在围栏旁，等它走过来，我们就会聊起来。

大部分时间都是我在说话。

我几年前来这里的时候，右边脸上缠了一大块绷带。祖里慢悠悠地走过来，凝视着我，似乎比平时看我的时间要长一点儿。

"癌症，"我告诉它，"但是不用担心，一切都过去了。医生把它切除了，不过我的脸上会留下一个很酷的伤疤。"

祖里歪着头，扬起了鼻子。

"我知道，我知道，"我说，"你永远不会患癌症的，是吗？"

它更加疑惑地看着我。

"好吧。"我说，"我来告诉你是怎么回事。"

第 1 章

迷人的大家伙

世界上最大的生物如何挽救人类的生命?

马果国家公园非常美丽。每当晨雾散去，就会露出蔚为壮观的景色。金合欢树林变成了鸟类和狒狒的游乐场。除了偶尔有蟒蛇光顾，一小队公园护林员也会来这里巡视。近些年来，在与埃塞俄比亚西南部的大象偷猎者的对抗中，这些护林员逐渐落了下风。

马果的狩猎管理员曾要求护林员对公园里的大象进行一次普查。2017年秋天，他邀请我和来自南奥莫河谷卡拉部落的护林员凯尔·艾克一起徒步巡逻。天未破晓，我们就从营地出发了，沿着一条湍急、混浊的河流，在公园东北部的山脉与河谷中穿梭前行。但是就在我们出发之前，艾克还笑着说这个任务毫无意义。

"我们知道这里有大象，"当我们在茂密的荆棘中穿行时，他告诉我，"那是因为我们有时会看到它们的足迹，但是，我们已经有几年没看到过大象的身影了。这些年没有人看到过真正的象。"

果然，那天我们看到了扭角林羚、水羚、犬羚、狒狒和珍珠鸡，就是没看到大象。有一次，一个灰黑色的大家伙似乎在我们前面100码[①]左右的地方悄悄钻进了灌木丛。我们看到树梢晃动，但等我们赶过去，它仿佛树林里的幽灵一般，消失不见了。我们跟随着大象留下的杂乱无章

---

① 1码=0.914 4米。——编者注

的脚印走了几英里,又走了几英里,但是除了看到被踩得乱七八糟的草地和汽车轮毂罩大小的泥坑外,我们一无所获。

在有些地方——就在马果国家公园以南不远的某些地方,大象生活的环境比较安全,因此象群数量稳定,甚至还在增长,但南奥莫河谷不在此列。

"幸存下来的大象都躲起来了,"艾克说,"它们吓坏了。"

回到护林站后,自然保护官员德米拉什·德尔莱因向我解释了其中的原因。德尔莱因从他那张快要散架的书桌抽屉里抽出一本旧账簿,打开泛黄的书页,翻出一张手工绘制的表格。然后,他重重地发出了一声与他瘦弱的体型不搭的叹息。

"这是我自1997年以来的亲笔记录,"他说,"你看这儿,那时我们在马果发现了近200头大象。"

德尔莱因告诉我,他们真的亲眼看到了那么多大象。根据这些数字,埃塞俄比亚野生动物和自然历史学会估计,当时在马果可能有多达575头大象。[1]根据最新调查,到了2014年,这个数字已降至170头左右。德尔莱因说,尽管大象数量已经这么少,但保护措施得当的话,还是有可能增长的。

"但它们没有得到保护,"他说,"我们没有采取任何措施。"

"那现在还有多少呢?"我问。

德尔莱因的头低了下去,说道:"不多了,已经所剩无几了。"眼泪在他的眼眶里涌现。

他甚至不敢去猜测一个具体的数字。这太难了。

我们在他的办公室外面用瓶盖下棋时,我问艾克和他的同事们,如果马上进行大象普查,大象的数量可能是多少。

"15头?"艾克猜了一个数字,其他巡逻人员纷纷点头。

"几年前有170头，现在就只剩下15头了？"

他们又点了点头。

马果国家公园四周都是部落，包括卡拉、哈马尔、穆尔西和阿里。这些部落的成员一直在猎杀大象。虽然他们的捕杀规模不是很大，但一头大象从出生到长大，并不是那么容易。

但是，当政府出售这些部落的土地，允许外国投资者在该地区开设工厂时，一些部落成员用政府不允许的行为来反抗。他们开始猎杀更多的大象，用象牙换取现金和枪支。

德尔莱因有极强的同情心。和他一起工作的巡逻人员都来自周围的部落。他说，政府直截了当地对部落提出了各种要求，没有考虑"如何以正确和尊重的方式与他们交流"。

巡防队根本没有办法保护这些动物。德尔莱因说："我们42人要巡逻整个公园，但公园的面积超过了2 000平方千米。我们没有卡车，枪也没有几支，而且我们没有受过这方面的教育或培训。"

对于伦敦动物学会EDGE物种项目的负责人尼莎·欧文来说，这一切都不足为奇。她说，在全世界范围内，都没有足够的管理人员来保护那些需要被保护的物种。"归根结底，保护动物需要通过与人交流来实现。交流得好，我们可以产生巨大的积极影响，但如果交流得不好，就有可能使情况变得更糟。"

然而，好的交流需要理解，而我们在这方面起步很晚。事实上，直到1977年，才有人想到要组建一个研究者协会，对非洲象和亚洲象进行科学探索。[2]

从发表在第一期《大象》杂志上的一篇协会工作状况评论文章可以看出，在20世纪70年代这个领域是多么落后。一家动物园向协会报告说，他们对两个不同物种——非洲公牛和亚洲母牛——杂交繁殖很感兴趣。这是一个毫无意义的生物工程,在今天看来更是自然保护受到的一个诅咒。[3]"近期资料精选"列出的参考文献是一些更复杂的科学探索,但即使是这样一份清单,里面也充斥着与基本属性相关的问题,例如:大象能活多久,它们能吃多少东西,它们喜欢什么样的栖居环境。这样的问题,科学家在几十年甚至几百年前就应该已经研究过了。

在《大象》创刊15年后,它的编辑、生物学家杰斯克尔·肖沙尼[4]仍在感叹:我们还有许多关于大象的非常基本的信息没有收集到。他的《大象:野外的宏伟生物》(*Elephants: Majestic Creatures of the Wild*)一书对这种世界上最大的陆地动物的社会、经济和生态作用进行了深入研究,书中写道:"我们才刚刚开始了解大象的行为及其在生态系统中的作用。"[5]

著名动物学家理查德·劳斯在为该书撰写的前言中称,当时有一个新发现——大象可以通过一种叫作"次声"的超低频声波进行远距离交流,让他惊叹不已。

这并不是说当时不可能有这样的发现,因为人类用仪器探测到次声已经是在此之前75年的事了。[6]但此前没有人想过要尝试一下。"毫无疑问,"劳斯补充道,"还有更多重大发现有待我们去完成。"

一旦开始认真地研究大象,我们就会清楚地看到一个事实:劳斯的那句话太过于轻描淡写了。

为什么说大象就是武术家?

与其说非洲象是异常值,不如说它是一个必然结果。

这种陆地上现有的最大哺乳动物可以被用来宣传柯普定律。这个以古生物学家爱德华·柯普的名字命名的假设[7]是19世纪提出来的,它认为随着时间的推移，一个谱系中的动物往往会体型越变越大。[8]

从长远来看，这是显而易见的。大约40亿年前，生命以单细胞生物的形式，首次出现在地球上。到了大约2.3亿年前，这些微小生物进化成了恐龙，随后统治了地球1.65亿年，并逐渐变得越来越大，直到……

"轰"的一声……一颗小行星带来了毁灭性的灾难，把地球表面的大型生物几乎一网打尽。幸存下来的大多是体型较小的穴居动物，它们可以蛰伏起来，等待剧变落下帷幕。"大自然母亲"以这些小动物为出发点，重新开始她的创世工作。每过一个千年，被创造出来的动物就会变大一些。今天，地球表面再一次出现了巨型动物四处游荡的场景，包括长颈鹿、犀牛、河马和大象等。

柯普定律并不完美。在大量的化石记录中，我们很容易就能找出那些对生存时代和生存地点等条件做出相反反应的谱系。然而，从长久来看，那些没有灭绝的动物往往会体型再次变大。因此，将柯普定律绘制成图的话，就会发现它不像一条直线，而是更像一个反向的过山车——它不断上下起伏，但从长远看，它会越爬越高。

同人类和其他有胎盘类哺乳动物一样，大象很可能也是从这样一种动物进化而来的：它长着毛茸茸的尾巴，以昆虫为食，体型与大鼠相仿，外表与长着长鼻子的鼩鼱相似，体重28克。[9]在随后的几个纪元里，地球上出现了35磅[①]重的磷灰兽。它看起来像是沙鼠和河马的混合体。后来，又出现了重达1 000磅的渐新象。它的下巴向前伸出，因此看起来更像是大象和杰·雷诺的混合体。再后来，地球上出现了重达4 000磅的古乳齿象。它看起来与现代大象比较相似，但鼻子较短，嘴巴的四个角都长着象牙。

---

①　1磅≈0.45千克。——译者注

　　所有这些动物似乎都属于今天的非洲象所在的那个谱系。自 6 500 万年前恐龙在地球上销声匿迹之后，非洲象就是地球表面最大的动物。（体型最大的猛犸象在身高上可与它们的现代近亲相媲美，但体重可能不及最大的非洲象，后者体重可达 1.5 万磅。）自上一次大灭绝以来，地球上估计有 650 万种陆生物种，[10] 而在地球表面曾经生活过的数亿种生物中，大象的确算得上一种神奇的野兽。

　　达尔文认为，小动物随着时间的推移而变成大动物是自然选择在起作用。这个解释非常合理。因突变而导致体型与力量都略有增加的个体，能更好地适应竞争配偶、夺取食物以及击退捕食者等活动。

　　但是，可能因为导致柯普定律的最重要因素是一些显而易见的东西，它们常常被人们所忽视。正如进化生物学家约翰·邦纳曾经向我解释的那样："顶层总是有空间的。"他认为，体型较小的动物必须与许多处于类似生态位的其他动物竞争。但是一旦某种动物发现自己处于生物群落的最顶端，"它们就会逃避竞争"。因此，随着时间的推移，许多动物越变越大。

　　不仅体型变大了，形态也发生了变化。这是因为在生物成长时，支配物质和能量的宇宙法则会影响各种维持生命的力量。邦纳在《为什么体型很重要》（*Why Size Matters*）一书中指出，体型是包括进化在内的所有生物过程的驱动力。正因为如此，大象看起来像大象，而不是我们的共同祖先放大后的样子。邦纳认为，它们之所以变大了，并不是因为像长鼻子这样的突变使它们更能适应环境。事实上，这些突变的出现是适应其生长的需要。

　　为了解释其中的道理，邦纳经常援引乔纳森·斯威夫特的《格列佛游记》（书中主要讲述主人公在几个偏远国度的游历。这本书全四卷，主人公里梅尔·格列佛曾经是一名医生，后来在几艘船上担任过船长）中的大人国居民。斯威夫特笔下的小人国居民看起来和人类一模一样，但个头儿要小得多。大人国居民同样长得与人类非常相似，但身高比我们高12倍，接近70英尺。但这么高的身高会导致一个物理问题——身高增加后，身体的宽度和厚度也会相应增加。据邦纳估计，要填充这样大的体型结构，大约需要12~13吨重的组织和骨骼。

仅仅将人腿按比例放大，是不可能支撑这个重量的。邦纳说，为了能够行走，大人国居民的下肢必须非常粗壮，因此他们看起来就像是"腿部患有晚期象皮病的病患"。[11]所以，我们无须考虑他们看起来像不像人的问题，因为他们不可能长得与人相似。

尽管如此，大象不仅使我们有机会了解物理学和进化相互配合时可以产生多大的力量，还能教给我们很多有关于生存的知识，因为大象是符合柯普定律的最极端陆生动物的一个范例，在生存方面具有很多优势，与此同时也具有很多劣势。

进化似乎会驱使许多动物（尤其是哺乳动物）随着时间的推移越变越大，[12]但它最终也会把最大的动物推向灭绝的深渊。我把这种现象称为"柯普悬崖"。体型较大的动物每天需要更多的食物和水来维持生存，因此在食物匮乏的时候更容易饿死。此外，它们的妊娠期更长，往往一次只生育一个后代，这意味着它们无法像小型动物那样迅速地更新换代，更不用说增加数量了。因此，它们无法快速进化以应对气候变化。

正是出于这些原因，人类才不需要继续和巨河狸（*Castoroides*）这样的动物共同生活在地球上。巨河狸是一种史前巨兽，体长可达7英尺，体重超过112千克。它们可能是在11 000年前灭绝的，与之一起消失的还有雕齿兽（一种犰狳，学名*Glyptodon*，体型与大众"甲壳虫"汽车相仿）和巨爪地懒（身高达10英尺的树懒，学名*Megalonyx*）。在所有这些动物之前从柯普悬崖上完成致命一跳的是真正的大脚怪——巨猿

（ *Gigantopithecus* ），这是一种10英尺高、1 000磅重的食果类人猿，曾经栖息在今中国南方所在地区。[13]

这些动物体型庞大，但现在已经不复存在了。

由此可见，体型虽说越大越好，但过犹不及。这就是世界上最大的陆地动物如此特别的原因。体型庞大是大象得以生存的一个原因，同时也是大象面临的一大麻烦。出于某种原因，走钢丝般地走在进化道路上的大象，成功地在巨大体型和巨大压力（例如剧烈的环境变化，饥饿的捕食者，以及进化的必要性）之间找到了平衡。它们就站在柯普悬崖的边缘，岌岌可危，却没有掉进那可怕的深渊。这几乎是一个奇迹！

大象确实是现存陆地动物中体型最大的，但如果动植物已经进化出所在谱系中其他物种无法比拟的超级体型，那么它们都曾走过同样不可思议的进化之路。长颈鹿、巨杉、蓝鲸，无一例外。这些生物是进化道路上的柔术大师，力量、平衡和健康在它们身上完美地结合到了一起。它们的体型就是线索，只要我们愿意拜倒在它们脚下，就能学到关于在这个世界上生存的大量知识。[14]

为什么说大象的细胞就是善解人意的僵尸？

乍一看，我和我的朋友祖里在外形上没有多少相似之处。它有大鼻子，而我有大拇指。它的皮肤呈灰色，有很多裂纹，而我的皮肤呈粉红色，有雀斑。它可以通过鼻子和脚上的震动探测到低沉的隆隆声，进行远距离交流，而我有短信、电子邮件和推特。此外，因为各种原因，作为一头幼象，它的体重约为251磅，远远超过了我成年后的最高体重。

从生理学这个角度来看，我们似乎无法找到比非洲象更不同于智人的哺乳动物。

但非洲象与智人也有很多共同点。作为哺乳动物，这两个物种的寿命都异乎寻常地长——停止繁殖后还能再活几十年，而许多其他动物在停止繁殖后往往就会终止生命。两者都是群居动物，生活在高度复杂的群落中。我们的大脑都比较大，即使是结合体型来考虑的话，也不算小。

那么，我们的基因组是否相似呢？答案是两者有很多重叠。大约3/4的大象基因与人类相似，这些相同的遗传物质是我们深入了解大象的一个潜在途径。

自从分化成不同的物种以后，人类与大象共有的基因编码已经发生了很多变化，但两者的DNA（脱氧核糖核酸）中仍然有大量序列在执行着明显相似的功能。因此，如果我们看到大象的基因组发挥了某种功能，人类在条件合适时也能利用自己的基因组实现同样的功能，我们无须感到不可思议。

利用DNA图谱研究进化过程的先驱、著名生物人类学家莫里斯·古德曼为我们树立了一个榜样。为了验证解决大脑体积大、氧气摄取量高的方法是否真的是人类独有的，古德曼对15种动物的基因组进行了分类。他发现这些动物在过去的3.1亿年里先后朝着不同的方向发展，但开始的时间相差很大。[15]古德曼意识到人类和大象的"有氧能量代谢"基因（它们会影响线粒体对氧的使用）都经历了一个加速进化期。[16]

我们无法理解的是，当这个快速变化期开始时，人类和大象早就因为面临大脑不断变大这个共同的问题，在不同的历史时代在生命进化树上分道扬镳了（原因是某个共有的遗传特性开始分别进化）。[17]因此，我们需要加以重视的不仅仅是这两个物种在分道扬镳时所共有的遗传特性，基因组根据环境需要开发这些遗传特性的潜力同样应该引起我们的重视。

这种潜力是比较基因组学这一新兴领域研究的核心内容，也是儿科肿瘤专家乔希·希夫曼的核心研究内容。希夫曼的狗死于癌症，因此他有一个日益坚定的信念：他要解开治愈癌症的奥秘。

这得从 2012 年夏天说起。当时，希夫曼的爱犬罗迪死于组织细胞增多症，一种攻击皮肤细胞和结缔组织的疾病。希夫曼告诉我："这是我妻子唯一一次看到我哭。罗迪就像是我们的第一个孩子。"

希夫曼听说过伯恩山犬患癌症的风险很高，但直到罗迪死后，他才知道这种风险到底有多高。伯恩山犬活到 10 岁以后，有 50% 的概率会死于癌症。

他说："我突然意识到，新兴的比较肿瘤学是一个全新领域。我情不自禁地想，我要成为开创者或者领导者，帮助推动这个领域的研究向前发展。"

人们发现，体型大小似乎与癌症发病率无关。这一现象被称为"佩托悖论"，是以牛津大学流行病学家理查德·佩托的名字命名的。希夫曼一直对这个发现感到非常奇怪。但是，当希夫曼带着他的几个孩子去犹他州的霍格尔动物园游玩时（我有时也会来到这里，和我的大象朋友祖里共进午餐），所有问题一下子迎刃而解了。

一位名叫埃里克·彼得森的饲养员正在对一群游客做介绍。最后，他顺便说了一句：动物园里的大象经过了训练，允许兽医从它们耳后的静脉中提取少量血液样本。在人群散去后，身材瘦削的希夫曼激动地向他走来。

"我有一个奇怪的问题。"希夫曼说。

"没关系，我们已经习惯了。"彼得森回答说。

"那就好——我怎么才能弄到一些大象的血呢？"希夫曼问道。

彼得森想，要不要给保安打电话呢？但在希夫曼做了一番解释之后，这位动物饲养员告诉这位好奇的医生，他会考虑这个问题。两个半月后，动物园的机构审查委员会同意了希夫曼的请求。

从那以后，一切都顺利得到了解释。

导致癌症发生的一个原因是细胞分裂。细胞每次分裂时都会复制自己的DNA，由于各种原因，这些复制有时会出现错误。细胞分裂得越多，出错的概率就越大，出现过的错误就越容易被一次又一次地重复。

那么大象的细胞呢？它们分裂得非常频繁。仅仅几年时间，祖里就从第一次出现在我眼前时的体重长到它现在的体重。想到这需要完成多少次细胞分裂，我们就有理由相信大象患癌症的可能性应该很高。但事实上，大象几乎不会患癌症。

希夫曼说："大象不仅体型庞大，而且长得非常快，很快会从300磅重的小象长成1万多磅重的大象，每天要长3磅多。从这个角度看，小象应该活不到成年，它们患癌症的概率是（人类的）100倍。仅仅考虑概率的话，大象应该会尸横遍野。"他说，它们甚至可能在达到繁殖年龄之前就死于癌症。"它们应该已经灭绝了才对！"

已经有比较肿瘤学家认为大象癌症发病率异常之低与p53基因（与某个已知的人体抑癌基因相对应）有关。大多数人都有一份这种基因的拷贝，即拥有两个等位基因。然而，那些患有遗传性李–佛美尼综合征的人只有一个等位基因，他们患癌症的概率接近100%。因此我们可以断定，p53等位基因越多，越有可能避免患癌症。研究表明，大象有20个p53等位基因。

事实上，大象身上不仅有更多这样的基因，而且这些基因的行为有一点不同。这是希夫曼研究动物园提供的大象血液后取得的重大发现。

人体中的抑癌基因抑制肿瘤生长的第一种方法是修复有缺陷的细胞，癌症就是这些细胞导致的。因此，希夫曼的团队一开始认为，p53基因越多，大象修复细胞的能力就越强。为了观察细胞的修复，研究人员将大象细胞暴露在辐射下，以造成DNA损伤。但他们注意到，大象的细胞似乎会自然地杀死受损细胞，而不是试图修复受损部位。

为了理解这个现象，我们可以想一想在僵尸来袭时你该采取什么应对措施。为了避免侵染，你肯定会和僵尸进行长期艰苦的斗争，对不对？如果僵尸要咬你的手臂，而你又无力阻止，再假设你的枪膛里只剩下最后一颗子弹，而且你还有点儿时间考虑自己可以为那些仍然活着的人类同胞做些什么，在这种情况下，你会怎么做呢？

大象的细胞就是这么做的。接受 p53 基因的指令后，突变的细胞会放弃抵抗。一旦发现恶性突变已经不可避免，它们就会通过一个叫作细胞凋亡的过程结束自己的生命。

大象的细胞针对的并不仅仅是某一种癌症。显然，p53 基因可以让细胞对大象身上发生的各种恶性突变细胞都做出这样的反应。这一发现与传统的假设截然不同。传统的假设认为，所谓的癌症其实是身体机能出现了一系列复杂的紊乱，没有任何单一的治疗方法可以治愈。[18]

我第一次见到希夫曼是在 2016 年，当时他正因为大象有可能帮助我们了解癌症而兴奋不已。不过，他也非常谨慎，当时的他并没有告诉任何人他很快就能找到治愈癌症的方法，甚至没有说他有可能获得成功。

然而，仅仅几年后，希夫曼就公开表示他要让全世界的人都摆脱癌症。我们至少可以认为他在实验室里取得的进展使他看到了希望。

希夫曼和他的团队仿照他从祖里和世界各地的大象身体内提取的 DNA，制成了一种合成 p53 蛋白，然后注射到癌细胞中。从延时视频看，实验结果明白无误，而且令人吃惊。

乳腺癌细胞没有了。

骨癌细胞没有了。

肺癌细胞也没有了。

所有癌细胞都无法逃脱这种面对僵尸细胞的壮士断腕之举，它们先是萎缩，然后烟消云散，没有留下任何可以变异的东西。[19]希夫曼目前正与以色列理工学院的纳米药物输送系统专家阿维·施罗德合作，研制微型输送工具，将合成的大象蛋白输送到哺乳动物的肿瘤中。

即使大象研究只能给我们带来这些好处，也已经相当可观了。

但事实上，这还仅仅是冰山一角。

为什么说大象的性兴奋对其他动物有好处？

故事发生在一个夏日，地点是奥克兰动物园，这是美国为数不多的在公象保护方面得到公认的几家动物园之一。

那天下午，许多游客正围在几头展出的大象周围，但很少有人会注意到那头23岁、名叫奥什的大象。突然，它一边摆动着硕大的脑袋，一边缓步走了过来，一直走到距离游客最近的那个围栏角落，然后停在那儿。它的庞大身躯给人一种震撼的感觉。事发当日，奥什身高10英尺①9英寸②，体重为13 000磅。它的腿像围栏周围的树木那样粗大，眼睛闪着琥珀色的光。它的耳朵像跳动的主动脉，在扇动时能拍打到肩膀，同时扇起了大片的尘土。它的声音低沉，既有鸽子咕咕叫的抑扬顿挫，又有远方火车驶过发出的八度和音。

当奥什把鼻子伸过围栏，凝视关着几头母象的隔壁围栏时，游客们咯咯地笑了起来，发出了一声声"啊呀，我的天啊"的惊叹。但是，当奥什的阴茎从它的两条后腿之间露出来，并且随着勃起变得越来越大时，展馆里传来了惊恐的父母们发出的喘息声，以及孩子们被同行的成年人

---

① 1英尺＝30.48厘米。——编者注

② 1英寸＝2.54厘米。——编者注

拉着迅速离开的脚步声。

　　奥什显然对那几头母象感兴趣，这是一个好兆头。它的第一次发情期刚好过去一年多。到了发情期，公象就会变得异常好斗，饲养员也会很谨慎，却很想把它们和母象关到一起。毕竟，每多一头有生育能力的公象，就有可能增加圈养象群的基因多样性。动物园的支持者认为这对物种保护至关重要。

　　当时（2017年），人们已经发现通过人工方法从奥什身上采集到的精液因为受到尿液污染而失去了繁殖力。动物园的动物护理主任科琳·金斯利告诉我，她希望可以通过更"顺其自然"的方法来改变大象的繁殖态势，但这需要奥什带个好头。[20]

　　金斯利和她的员工在奥什那儿遇到的难题并不罕见。随着野生大象的数量持续下降，美国动物园和水族馆协会敦促其成员优先解决繁殖事宜，但几乎所有野生物种的圈养繁殖都面临各种各样的困难。克服这些困难需要具备创造力、耐心、运气、经验，还需要财力的支持。

　　对大象的研究可能起步晚了一些，但现在每年都有数百份关于野生和圈养大象的科学报告发表，其中许多研究都非常关注在生育繁殖方面取得的发现。温迪·基索（Wendy Kiso）是这一领域的杰出代表。2005年前后，她曾在佛罗里达州波克城的林林兄弟大象保护中心担任研究员。林林兄弟马戏团①在关停了大象表演后，将之前用于表演的几十头大象送到了该保护中心。基索取得了多项成果，其中之一是确保大象精子在冷冻后仍能存活的新方法。基索发现，将精液稀释到卵黄乳液中能起到这个效果。[21]基索和她的团队还发现，通过林林兄弟保护中心象群体内乳运铁蛋白（一种有助于将铁传递至细胞内部的抗菌蛋白，所有哺乳动物

————————————

① 林林兄弟马戏团：又称"玲玲马戏团"，是世界三大马戏团之一。——编者注

体内都有这种蛋白）的数量可以预测这些大象精子质量的变化。

这类研究看似深奥，但其实不然。为什么这么说呢？既然我们在与人类的癌症抗争这个问题上可以从大象身上学到很多知识，那么在如何拯救其他动物这个问题上，我们同样可以通过保护大象学到很多知识。基索及其团队的研究成果已经一次又一次地成为科学家手中的基础材料，用于研究（以及拯救）其他动物，包括那些不像大象那样善解人意、受公众喜爱或得到大量资金支持的动物。[22]

世界自然保护联盟的濒危物种红色名单上有超过4万个物种，其中已经有数千个物种被宣布为"极度濒危"。在新一轮种群评估之后，还将有数千个物种可能会获得这一称号。这些动物中很少有像大象那样能让全世界的人为之倾心而甘愿掏腰包的。

拯救濒危动物的一个难点是保护遗传多样性。因此，环保主义者一直在努力地从尽可能多的来源采集动物精子、胚胎、组织、血液和DNA，以建成基因资源库。这些资源库就是一份"保险单"，可以确保我们掌握充足的遗传物质，尽最大可能地拯救濒危动物。

在保存濒危动物精子方面，我们所掌握的知识大多来自我们投入了数十亿美元的人类生育能力研究，以及为了繁殖成功而大量饲养的那些牲畜。我们通常认为，如果这些知识适用于智人，而且适用于牛，它就适用于其他任何动物。基索团队证明了事实并非如此。即使是亚洲象和非洲象这两个关系密切的物种（它们大约是750万年前分化的），也需要被区别对待。例如，他们的另一项研究表明，在采取不同的冷冻技术时，亚洲象和非洲象的精子会有不同的反应。[23]在那之前，对于世界最大陆地动物排行榜上排名前两位的这两种动物的精子，人们一般都是用同样的方法加以处理的。

那篇论文发表两年后，著名生物学家、在业内享有盛誉的史密森学会会长皮埃尔·科米佐利在为其他濒危野生动物的生殖研究寻求投资时，就曾援引林林团队的成果。与人和牛相比，这些动物与其他濒危物种的共同点要多得多。尽管冷冻保存是国际保护组织使用的一项重要技术，但科米佐利感叹说："几乎所有其他物种……我们都还没有研究过。"[24]

现在由于大象的巨大影响，情况已经开始改观了。但是，这些因为体型巨大而深受所有人喜爱的动物，并不是仅仅通过这一种方式来改变我们长期以来的科学假设。

为什么我们对长颈鹿的了解几乎都是错误的？

1801 年，让-巴蒂斯特·拉马克指出，动物频繁、持续地使用任何一种特性，都会逐渐增强这种特性并将其推向"发展的极限"。[25]这是拉马克学说的一个标志性例子。

1809 年，拉马克在描述长颈鹿及其长脖子时指出："在长期干旱、土壤贫瘠的地方，长颈鹿只能吃树叶，而且需要不断地伸长脖子才能吃到树叶。这导致它的前腿比后腿长，脖子也变得非常长。"

1859 年，《物种起源》的出版确立了查尔斯·达尔文的进化理论，拉马克信奉的很多观点被取而代之。尽管"用进废退"遗传理论仍然风靡一时，但这个理论的大部分内容在 20 世纪早期孟德尔遗传定律占据核心地位之后也被人们遗弃了。[26]不过，"长颈鹿长高是因为要去吃树叶"的观点一直存在，而达尔文本人也起到了推波助澜的效果。达尔文说，长颈鹿"能吃到长在高处的树叶，因此完美地适应了环境"。[27]

现在，即使大多数人不知道拉马克学说和达尔文进化论的区别，他们也会告诉你：不论长颈鹿是如何进化成世界上最高的动物的，它们的目的都是吃到长在高处的树叶。

　　但是有一个问题：该理论没有得到大量证据的支持。

　　早在1991年，有人注意到长颈鹿经常不需要充分利用自己的身高就能吃饱肚子，在大多数情况下，它们甚至还要俯下身来才能进食。[28] 这个观察结果后来得到了其他科学家的证实。他们发现，在干燥的季节（这个时段的食物竞争应该最激烈，因此动物面临的选择压力最大），长颈鹿甚至更有可能像那些有竞争关系的食草动物一样，以低矮的灌木为食。[29]

　　琳恩·伊斯贝尔是最早观察到这个现象的一批人之一。这位经验丰富的野外研究员特别善于捕捉其他科研人员忽略的东西。她说，我们往往用因果关系来思考进化问题，但这种做法过于简单化了。她告诉我："我最感兴趣的东西之一就是动物面临的多种选择压力。"她把重音放在了"多种"这两个字上，以强调动物面临的选择压力不止一种。"动物生活和进化的环境异常复杂，所以总是有多种选择压力同时产生。"

　　尽管伸长脖子吃高处的树叶绝对有可能是导致长颈鹿成为超级生物的多个因素之一，但伊斯贝尔等科学家已经找到了大量令人信服的证据，证明这不是主要因素，更不是像很多人被告知的那样作为唯一因素存在。

　　毕竟，长颈鹿并不是在进食时才使用它们的长脖子和长腿，它们还会用脖子打架。雄性长颈鹿用它们厚实的头骨当大槌使用，脖子越长、越重，在与对手争夺雌性长颈鹿时就越有优势。此外，它们在踢和跑的时候要用到它们的长腿。因为身边有一些最冷酷无情的食肉动物，长颈鹿生活在或战或逃的环境中，所以踢与跑是两种关键的生存技能。

　　长颈鹿无与伦比的身高不是简单的因果关系演化的产物，更有可能是选择压力（当然包括吃到高处食物的能力，但同时也包括应对性内竞争和逃脱捕食者追捕的能力，以及在需要保护自己与幼崽时挺身而出、参与战斗的能力）接踵而来造成的结果。这个观点有助于解释宾夕法尼亚州立大学的科学家发现的一个现象。这些科学家将长颈鹿的几个基因组与貜㹢狓（长颈鹿的一个近亲，身高远比长颈鹿矮小，从后腿及臀部看与斑马比较相像）的基因组进行了对比，结果发现，自从它们在不算久远的 1 100 万年前分化成两个谱系之后，已经有 70 种基因发生了显著变化。[30]

尽管如此，基因测序不仅为"长颈鹿长高是无数选择压力导致的"这个观点提供了证据，还表明人们对这个物种的理解存在问题——现在人们发现"长颈鹿是一个物种"的说法似乎是一个根本性误解。

当阿克塞尔·扬克第一次提出我们可能需要改变对长颈鹿的认识时，人们都不愿相信他。扬克知道其中的原因。这位遗传学先驱说，当他从非洲各地的长颈鹿身上提取的 DNA 样本显示出惊人的基因多样性时，就连他自己都不敢相信。[31]他回忆道："我当时就说：'这有点儿奇怪。'我没有怀疑它们分属不同的物种，但是当我们用不同的方法分析数据时，发现这些数据分成了四大类。"

他说，即便如此，他还是有点儿犹豫，不敢公然与传统观点唱反调。"因为，显而易见，每个人都知道长颈鹿。"他说，"如果你问一个 4 岁的孩子长颈鹿是什么，她都能告诉你答案。"

"对，就是那种长得非常高的动物。"我说。

"完全正确。"扬克说，"每个人都知道，但也就知道这些吧……如果我们基于某一种属性来考虑这些动物，往往就会忽略一些东西。"

把长颈鹿归类为单一物种是 18 世纪的事，而且这个决定是一个从来没有见过活着的长颈鹿的人单方面做出的，他不知道也不关心长颈鹿在体型、花纹、行为特征、地域分布和交配行为等方面彼此差距非常大。但这个人是卡尔·林奈——生物分类学之父。事实证明，他在为 12 000

种动植物分类时创建的架构相当坚固，甚至神圣不可侵犯。尽管这显然是一个不完善的系统，而且已经有人提出了替代方案，但我们仍在使用林奈250多年前提出的双名法。[32]

然而，当扬克对林奈的单一物种假设实施基因测试时，他发现不同种类的长颈鹿彼此之间的差异就像北极熊与灰熊之间的差异那样大。他确定了长颈鹿有4个不同的物种，包括南方长颈鹿、网纹长颈鹿、北方长颈鹿和马赛长颈鹿，其中马赛长颈鹿是4种长颈鹿中最高的，因此也是世界上最高的哺乳动物。扬克告诉我，他认为我们或许还可以从基因的角度证明其他长颈鹿群体也应该被认为是独立物种，但这需要更多的时间和更多的研究。

这时候，你或许在想："等等，难道这些不同种类的长颈鹿不能互相交配吗？"没关系，不是你一个人有这个疑问。关于物种形成，有一个非常普遍的观点是物种形成与繁殖力有关。其实不然。

大多数科学家对物种（至少是对有性繁殖的生物）的定义，是分类学家恩斯特·迈尔提出的。迈尔认为物种形成源于生殖隔离。[33]生殖屏障确实可以造成这种隔离，但地理屏障或行为屏障也可以产生同样的效果。

不同种类的长颈鹿之间确实是生殖隔离的，而且隔离得非常彻底。扬克说，据他所知，野生长颈鹿没有杂交后代，动物园里的长颈鹿也只有过一例。来自不同群体的两头长颈鹿的确有可能产生有生育能力的后代，但是100多万年以来，在不同长颈鹿种群各自的进化过程中，从来没有发生过这种情况。如果我们向上追溯，可以一直追溯到大多数古人类（包括尼安德特人和罗德西亚人）与我们的共同祖先分化之前的时间。

所有这些都可能从根本上影响我们对长颈鹿的保护，因为尽管决定一种动物是否被宣布为濒危动物的因素非常多，但绝对数量是其中一个非常重要的因素。2010年，世界自然保护联盟宣布，从灭绝的风险来看，长颈鹿是"最不需要关注"的物种。然而，如果把目前仍存活的10万头野生长颈鹿分成4个不同的物种，情况就变得可怕多了，尤其是在这些群体分布不均匀的情况下。例如，北方长颈鹿只有几千只存活在野外，这些动物分散在非洲数千英里的范围内。但是，已有的假设很难被推翻，到了2018年，世界自然保护联盟的评估结果没有改变——仍然把长颈鹿视为单一物种，认为它是易危物种，但不是濒危物种。[34]

基因方面的证据是有说服力的，所以我认为世界自然保护联盟的态度肯定会改变，而且很快就会改变。一旦这种情况发生，我们可能就有更充足的理由认为所有长颈鹿都面临着有希望的未来，因为这份名单在世界各国都具有道德和法律约束力。

只要国际社会齐心协力，就可以对一些重大问题产生重大影响。

为什么蓝鲸研究如此之难？

我看到在左舷船头向东大约200米的位置，有一头鲸跃出了水面。

我指着雾蒙蒙的挡风玻璃说："鲸。"这是我唯一的反应，因为我从来没有见过鲸。

我年轻时曾在美国海军服役，还乘坐尼米兹号航空母舰环游过世界。但是航空母舰实在是太大了，有时我连续几天甚至是几个星期都没有上过甲板，因此让我感受到时间流逝的其实是铃声和交接班变化，而不是日出日落。我偶尔会在半夜溜到后甲板上，惊奇地看着巨舰尾流留下的那条生物发光带。这是海洋中一些体型最小的"居民"送给我们的神奇礼物，但我还从未见过体型最大的海洋生物。

20年后，在加利福尼亚州蒙特利湾的一艘小得多的船上，我第一次见到了须鲸科的成员。

一条巨大的灰色尾巴突然从水里冒出来，一下一下地拍打着水面，发出巨大的声音，我们在船舱里都能听到。"是座头鲸吗？"我问导游、海洋生物学家南希·布莱克。

"是的。"她说。

"太大了。"我一边努力地控制着我的敬畏之心，一边说道。

"只是一个小家伙。"她笑着说，"一只顽皮的小家伙。"

我想，布莱克这样淡然是可以理解的。她干这行已经30年了，世界上很少有人比她见到的鲸更多。在看到这个小家伙之后，仅仅过了一个星期，一个超大的大家伙就去了那个海湾。那天，布莱克的一名船员正在驾驶一架无人机，镜头突然捕捉到下面有一条蓝鲸浮出了水面。它附近的那条船还不及它身体的1/2。

就像许多超级生物面临的状况一样，人类对这些体型庞大的鲸开展的科学研究起步较晚。在1986年国际捕鲸委员会禁止捕鲸之前，研究人员还得与猎人竞争才能接触到实验所需的鲸。在世界上的某些地方，这种竞争持续的时间甚至更长。在这方面，我们很幸运，因为鲸还没有被推下柯普悬崖。几百年来，尽管我们在大肆捕杀，但并没有导致更多的鲸掉进灭绝的深渊，这证明了这些海洋霸主的进化适应性。[35]

特别是在说到蓝鲸时，我们也有值得炫耀的地方：我们与有史以来最大的动物同时生存在地球上。

要想充分体会这是什么样的殊荣，可以按埃里克·柯比建议的那样，到橄榄球场上走一走。一个100码的橄榄球场可以代表地球46亿年的历史。你站在俄勒冈州立大学（柯比在这里教授地质学[36]）雷瑟体育场西北端的球门线上，从这里开始，向东南方向走去。在你到达代表现代山脉出现的那个点之前，你早已走过球场另一端的2码线了。当你到达代表鲸出现的那个点时，你正好站在1码线上。当你到达代表蓝鲸出现的那个点时，你离到达阵区也就3英寸。说到那剩下的几英寸，柯比在几年前接受美国国家公共广播电台（NPR）采访时称："如果你拔下两根头发放到球门线上，就可以用它们表示人类文明在地球上存在了多长时间。"[37]

我们就在那儿，蓝鲸也在那儿。这是多么幸运！

至少对我们来说，运气不错。100年前，海洋里有数十万头蓝鲸。现在，只剩下大约25 000头了。尽管座头鲸和灰鲸已经从一个世纪的商业捕鲸中恢复过来——这真实地证明了国际合作的有效性，但在全世界范围内，蓝鲸的状况还迟迟未见改观。

不过也有例外。在有些地方，蓝鲸种群发展的势头很好，这也是吸引我前往加利福尼亚海岸寻鲸的原因。一些研究人员认为，蓝鲸的数量在这一地区已经反弹并接近历史最高水平，这一现象似乎与其他蓝鲸种群面临的情况有所不同。[38]加利福尼亚沿海水域发生的变化将世界上最大的动物（高100英尺，重30万磅）从悬崖边缘拉了回来。

这个说法是否属实，现在还不是特别清楚。因为尽管蓝鲸体型庞大，但实际上我们很难找到它们，更不要说研究了。

这似乎违反直觉。我们很难对蓝鲸视而不见，不是吗？但是，尽管它们体型庞大，海洋要比它们大得多，只不过有时我们忘记了海洋到底有多大。

如果世界上所有现存的蓝鲸都聚集在海洋表面的某个区域里，肩并肩、头尾相连，只需几平方英里的海域就足够了。但是，海洋的总面积将近1.4亿平方英里，而且蓝鲸的活动范围遍布大多数海域。

不过，如果我们愿意质疑想当然的观点，那么在有些地方我们可以更容易地找到蓝鲸。这是柯比在俄勒冈州立大学的同事、海洋生态学家莉·托里斯在新西兰北岛（在毛利语中被称作"Te Ika-a-Maui"）西南海岸的南塔拉纳基湾取得的发现。托里斯听说了蓝鲸在南塔拉纳基湾出没的传说，很多新西兰人知道在这个海湾有可能见到世界上最大的生物，但是当她在21世纪前10年早期深入研究科学文献时，却发现没有人能证实南塔拉纳基湾有蓝鲸的传言。托里斯告诉我："人们了解的信息大致就是'哦，是的，它们有时会出现在那里'。但没人知道更多的信息。"

在好奇心的驱使下，托里斯开始深入调查历史上的捕鲸记录，研究海洋数据和塔拉纳基动植物的生存状况。她说："所有线索似乎都表明，这个海湾不仅是蓝鲸可能出没的地方，而且是蓝鲸理想的生存环境。"

当时，已知的蓝鲸觅食地为数不多。科学家通常会去这些地方，看看能不能找到足够的蓝鲸以保证研究的顺利进行。重要的是，在这些地方国际协议和国家法律对鲸的保护往往更加严密，它们可以去那里产下小蓝鲸。

在2014年的一次探险中，托里斯和她的团队希望证明海湾中确实有蓝鲸。他们轻松地实现了这个目标，同时有了另一个发现：从基因看，塔拉纳基湾的蓝鲸明显不同于经常出没在新西兰的其他蓝鲸。这个研究小组向世界各地的研究人员发送了150多头蓝鲸的照片之后，惊讶地发现其他任何地方都没有发现过这些鲸。与之形成对比的是，他们发现在新西兰发现的鲸在世界其他地方几乎都曾被看到过。[39]

人们通常认为蓝鲸是地球上最喜欢四处游荡的动物之一。它们每年都要长途跋涉数千英里，寻找食物和适宜的繁殖地点。[40]但是，托里斯和她的研究小组发现的这些鲸似乎一生都生活在塔拉纳基湾。最近几年，水听器记录的录音也证实塔拉纳基湾全年都有蓝鲸出没。

由于有了托里斯的这些发现，研究人员现在知道在哪个地方几乎可以肯定能找到世界上最大的动物。到目前为止，这条信息已经为我们提供了大量的新信息，而且涉及的都是科学家之前无法确定行踪的生物。

其中一个发现是2017年取得的。托里斯的丈夫、研究合作伙伴托德·钱德勒拍摄的无人机视频显示，塔拉纳基蓝鲸喜欢吃大量聚集的磷虾，而且它们会放弃小口进食的机会。在一段视频中，一只蓝鲸锁定了一团粉红色的磷虾。它一边朝侧面游去，一边张开嘴巴，把这些磷虾吞进它迅速膨胀的食管。蓝鲸张开嘴巴时就像打开了降落伞，一旦决定大吃一顿，它的游动速度就会从每小时近7英里降到每小时1英里。速度的变化意味着蓝鲸需要耗费大量的能量，才能在下一次张口进食之前恢复适合捕食的速度。

在另一段视频中，这头蓝鲸以几乎相同的方式逼近另一片数量较少的磷虾，但到了最后一刻它决定不张口，似乎是在进行能量与热量的计算后决定等待更丰盛的一餐。[41]

托里斯认为，蓝鲸一直在基于一些感官输入迅速完成这些选择。她说，视觉当然会发挥一定的作用，但气味、声音，甚至数以千计的微小生物通过触须、附肢、刚毛和鳃扰动水流的"感觉"，也可能在起作用。

人类常常认为自己是聪明伶俐的生物，但我们在这方面表现得很糟糕。我们使用某种感官时常常以牺牲其他感官为代价，[42]而鲸似乎可以综合处理各种感官的输入，然后迅速做出开火的决定。[43]

为什么不可以呢？我们知道智力是由大脑体积、皮层表面积、神经元数量和快速进化的影响等因素决定的。毫无疑问，鲸具备所有这些因素。我们通过研究世界上最大的陆地动物，了解了很多关于我们自己的信息。同样地，世界上最大的海洋动物可以告诉我们很多关于我们大脑工作原理的信息。[44]

确实如此，但前提条件是我们能找到像塔拉纳基湾这样的地方，以便持续观察这些难得一见的生物。遗憾的是，现在还不能保证那个安全的港湾仍然安然。

2017年夏天，新西兰环境保护局向跨塔斯曼海资源公司颁发了许可证，允许这家水下开采公司每年从塔拉纳基海底采挖5 000万吨铁砂——矿石分离出来后，剩余部分将被倒回海湾。该公司曾辩称，该海湾地区已经有大量的商业活动。尽管这确是事实，但目前已有的活动都不会把这个海湾变成一个由海底淤泥构成的大雪球。这一决定做出之后，立即被人们上诉到了新西兰高等法院。

托里斯希望她的研究能够影响到海湾的未来。这是有可能的，因为我们在保护最大的生物时，也会保护很多其他生物，包括塔拉纳基鳗鱼、康吉鳗等稀有鱼类。因为塔拉纳基湾中有蓝鲸出没，所以跨塔斯曼海资源公司遭到了人们的强烈抗议。甚至在新西兰高等法院受理此案之前，就有近1.4万名新西兰人提交了抗议信。但是，在其他海洋生物受到威胁时，人们可能不会有类似的反应。

"人们喜欢巨型动物，"托里斯说，"他们了解得越多，保护意识就越强。"

为什么鲸的粪便有助于我们正确理解压力？

一个星期六的早晨，在最后一缕雾气从俄勒冈州纽波特海岸散去后，我们的船驶离了海港。两只秃鹰从石堤上看着我们。海水如丝般柔滑。

我们走了还不到10分钟就看到了"煎饼"——一头十几岁的雌鲸。它的身体一侧有白色的圆形斑点，很好辨认。此时，生性活泼的它正在港口北边的海面上画着一个个美丽的椭圆形状。

"我从来不知道哪个地方有这么容易看到鲸，"莉·托里斯对我说，"一出港口，就能看到它们。"这时候，托德·钱德勒操纵着我们橙黄色的Zodiac硬壳充气船，来到了这头40英尺长灰鲸的身后。

　　这里的灰鲸非常多。每年大约有 2 万头灰鲸从下加利福尼亚半岛的冬季繁殖地开始迁徙，一路向北，前往白令海的夏季觅食地。

　　不过，其中大约有 200 头灰鲸不会完成全部旅程，"煎饼"就是其中之一。它们沿着俄勒冈州中部海岸前行很短一段距离之后就会停下来，等其他灰鲸抵达，然后一起前往阿拉斯加，最后掉头返回。除了少数新出生的和老死的灰鲸，这个团体的成员常年保持不变。例如，自 2002 年以来，人们每年都会在这片水域看到"煎饼"的身影。

　　也许它们很懒，也许它们很聪明，人们对此并没有清楚的认知。这在很大程度上是因为科学家几乎从来没有注意过灰鲸。

　　科学家忽视的并不仅仅是灰鲸。我们对鲸——甚至是逆戟鲸（人类为了娱乐，或是打着研究的旗号，自 1961 年以来就一直在捕猎和饲养逆戟鲸）的了解，与那些我们所不了解的基本信息相比，简直是九牛一毛。鲸为什么唱歌？它们是如何找到猎物的？它们为什么变得这么大？怎么变大的？我们有一些很好的理论，但没有具体的答案。

　　尽管如此，当托里斯从新西兰来到太平洋西北部，看到灰鲸研究开展得如此之少时，她仍然感到非常吃惊。

　　"我刚到俄勒冈的时候，眼前的一切真让我震惊。"托里斯说。这时"煎饼"在离我们的船几码远的地方浮出水面，侧着身子举起一只鳍肢，就像要和我们击掌似的。"你也看到了，它们真的很容易接近，但并没有很多人把这看作一个深入了解它们的机会。"

　　托里斯说，这实在是太糟糕了，因为我们对灰鲸的了解可以帮助我们了解其他更难找到的鲸。她说即使是寻找栖息在新西兰海域的蓝鲸，对研究人员来说难度也要大得多。

　　托里斯认为，科学界对灰鲸不感兴趣，根本原因是灰鲸已经从 20 世纪 50 年代濒临灭绝的危险境地中很好地恢复了过来。从 1994 年起，灰鲸已从濒危物种名录中除名。她说，灰鲸当然不会因此而失去研究价值，但人们确实没有了不立即开展灰鲸研究就为时已晚的那种感觉。

托里斯说，尽管鲸类研究总的来说难度极大，但灰鲸栖息的海域与大多数鲸类相比离海岸近得多，而且对灰鲸的研究可以为我们了解所有鲸类（包括那些面临更大灭绝风险的鲸类）面临的危险打开一扇窗户。

出于这个原因，托里斯邀请我加入她和钱德勒的行列。我们用一天的时间观察俄勒冈州的特殊居民——灰鲸，辨认它们的身份，通过无人机视频完成一些测量，还要……采集一些灰鲸的粪便。

最后一项是我要完成的工作。

"那么，嗯……我该怎么做呢？"当我们在"煎饼"身后准备就绪时，我问托里斯。

"留给我们的时间很短，大约30秒后这些粪便就会消散。好在托德的驾驶技术很好，能把船开到合适的位置。"托里斯说着，从水桶里拿出一张小网。"只要把网伸到水里打个旋儿就可以了。尽量多捞一些，因为我们可能只有一次机会。"

我低头看着那张网。把手只有18英寸长，而我个子不高——大概踮起脚尖才能够着书架顶部。我忽然意识到，我得弯下腰，把整个身体趴到船舷上，才能将鲸的粪便捞上来。

"这些粪便……恶心吗？"我问。

"还好吧。蓝鲸的粪便稀一些，因此更令人恶心。"她说，"但我们从中得到的东西值得我们去做这些事。"

从研究的角度来看，鲸的粪便简直就是黄金。通过粪便，我们可以知道鲸吃了什么，可以推断出它们是处于孕期还是哺乳期，可以做基因采样，还可以监测激素含量。托里斯和她的团队多年来一直在收集粪便样本，并检测各种激素，包括皮质醇——对于人类和鲸来说，这是非常重要的应激反应调节物。

我们为什么知道人类与鲸的应激激素作用原理相同呢？说起来令人感到悲哀。2001 年 9 月，新英格兰水族馆的一些研究人员正在芬迪湾研究露脊鲸。芬迪湾位于缅因州最东端之外，在加拿大的新斯科舍省和新不伦瑞克省之间。突然，就像阿兰·杰克逊所唱的那样，"地球停止了转动"。[45]

当然，地球并没有停止转动。[46]但是，当美国和加拿大为了阻止潜在的后续袭击而关闭海运时，在大西洋西部海域上通行的商船上的螺旋桨停止了转动。随之，托里斯等收集鲸的粪便的研究人员发现，鲸体内的糖皮质激素（一类包括皮质醇在内的类固醇激素）含量迅速减少，[47]这个现象表明海上交通对鲸的健康产生了巨大影响。这一发现本身就引发了一系列有趣的问题，人们希望了解商业和工业活动对包括人类在内的所有动物的应激反应会产生哪些影响。

目前，托里斯正在这些成果的基础上开展研究。她的同事乔·哈克塞尔在俄勒冈州的鲸栖息地安置了水听器。由于船只发出的噪声每天都会有很大的变化，通过持续地监测和持续地采集粪便，研究小组可以看到鲸的应激反应随商业活动的起伏而发生变化。

不过，关键是要采集到粪便。我们跟着"煎饼"走了大约 45 分钟，但一直运气欠佳。随后，我们换了一个又一个跟踪对象。随着时间推移，对于分配给我的这项工作，我从一开始的畏惧变成了焦虑，担心自己无法完成任务，因为我意识到，尽管粪便可能让人感到恶心，但是用"到了那里之后，我便干起了打捞鲸粪的活儿"作为报道的开头，效果肯定非常好。

遗憾的是，鲸群不是很合作，所以我只能这样写："到了那里之后，我发现我的全身都是鲸的鼻涕。"

托里斯研究的一个重要目标是将粪便样本与特定的鲸对应起来。为了在灰鲸身上做到这一点，研究小组需要拍摄照片，并通过照片将这些灰鲸身上的单色斑点、划痕、伤疤和藤壶与之前建立的数据库中的灰鲸（比如我们的朋友"煎饼"）对应起来。为了尽可能区分特征相似的灰鲸，托里斯的团队总是想办法从灰鲸的两侧拍摄照片——我那天的另一个任务。这通常意味着他们要让船处在鲸的下风处。

托里斯和钱德勒知道这意味着什么，但我不知道。因此，当"煎饼"在离我们的船只有几码远的岸边浮出水面，向着清晨的空气喷出一团水雾时，我抬头一看，发现他们俩双手抱着头，还以为这是一个圈内人开的奇怪玩笑呢。

就在这时，我突然意识到空气中弥漫着腐鱼和胆汁的恶臭。

几乎每个研究鲸的人都有过这样的经历。鲸喷出的东西，亦称呼出气冷凝液（EBC），可以在空气中停留相当长的时间，有时你甚至可以在看到鲸之前就闻到它们的气味。

这段共同经历启发了伊恩·克尔——美国马萨诸塞州一家鲸类研究和教育组织——"海洋联盟"的首席执行官。他认为可以通过其他方法从鲸身上收集生物样本。

克尔发现，EBC之所以如此难闻，是因为它含有大量的化学物质和有机物。随着每次强有力的喷气，鲸都会向空气中排放大量的二氧化碳，其中携带着痰、微生物，甚至还有少量松散的鲸肉碎屑。

他想，如果能采集这些东西，会有什么收获呢？

在此之前，一些科学家曾做过类似尝试。他们把船开到离研究对象几英尺的范围内，拿着长棍，把末端黏着的海绵覆盖到鲸的鼻孔上。这个方法难度极大，具有危险性，而且可能会导致鲸紧张。

与许多研究机构一样，海洋联盟早就发现了无人机视频观测的好处。考虑到无人机飞行越来越容易、准确且快速，克尔有了一个想法。他把收集标本的海绵附在微型无人机上，然后让它们飞到该组织研究的鲸上空，一直飞到EBC里面。

无人机SnotBot就这样诞生了。

很快，SnotBot就展示了它的优点。这架无人机第一次参加重要考察，就采集到了蓝鲸EBC样本。阿拉斯加大学的海洋生物学家肯德尔·马什伯恩很快就从中发现了皮质醇和孕激素，这给科学家提供了一种测试鲸的应激反应和繁殖状态的新方法。托里斯后来告诉我，因为SnotBot无人机，她有理由相信，只要跟在俄勒冈州的灰鲸后面，不需要太长时间就能等到那些神奇的粪便。

SnotBot无人机很好地证明了科学家可以利用相对廉价的技术来应对重大挑战，还证明了那些门外汉也渴望支持科学研究——尤其是当涉及超级生物时。SnotBot项目需要资金支持，因此克尔向众筹网站Kickstarter发出了求助。结果，有1 700多人捐款，22.5万美元的筹款目标很快就实现了。

与任何一位科学家长时间的交谈，最终都会谈到资金问题。在很多领域，上一次全球经济衰退期间削减的研究经费并没有在经济好转时回升。2014年，《高等教育纪事报》对1.1万名研究人员进行了调查，结果发现由于资金短缺，近半数研究人员放弃了他们认为对于他们完成使命具有"核心意义"的研究。[48]该调查报告的作者认为，原因在于基础研究"在大多数情况下似乎没有立竿见影的回报"。

这种看法没有问题。基础研究，就像我们现在正在大象、长颈鹿和鲸等超级生物身上进行的研究，通常不会给我们带来治疗疾病的新方法，也不会让我们在对宇宙的理解方面取得惊人发现。但是，除非我们以此奠定基础，否则在其他任何方面都无法取得突破。

　　大量小额捐款不太可能使资金整体分布趋于平均，但是像SnotBot这样的项目取得成功，有助于我们了解如何让人们因为科学而兴奋，进而帮助我们更好地了解如何激发公众的兴趣、赢得他们的支持，并迫使立法者和决策者采取行动。

　　正如托里斯所说，没有什么比巨型动物更让人兴奋了。

　　不过，我们不必止步于巨型动物，因为世界上最大的生物根本不是动物。

世界上最高的树是如何对抗全球变暖的？

　　一张质朴的脸出现在森林中170英尺高的胶合板平台边缘。"你爬到我妻子的身上了。"这个长着脏兮兮的络腮胡子的家伙说道，"你知道吗？"

　　我有无数个问题要问。比如说，这种真核生物的婚姻如何实现？但是，我费了好大力气才爬到这棵巨大的针叶树的半腰位置，这会儿什么也想不出来了。

　　"这么说，你就是他们所说的罗拉克斯？"我问。

　　"是的，"他回答道，"我是树木的代言人。"

　　我在俄勒冈州中部的福尔克里克遇到了这些护树人，他们非常有趣。我到那里的前一天晚上，他们当中一位名叫罗拉克斯的护林员就和一棵名叫"奶奶"的树互诉誓词，还发誓说他听到他的新娘说"我愿意"。还有斯凯——当我第一次跌跌撞撞地走进被环保抗议者称为"红云雷"的营地时，他正在森林里裸奔。还有赛吉——这个19岁的东海岸人得知太平洋西北部的原始森林面临危险后，搭便车穿越整个美国参加抗议活动。

他们称自己为伊沃克人。1998年春天，美国林业局出售这些森林的伐木权。从那以后，为了防止伐木工人砍伐地球上最大的生物，这些人就日夜守护着这些树。

警方和检方后来的指控称，聚集在福尔克里克的这些抗议者，有时会以"地球解放阵线"的名义，策划对他们心目中的"公司国家"发动攻击。距我第一次参观他们营地过了一年时，两名前福尔克里克护树人——"动物"克雷格·马歇尔和"自由"杰弗里·吕尔斯，因为利用燃烧弹袭击附近尤金市的一家雪佛兰汽车经销店而被捕。后来，马歇尔在接受《纽约时报》杂志采访时说："如果每10个人中只有1个人关心我们居住的地球，这个人就得付出比其他9个人多9倍的努力。"[49]他的这个观点是对的，尽管他在如何着手推动变革的问题上大错特错。大多数人认为这些护树人很古怪。燃烧弹袭击发生之后，在人们的眼中，他们似乎还具备另外一些特征：恐怖分子的特征。

事实证明，我们不需要用暴力拯救世界上最大的树木，它们自己就做得非常好。

事实上，它们可能还会拯救我们。

地球上大约有75亿人。根据耶鲁大学的一项评估，全世界有超过3万亿棵树。[50]暂时不谈生物量的概念，单在数量上我们就远远不及它们。

好了，现在我们再来谈谈生物量的概念。看看窗外离你最近的一棵树。即使这棵树现在没有你高，你的优势可能也不会长久保持。此外，它可能比你活得更久。苹果树可以活100多年，榆树可以活200年，橡树能活300年。这些树一年长得比一年高，年年如此。

植物王国中最高的成员只占地球上树木总数的一小部分，但近年来，我们已经开始认识到它们在调节大气碳含量方面的重要性。

我们有理由认为，原始红杉林吸收碳的能力应该很强。它们可以长到超过300英尺的高度（美国红杉树国家公园中最高的那棵树被称为"许伯里翁"，据测量树高近381英尺），可以活3 000多年。它们生命中的每一秒都在吸收空气中的二氧化碳，然后把二氧化碳牢牢地锁在心材里。即使在树木倒下几百年后，这些二氧化碳仍会留在那里。

自20世纪60年代以来，我们就已经意识到碳对全球变暖的影响。几十年前，科学界就吸热的温室气体在气候变化中所起的作用达成了广泛的共识。但直到2009年，才有人尝试测量这些参天大树到底吸收了多少碳。

这类研究难度极大。为了实现这一目标，来自洪堡州立大学和华盛顿大学的一个科学家团队调查了加利福尼亚州的11片红杉林。他们一丝不苟地测量了每棵树、每丛灌木——测量对象不仅包括高耸的红杉树，还包括高度不及它们的所有树木。他们利用元素分析仪检测树叶、树皮和心材样本，以确定每个样本的碳含量。[51]然后，他们用计算机模型估计每棵树的针叶数量。为了确保不出错，他们真的统计了一些杉树上的针叶数量。这项研究花了7年时间。

结果令人震惊。世界上没有任何已知的森林储存碳的能力可以与红杉林相比拟。无论是太平洋海岸的其他针叶林、澳大利亚的原始桉树林，还是在声势浩大的保护运动中受到高度关注的热带雨林，与红杉林相比都相形见绌。如果说全球各地的森林是一家家银行，碳是流通货币，高耸的红杉林就是美联储。

更让人惊讶的是，人类送给地球的富含碳的大气竟然有利于红杉的生长。研究人员发现，近几十年来，随着二氧化碳含量增加，红杉的数量也在增加。

这并不意味着我们只需让这些红杉自行其是，情况就会好转，尤其是我们已经破坏了95%的原始红杉林。[52]像气候变化这样的复杂问题没有简单的答案，但我们也不能认为自己无能为力并开始袖手旁观，因为改变这种状况并不是那么难——你不需要住在树上，也不需要向雪佛兰经销商扔燃烧弹。

想做一些有意义的事情来消除你的碳足迹吗？那就种植红杉，或者向红杉林基金会或拯救红杉林联盟这样的保护组织捐款，为拯救世界上最大的碳截存者贡献力量。

但红杉不是最大的植物，有的植物比红杉还大。

而且大得多。

世界上最大的植物是如何被发现，然后被遗忘，然后再次被发现的？

伯顿·巴恩斯并没有想着要取得一个惊人的大发现。

他只想取得一个又一个小小的发现。他觉得，随着时间的推移，所有这些小发现加到一起，就有可能产生某种效果。不过，即使希望落空，他也无所谓，因为能够在其他人都不怎么关注的方面发现这个世界的一些小秘密，他已经非常开心了。

巴恩斯的童年是在明尼苏达州北部的波克加玛湖畔高低起伏的松树林中度过的，他的父亲曾在当地的米沙瓦卡营地担任美术老师。少年时候的他住在伊利诺伊州查尔斯顿市，东边茂密的山毛榉-枫树林就成了他的天堂。他经常去那里露营，把收集到的树叶和花朵夹到笔记本中，然后一丝不苟地详细描述他发现的那些植物。

这些笔记本本来有可能涵盖了巴恩斯所有的科学探险，但是对音乐的热爱使这位狂热的长号手在 20 世纪 50 年代早期加入了密歇根大学军乐队，随后又获得了一个相当特别的德国奖学金——专门资助学习林学的同时有深厚音乐造诣的学生，去往哥廷根大学深造。在距离哥廷根大学几英里的地方，耸立着云杉丛生、泥炭沼泽密布的哈茨山脉。

1959年，在查尔斯·达尔文的著作《物种起源》出版100周年、现代人类遗传学初露曙光之际，巴恩斯回到了美国。当时，加拿大启动了一项大规模根除计划，目的是用更适宜市场销售的针叶树来取代在北美分布最广的颤杨。在哥廷根上学期间，巴恩斯已经意识到了各种树林（甚至包括所谓的杂木林）的雅致和重要性，因此他决定通过一个又一个小发现，深入了解这些颤杨。

颤杨是分布十分广泛的物种。如果你从东向西贯穿北美，就会发现沿途都能看到这种树，但关于颤杨的研究非常少，甚至没有人知道它们能长到多大。

公正地说，这是一个很难回答的问题。颤杨是无性繁殖的。它们在地下蔓延，通过统一的根系在地面下向外延伸以获取水分，偶尔也会露出地面，通过树干获取阳光。如果你看到两棵颤杨的树干相距非常近——或者是3棵、4棵、20棵，那么你看到的很可能是一个统一的单一遗传群体，而且它在地下的部分可能比地面上的部分还要大。

巴恩斯在德国期间学习了森林分类及图谱绘制的知识。他眼光敏锐，从蛛丝马迹中找到的线索有助于像他这样的生态学家绘制出森林中独立无性系的空间分布形态图。巴恩斯游历了整个北美，研究树叶和树皮上的颜色和图案，并将笔记与航拍照片进行比较，以便更好地了解颤杨集落到底可以发展到多大。

在犹他州中部白骨顶沼泽地附近、靠近鱼湖最南端的一个海拔9 000英尺的地方，巴恩斯找到了一个可能的答案。他在一个107英亩[①]的颤杨

---

① 1英亩≈4 047平方米。——译者注

集落周围划了一道线，发出了全球第一的豪迈宣言——如果他在那里发现的那个无性系树木真的有那么大，那将是迄今为止发现的最大的生物，比其他所有生物都大得多！

　　它可以给一群大象遮阴蔽日。蓝鲸全身仅比一根成熟的颤杨树干稍长一点儿，而这个无性系有 47 000 根树干。把世界上已知最高的红杉——"许伯利翁"放倒，它的 380 英尺的长度还比不上这个无性系树木的宽度。"谢尔曼将军"据估计重达 270 万磅，被认为是世界上已知最重的红杉，但它可能只有鱼湖颤杨无性系的 1/5 重。

　　巴恩斯发现的这个无性系不仅体型庞大，而且会移动。随着时间的推移，颤杨集落有可能从一个地方迁移到另一个地方，以寻找更适宜的土壤和更充沛的阳光。有时，在这种缓慢的地下爬行过程中，由于滑坡、火灾或人类的侵扰，无性系的一部分可能会与主群体分离。就像被手术刀分开的连体双胞胎一样，分离出去的那个部分所携带的基因与整体完全相同。所以，巴恩斯发现的这个无性系也可能出现类似的情况，比如，一条双车道的公路正好穿过它的中心，那么它不再是一个生物体，而是变成了两个生物体。即便如此，这一对分离的双胞胎仍然可能是世界上已知的第一大和第二大植物。[53]

　　巴恩斯本来可以用自己的名字给鱼湖的这个无性系命名，这是发现者经常采用的惯例。1976 年，他在一本不知名的加拿大科学杂志上发表了一篇包含这棵颤杨的多项数据的报告，其中也提到了他的这个超级发现。他后来说，这个发现只不过是一个异常值。他在 2013 年写给我的一封短信中说，他只不过是找到了世界上最常见的一种树木的"一个非典型例子"。

　　当巴恩斯于第二年去世时，他的讣告甚至没有提到鱼湖的那棵颤杨。令人遗憾的是，由于巴恩斯的发现并不是特别有名，甚至没有多少森林科学家听说过这件事，因此多年来基本上没有人研究过这个无性系，也没有人加以保护。

当谈到曾被巴恩斯研究10多年，并认定为世界上最大已知生物的颤杨无性系时，科罗拉多大学博尔德分校的生态学和进化生物学教授迈克尔·格兰特说："在这个无性系内部，有露营地、小木屋和劈柴区。这里没有任何标志，没有人做点什么以引起关注，也没有任何迹象表明它是一个重要的自然奇观。"光秃秃的颤杨树干变成了一个个树木雕刻。这些雕刻主要集中在露营地周围，内容大多是姓名和首字母，但也有和平标志、《圣经》中的语句、笑脸和粗糙的色情描绘。每一次雕刻都会招来昆虫和疾病。

格兰特认为，没有一个确定的名称，对无性系的安全具有一定的威胁。1992年，他想到了一个改变这种状况的办法。那一年，一个加拿大和美国的研究团队在《自然》杂志上发表文章，洋洋得意地宣布他们在密歇根州上半岛发现了世界上最大的单一遗传生物体——一个生长在树根上的面积为38英亩的真菌。美国林业局和华盛顿州自然资源部也不甘落后，提出了自己的发现——在亚当斯山以南发现的一个占地1 500英亩的真菌，估计重达82.5万磅。但在第二年的《发现》杂志上，格兰特对犹他州的巨型颤杨无性系进行了详细的描述，超过了上述两个发现。考虑到人们不愿意毁掉那些人格化的东西（很多生态环境保护者也这样认为），格兰特给这个无性系起了个名字。

他和同事们称之为"潘多"——在拉丁语中的意思是"我蔓延"。

"这个名字很简单，朗朗上口，"格兰特说，"它的音素容易辨别，而且非常适合现在这种状况。我相信适合的名字还有很多，但我们当时选择了这个名字。"

这个名字一直沿用至今，尽管颤杨潘多希望赢得一些名声的努力遭到了科学界越来越多的怀疑，还因为科学界的这个通病而备受诟病（生物异常值经常会遭遇此类情况）。

随后，2000—2006 年，一场大范围的干旱毁灭了美国西部一些地区 1/5 的颤杨，导致这些集落所支持的生物多样性遭到了空前的重创。突然之间，已知最大的颤杨无性系引起了科学界的兴趣——具体的原因就是它非常大。2013 年，生态保护遗传学家和分子生态学家卡伦·莫克告诉我："如果你想知道颤杨在什么条件下会茁壮成长，那么长势最好的颤杨当然最值得研究。"

但莫克并不相信潘多真的是世界上已知最大的颤杨无性系。事实上，她告诉我，她强烈怀疑巴恩斯估计的 107 英亩这个数字是错误的。为了确定这一点，她需要看一看这个传说中的无性系的 DNA。

在莫克着手完成这项任务之前，她还需要收集很多样品。莫克和她的家人准备好小段带刺铁丝和冰钓鱼竿，然后安排她的孩子戴上自行车头盔充当测试钓手，一起在她的后院练习钓树叶。这不是一件容易的事。"有时候，该死的树叶长得太高了。"她说。最终他们放弃了冰钓鱼竿和带刺铁丝，改用弹弓。收集到树叶后，他们利用猫砂给树叶脱水，然后把它们碾成粉末并进行 DNA 分析。

颤杨的基因组是树木中最短的，只有 5.5 亿个碱基对，是欧洲赤松的 1/40。但是，莫克说："DNA 的数量仍然巨大。"

数据处理完成后，莫克绘制出了颤杨的图谱。她预计自己对鱼湖颤杨无性系的研究将"表明潘多是杜撰出来的"，但基因测试表明，巴恩斯几十年前单凭航拍照片和他观察入微的双眼绘制出来的图谱，与基于这棵树的基因绘制的图谱几乎一模一样。

莫克惊叹道："这简直就是临摹作品。"

通过细致入微的观察，巴恩斯真的发现了世界上已知最大的植物。

像这样的庞然大物会有什么秘密呢？它能给我们带来什么深刻的科学启示呢？目前我们还不知道。像许多其他超级生物一样，这棵巨型颤杨基本上没有被研究过。即使在莫克证实了它的确体型惊人之后，发表在同行评审期刊上的关于它的研究也寥寥无几。

留给我们的是一个个大大的谜团。

第 2 章

神奇的小东西

为什么微小的生物对世界的影响力
如此之大？

尽管我知道它是什么，也大概知道它在科罗拉多州来福镇的哪个方位，但我第一次从旁边经过时就没找到它，第二次同样如此。

后来，我终于在一条陡峭的车道上找到了它。它隐藏在一条遥控车赛道后面，外面是牛群路障和铁丝网构筑的一道不是很严密的围栏。我从铁丝网中间钻了过去。油然而生的神圣感让我觉得自己就像是闯进了一座寺庙。

可惜的是，从外表看，来福综合野外研究挑战赛的场地与科罗拉多河沿岸的任何一块荒地相比没有什么特别之处。六月份的野草长势茂盛，也很扎人。从浓密的灌木丛经过时，我的腿肚子上留下了一道道划痕。我很庆幸我把拖鞋换成了靴子，但遗憾的是我没有把短裤换成牛仔裤。

在灌木丛生的草丛中，有一些直径大约6英寸的白色管子，露出地面的部分有几英寸长——这是从地表之下深处抽水的水井。此外，还有一个小型太阳能气象站，一台建筑工人们在工地使用的那种便携式小拖车，以及一个工具棚。仅此而已。

这一小块地方似乎特别适合钓鱼。如果清理掉一小片野草，再铺上毯子，在这儿野餐也很不错。但是别忘了，这儿曾经堆放着近500万干吨[①]

---

① 干吨即扣除水分后的重量。——译者注

的放射性铣削废料。

那些细沙状的废料（亦称"尾矿"）大多是原子能委员会在20世纪四五十年代疯狂抢购核燃料时留下的，在这里一放就是几十年。由于被河水浸泡，它们慢慢地渗入地下，使地下水受到了污染。

早在20世纪90年代中期，美国政府就启动了一项为期4年、耗资1.2亿美元的尾矿转移工程，但为时已晚。人们以为土壤和水中残留的钒、硒和铀会通过"监测自然衰减法"的方式逐渐消散。但20年过去了，污染依然存在。

于是，政府开始想办法解决这个问题。有时甚至是一些非常疯狂的想法。

不久前，一群来自全美各地的地质学家、化学家和生物学家准备撰写一些诸如《在利用2-溴苯酚浓缩的含硫溶液中通过末端限制性片段长度多态性指纹分析16S rRNA来检测和表征脱卤微生物》此类的论文。换言之，就是强迫一些微生物吸入一种物质，看看它们是否会呼出另一种物质。

他们认为或许可以找到一种吸入铀的细菌。

这真是一个疯狂的想法。细菌会消耗很多东西，但放射性废物不在其中。至少我们不知道哪些细菌有这个能力。在地球的历史上，这种到处都是放射性废料的现象是不久前才出现的。但研究人员知道，铀已经渗入来福镇堆放场土壤中很长一段时间了。他们知道那儿的土壤里也有很多细菌。毕竟细菌到处都有。也许有的细菌已经养成了吸入铀的习惯。利用同样的办法让细菌吸入各种各样的其他物质，也许有助于满足它的习惯，从而帮助清除来福河畔剩余的铀。

正是因为这个想法，一群怀有正义之心的科学家来到位于加菲尔德郡中部的科罗拉多河畔。来福镇科研团队就这样组成了。

细菌可以起到积极作用，这肯定不是来福镇研究人员第一个提出的概念，而是现代社会的一个常识，尽管人类花了很长时间才获得这些知识。

在1671年业余科学家安东尼·范·列文虎克[1]首次描述他在自制的显微镜下观察到的"微小动物"后不久，细菌就被视为洪水猛兽。这在很大程度上是因为细菌真的是一种可怕的灾难。肺结核、莱姆病、霍乱、伤寒，随便哪一种细菌性疾病，都会让人受不了。

然而不久前，我们得知细菌也有好坏之分。2017年，地球微生物组计划的联合主管杰克·吉尔伯特和罗博·奈特说，在我们努力将有害细菌从我们的身体中清除的同时，"我们在不经意间打开了现代瘟疫这个潘多拉魔盒，于是一系列能慢慢夺去我们性命、令人痛苦的慢性健康问题开始在现代世界蔓延。"哮喘、过敏、类风湿关节炎、乳糜泻、肠易激综合征、多发性硬化，甚至是一些精神疾病，都变得普遍。[2]

一个快速发展的科学领域正在证明，细菌可以帮助我们解决所有这些疾病，甚至包括其他疾病。人们很快发现，细菌转移（让那些有益的细菌对抗有害的细菌）可能是疾病治疗的未来前景。或许用不了多久，我们就会听到医生说："先服两片双歧杆菌，明天上午再找我吧。"

与此同时，我们逐渐了解到体外世界中的细菌也可能对我们的健康有很大的好处。这方面的知识在很大程度上应归功于冷战——在长达40多年的时间里，冷战将民主德国和联邦德国分裂成"无产者"和"有产者"这两个相互敌对的国家。当1989年柏林墙最终倒塌时，埃丽卡·冯·穆提乌斯等健康问题研究人员意识到，这是研究东西方儿童在受细菌影响方面有何不同的好机会。冯·穆提乌斯预想民主德国的孩子会有更多的过敏反应，患哮喘的概率也会更高。但事实正好相反。这一发现对被称为"卫生假说"的新研究领域的发展具有至关重要的意义，它表明人类免疫系统可以通过接触大量微生物而获得巨大的益处。

是的，有些细菌是有害的。同样地，有些细菌也是有益的。

然而，我们很难在不杀死有益菌的前提下杀死有害菌。青霉素和来苏水都没有特殊的鉴别能力。此外，并不是所有的细菌都要么有益、要么有害，有些细菌两者皆是，而且不能仅仅从是否有利于我们的健康来判断。仔细想想，或许这才是更大的难题。

以一类叫作β-变形菌的微生物为例。这些可怕的细菌会导致脑膜炎、百日咳和淋病。从来福镇废料堆放场的井中抽取的数百种细菌中，就有一种属于这一类别。很快，研究小组就发现，这些微生物经过进化后已经可以吸入放射性的铀，并通过还原过程窃取电子，使产物的放射性降低。

研究人员推测，那些可导致我们患上一种最常见的性传播疾病的细菌，也可能帮助我们清除地球上的一些放射性废物。如果需要为一部粗制滥造的反乌托邦小说设计一个背景故事，我认为这很适合。

我承认，当我的电话铃响起，屏幕上显示我在前往来福镇废料堆放场前几天刚刚添加到地址簿上的号码——"肯尼斯·威廉斯（博士），来福镇废料堆放场"时，这个念头曾出现在我的脑海里。打电话的是那篇关于能呼吸铀的细菌的论文的合作作者，也是我所在的研究站点的负责人。

我抬头看了看那座轻便建筑的屋顶。一个摄像头正俯视着我。

"威廉斯博士，"我用像孩子偷饼干被父母当场抓住时的急切语调接通了电话，"你好！"

信号不是很好，我只听清了几个字，但我能清楚地听到他问了一个问题："你现在在哪儿？"

我以为他是故意这样问的，但是当我坦言相告时，他大笑。没有人监控那个摄像头。似乎我认为他有足够的资金让某个人一天24小时监控摄像头，这件事让他感到好笑。显然，发现一种可能使全世界摆脱放射性废物的新方法，并不能帮他获得巨额研究资金。

事实上，他给我打这个电话，只是因为回复我本周早些时候打给他的那个电话。当时我告诉他，我希望在离开此地之前和他见一面。他也有和我见面的想法，毕竟，可谈的东西非常多。尽管能呼吸铀的细菌令人惊讶，但这可能只是来福镇取得的第二个重要发现。

"你知道吗？"我在电话里告诉威廉姆斯，"这个地方真的应该挂上一块铜匾，上面写上'我们在这里永久地改变了生命科学'这样的字。"

"我也是这么想的。"他说。

微生物是如何帮助科学家绘制出新的生命之树的？

科罗拉多州来福镇，我们就是在这里改变整个世界的。就像萨尔瓦多·达利的绘画一样，我们将生命之树连根拔起，砍成一段一段，然后重新组合起来。

要了解这一切是如何发生的，还得追溯到1837年，当时查尔斯·达尔文刚刚结束他随英国皇家海军贝格尔号进行的历时近5年的探索，正在剑桥重新确立自己的地位。在考虑到他新提出的"递变"理论（也就是我们所说的进化论）时，达尔文勾画出了一棵生命之树的雏形。他在图中表示，他认为地球上生物的多样性，以及在它们之前的"灭绝物种的长期延续"，都说明所有生物拥有共同的祖先。他在《物种起源》一书结尾处写下了一句非常有名的话："无数最美丽与最奇异的类型，即是从如此简单的开端演化而来，并依然在演化之中。"[1]

---

[1]　引自《物种起源》第十四章末，译林出版社，2013年10月版，苗德岁译。——编者注

在生命之树旁边，达尔文写道："我想……"这是我从大多数科学家身上都能体会到——也能预料到——的一种谦虚态度（但绝不要以为所有科学家都这样），但达尔文的这两个字堪称其中的典范，同时也为他的假设留下了进一步发展的空间。果然，我们此后就一直在为这棵树添枝加叶，例如：1977年微生物学家卡尔·乌斯提出了一个分类系统，将所有生物分成我们大多数人在中学阶段就熟悉的三个域：古菌域、细菌域和真核生物域。

从那以后，基因组研究为我们在非洲象和蹄兔这类看似关系不紧密（实际上它们关系密切）的动物之间寻找进化上的联系提供了新的方法。掌握这些知识的过程，就是重构生命之树的过程——这个重构过程是按照物种逐个进行的，速度非常缓慢。

接着，轮到吉莉恩·班菲尔德上场了。她的整个职业生涯都是在研究微生物和对其测序。她对世界上一些最不适宜居住的地方的微生物特别感兴趣。她最喜欢的研究地点之一是加利福尼亚北部的一组洞穴，那里的温度可以达到近49摄氏度，天然地下水是地球上已知酸性最强的。

在来福镇含铀的地下水中，她发现了另一个宛若地狱的花花世界。

研究人员经常通过过滤去除水中较大的污染物，以便更容易地找到他们真正想要的东西。但有一次，似乎是一时兴起，班菲尔德决定用越来越细的滤网连续过滤，到最后滤网网眼的细小程度已经远远超过通常用来给水消毒的水平了。大多数细菌研究人员不会这样做，因为所有人都认为，如果过滤掉所有的细菌，就违背了初衷。当班菲尔德和来福镇团队刮取滤网上的东西并对其进行排序时，他们发现了789组与微小生物相关的遗传密码，而且这些生物跟人类已经确认的最小生物差不多大小，甚至可能更小。他们发现的是地球上最小生物构成的一个全新世界。

要弄清楚这些生物在生命之树上的位置是很有挑战性的。生命之树并不是适合它们的架子，因为这些架子非常大，大到你可以把大象和蹄兔放到上面，然后说："很好，非常合适。"

班菲尔德的研究小组在7个现有的门（分类）中为这些新生物找到了家，另外，他们还要创造28个全新的门。它们的DNA就是这么不同。"这不同于发现一个新的哺乳动物物种，"微生物学家劳拉·胡克后来回忆道，"而是和发现哺乳动物的存在有些相似。它们就在我们周围，我们却不知道。"[3]

来福镇的发现使细菌域的分支数量几乎增加了一倍，从而导致生命之树上的古菌域和真核生物域更加相形见绌。人类所在的分支——也就是达尔文刚开始时在他的笔记本上勾画的那个分支——现在看起来不过是一根小树枝，而人们还在接连不断地取得新的发现。这意味着我们很快就会发现，与那些曾经被认为与我们同属一个域的生物相比，我们显得更加微不足道了。[4]

我要说的是，我们几乎无须关注发现这些震惊世界的细菌的地点是来福镇废料堆放场这个事实，全世界还有许多极端环境在等待着我们去取样检测其中的微生物。但正是因为那个简单的过滤行为，以及搜寻和测序DNA的新方法，我们才会以一种全新的方式来看待生命的丰富多样性。这样的发现并非只有在来福镇才可能发生。

但这丝毫不影响来福镇给人的那种震慑感。至少对我来说不会。

我20岁时第一次去耶路撒冷，特意去了圣墓教堂，许多基督徒相信耶稣是在那里被杀、埋葬和复活的。全世界有很多设计得更加精心别致的神殿和避难所，例如巴塞罗那的圣家族大教堂、莫斯科的圣瓦西里大教堂、伦敦的威斯敏斯特教堂，都是建筑上的奇迹。根据所有这些地方的传说，基督在犹地亚、撒玛利亚和加利利地区到处煽动民众，他在哪儿被钉死在十字架上都有可能。但是，如果你相信这些故事，你就会认为所有变化都开始于老耶路撒冷基督教区的一座摇摇欲坠的灰色石头教堂。

　　尽管来福镇所在的科罗拉多河畔的这片狭长地带很不起眼，但生命科学就是在这里取得重大飞跃，并且从此开辟出一片新天地的。

为什么说微生物学家就像刑事检察官？

　　也许我们对蓝鲸的认识是错误的。这种可能性很小，大概不到百分之一吧，但确实存在。

　　也许蓝鲸并不是地球上最大的动物，还有某种动物比它还大。根据已知的化石记录，我们没有任何理由相信存在这种可能性，但在古生物学领域，奇迹的发生从未停止过。

　　是的，有这种可能。

　　但在另一个与之相反的方面，情况就完全不同了。的确，我们有可能已经发现了地球上曾经存在过的最小生物，但这种可能性只能达到十万分之几。

　　到目前为止，我们已经发现了大约 600 万种不同的微生物。但一些科学家认为，微生物的数量可能有一万亿种之多。[5] 对这个数字没什么概念吗？那就假设世界上的每一只鸟都独属一个物种。知道全世界一共有多少只鸟吗？再把这个数字翻一倍，就差不多了。

　　而且这个数字只包括可能和我们同时生活在地球上的微生物。2017年，公开估计微生物有一万亿种的两位印第安纳大学研究人员——杰伊·伦农和肯·洛西告诉我，他们希望解决的一个问题是 35 亿年以来（相差不过几百万年）地球上一共生存过多少个物种。当时，他们与地质学家凯文·韦伯斯特一起，正在探索是否可以通过塞普科斯基曲线（描述过去 6 亿年里真核生物类群逐步发展至最终灭绝的曲线），更好地了解在这段漫长的时间里其他生物发生的变化。洛西告诉我："如果我们能够理解塞普科斯基曲线的统计特性，我们就有可能把它（谨慎地）应用到微生物上，反向追踪几十亿年前发生的变化。"

但即使是已经发现的微生物，也还有很多我们没有亲眼见到的。

如何发现你看不到的东西呢？这就像检察官在性侵案件中，还没有确定嫌疑人就可以对这个人的DNA提出控告一样。例如，2015年秋天，西雅图的检察官为了不违反华盛顿州规定强奸指控10年有效时限的法律，以非传统的方式针对"07-3116 Peri-SF"（在联邦调查局数据库中保存了8年之久的一个DNA序列）提起了重罪指控。[6]到目前为止，人们之所以采取这种策略，大多是希望未来的DNA样本与某个悬案相匹配，但在不久的将来，根据遗留在犯罪现场的DNA，调查人员就有可能建立犯罪侧写，甚至得到犯罪嫌疑人的详细合成照片。宾夕法尼亚州立大学的科学家马克·施赖弗和他的团队提出，根据遗传密码的一些片段，就可以利用面部特征（例如皮肤、头发和眼睛的颜色，以及鼻子、嘴唇和眉毛的形状等）的数千个DNA标记，逼真地复合出一个人的素描。[7]

本质上，班菲尔德和她的团队在科罗拉多州来福镇做着同样的工作。

如果你不觉得恶心，可以想象一下一个人的身体被放进一台小型货车大小的食品加工机后会是什么样子。班菲尔德的团队收集的微生物就是这种形式——DNA碎片。古生物学家把小块骨头放在一起拼成大块骨头，再把大块骨头拼到一起，以更好地了解生物的样子。与之类似，来福镇的研究人员通过确认重叠的DNA片段，拼接出更长的序列。

但只有在少数情况下，他们才能拼接出完整的基因组。在大多数情况下，他们只能得到每种微生物大约90%的基因编码——这足以让他们知道这种微生物确实是一个独特的物种，而不是已经确认的物种，但还不足以合成一幅完美的拼图。[8]

　　在发现这些微生物后，研究小组真的拍到了其中一些微生物的照片。他们利用一种便携式低温插塞（从外形看是介于搅拌器和桌面红酒开瓶器之间的十字形结构，可以将标本快速冷却至-272摄氏度），可以使从来福镇水井里取出的某些细菌在很长一段时间里保持稳定状态，以便将它们送到实验室。然后，他们使用能拍摄像素大小约为50亿分之一米的照片的增强型电子显微镜，为这些细菌拍摄照片。但是，尽管他们使用了这种高倍率设备，拍摄出来的照片仍然模糊不清——与带微型天线的老式黑白电视上的图像差不多。后来班菲尔德告诉我，他们不可能准确地说出照片中捕捉到的是什么生物，还需要通过漫长而精细的过程把所有表型特征关联起来，才能得到基因序列。尽管如此，研究小组最终还是得到了一些单细胞生物的照片。利用这些照片，可以测量出这些生物的大小。[9]

　　在那之前，地球上已知的最小生物还没有定论。长期以来，《吉尼斯世界纪录大全》一直认为一种名为极端嗜热古菌（*Nanoarchaeum equitans*）的古生菌是“公认的最小生物”。[10]这种古生菌是一种生活在咸、酸、高温海洋环境中的“极端微生物”。与此同时，维基百科上的“云编辑”则把这个殊荣给了生殖支原体。这是一种寄生在人类肠道、膀胱和呼吸道的细菌。这两种生物的直径约为300纳米。相关领域的科学家似乎站在了支原体一边，[11]尽管他们基本上置身于这场纷争之外。关于这个问题还有太多的未知因素，所以我们很难做出断言。

　　现在，由于来福镇的这些研究，情况变得更加扑朔迷离。在那里获得的图像表明，存在直径约250纳米的细菌。（为了让大家对这个尺度有所了解，我在这里提供一个数据：这句话结束时的句点①直径约为100万

———————————
① 句点：指英文标点中的句号。——译者注

纳米。）这些还只是随机选取的一小部分来福镇水井中微生物的照片。未来几年，随着一个完整的纳米尺度世界（就目前而言，我们几乎无法想象这个世界）引起我们更多的关注，还会有更多类似照片出现。

不过，它们不太可能来自来福镇。在我前往来福镇并与肯·威廉斯在他位于科罗拉多州克雷斯特德比特市的家中见面几周后，他告诉我，我擅自闯入的那座"神圣"设施正在被拆除。"就在我们说话的这会儿，"他说，"他们正在拆除那座'神殿'的柱子。"

我们可能再也没法从来福镇取样了。但是，全世界有无数尚未被发现的微生物，我们很难相信从中找不出比在来福镇发现的微生物还要小的微生物。然后，我们应该还能不断地找到越来越小的微生物。

这对我们所有人来说都是一个好兆头，因为说到解开生命奥秘（进而帮助我们延长寿命）的可能性，最适合的莫过于罗马博物学家老普林尼）于2 000年前说的那句话。

他说："在整个大自然中，没有什么比最小的东西更伟大了。"[12]

世界上最小的生命是如何帮助我们解决鲁布·戈德堡难题的？

"大小并不重要！"

我经常对我的女儿说这句话，因为她几乎是班上和足球队里最矮的那一个。（我经常说的还有"要么做，要么不做，没有尝试一说"和"永远不要跟我提概率"。《星球大战》真是人生智慧的宝库啊。）的确，说到我们的基因，尤达的观点是对的——大小真的可能具有欺骗性。

例如2011年，一个国际科学家小组[13]在对蚤状溞（*Daphnia pulex*）的基因组进行排序时，被取得的发现惊得目瞪口呆。这种小小的甲壳纲动物的蛋白质编码基因竟然比人类还多25%，而且这些基因有各种各样不可思议的表达方式，导致这些动物有多种体型和属性，比如可以起到防护头盔作用的增厚壳，甚至还有增加捕食者下咽难度的"颈齿"。[14]研究人员发现的世界上最复杂的基因组之一，是在一种体长永远不会超过3毫米（通常不会超过半毫米，即使成年后也是如此）的生物身上发现的。

尽管它的基因组很复杂，但其长度很短。为什么会这样呢？所有优秀的计算机程序员都知道，复杂性和长度是有区别的，而一个真正优秀的程序员可以做到事半功倍。水蚤的基因编码非常高效。尽管它的基因组中有大量基因，但它只有1亿个碱基对。（相比之下，人类有30亿个碱基对。）

单凭代码长度，水蚤就成为基因分析的一个热门研究对象。近年来，基因分析越来越便宜、简单、快捷，已逐渐演变成一种潮流。人们已经估算出5 500多个物种的基因组大小，最短和最长的编码之间有7 000倍的差异。可以这么说，随着越来越多的编码浮出水面，越来越多的研究表明在很多动物群体中，体型和基因组长度之间存在正相关性。[15]因此，如果你需要寻找比较短的遗传密码，你可能就会把目光投向世界上最小的生物。

20世纪90年代后期，生化学家克雷格·文特尔和丹·吉布森希望可以通过简短的遗传密码合成现有的生物。在当时，合成DNA的技术一次只能产生包含几千个"字母"（碱基）的遗传密码。大多数生物——甚至是微生物，都有数百万个碱基对。正如我们所知，许多生物的碱基对有数十亿之多。

他们在体积最小的微生物中找到了一个潜在的实验对象。长期以来被维基百科引为世界上已知最小细菌的生殖支原体，只有580 073个碱基对。此外，在全世界范围内传统意义上被称作生命的物种中，生殖支原体的基因最少，只有525个基因。但吉布森后来告诉我，生殖支原体的问题在于它生长缓慢，这会影响他们的研究进度。

　　不过，他们发现生殖支原体的一个近缘种完美地符合他们的要求。丝状支原体（*Mycoplasma mycoides*）是一种寄生在牛、羊和山羊肠道里的细菌，其基因组有120多万个碱基对，这个数字足以使它跻身世界上已知最小基因组之列，而且它生长的速度比它的"近亲"生殖支原体快10倍。

　　研究人员利用丝状支原体的序列，将1 000多个遗传密码片段拼接到一起（就像孩子们根据说明玩乐高积木一样），形成一个化学合成染色体，然后插入一个自然生长但被剥离了DNA的细胞中。[16]除了这些科研大家添加的"基因水印"（目的是证明这种微生物是他们创造出来的）以外，实验的最终产物与丝状支原体高度相似。2010年，他们在《科学》杂志上宣布了这种微生物的诞生。

　　《科学》杂志上的那篇文章展示的最引人注目的一个场景就是，随着一道电流将染色体送到细胞内部，这些合成生物就像弗兰肯斯坦①创造的生物一样有了生命。我不由得想到，众所周知在戏剧表演方面颇有天赋的文特尔肯定会张开双臂，仰天长啸："它有了生命！"[17]

　　2016年，文特尔的团队再一次利用这种小生物实现了另一个大飞跃。在高度逼真地复制出丝状支原体后，他们又不遗余力地开始了新的研究——从合成细菌中剥离碱基对，甚至整个基因，看看它们可以被简化到何种程度。最终，他们将原有的遗传密码削减了一半以上。[18]他们得到的是一种名为"JCVI-syn3.0"的生物，它只有531 560个碱基对和473个基因。这是一个能维持生命，而且比自然界所有已知生物都要小的基

---

① 弗兰肯斯坦是玛丽·雪莱创作的同名小说的主人公。热衷于探究生命起源的他用不同尸体的各个部分拼凑出了一个巨大的人体。——译者注

因组，让我们距离揭开哪些是生命必不可少的基因这个秘密更近了一步。

要想知道一种生命的基本 DNA 是否是所有生命的基本 DNA，还需要进行许多年的研究。但是，一旦我们掌握了这些知识，就能更好地了解各个基因的独立作用和其协同作用。在此基础上，这些知识还可能有助于填补我们在对基因世界的理解上出现的一些非常大的漏洞。

无论如何，我们已经向人类基因组排序投入了数十年的时间和数十亿的资金，但人类的遗传密码中仍然有很大部分（事实上是绝大部分）是我们根本无法理解的。即使是一些受人尊敬的科学家，也在很早以前就嘲笑这种遗传暗物质是"垃圾"。今天，我们知道它不是垃圾，甚至无法想象竟然有人认为它是垃圾。我们已经知道，它在很大程度上与调控有关：帮助决定哪些基因在特定时间被利用和表达，以便在一个不可预测的世界中生存下去。但是，尽管我们已经对这种调控 DNA 赋予了更多的尊重，但我们还没有更深入地了解它的具体功能。

这是因为我们的 DNA 在很多方面就像是人们为了完成一项简单任务而精心设计的、复杂而古怪的鲁布·戈德堡机械。戈德堡最著名的发明（尽管只在漫画中出现过，而且从未被实际制造出来）是一个自动擦嘴机器，要用到滑轮、鹦鹉、水桶和火箭。在 OK Go 乐队为歌曲 "This Too Shall Pass" 拍摄的一段视频[19]中，一台复杂得多的机器利用老式打字机、钢琴、电吉他，以及福特 Escort LeMons 赛车[20]（包括一辆真车和一辆用乐高积木搭建的模型车），向乐队成员发射了 4 枚彩弹。[21]

单独地看，OK Go 机器的每个独立部件的作用可能难以想象——这些部件组装起来的成品同样非常奇妙。但是，如果你从头到尾依次查看这台设备，每个部件的用途就一目了然了。同样地，当基因被添加到只包含最基本结构的基因组中时，就有可能看清它们在更复杂的生物体内发挥的作用。研究人员认为，从最基本的基因（即维持生命所绝对必需的基因）着手，我们或许能够更好地理解所有其他神秘莫测的DNA片段的用途。

从最小的生物开始（包括最小的植物、最小的昆虫、最小的两栖动物和最小的哺乳动物等），逐步深入了解所有体积更大的生物，这一原则对于观察许多生物群体都是有用的。所有这些体型最小的超级生物，都能让我们了解一些关于所有其他生物的基本信息。

前提是我们不能对它们视而不见。

为什么说微生物组可能和我们的大脑一样重要？

一定程度上，荷兰人安东尼·范·列文虎克在17世纪晚期发现微生物世界其实是一个巧合。范·列文虎克不是训练有素的科学家，他出生在一个篮子制造商和酿酒商的家庭。年轻时，他就在代尔夫特镇经营纺织品，和生活在该地的画家约翰内斯·维米尔是同时代的人。维米尔以画作《戴珍珠耳环的少女》闻名于世，但他在《天文学家》《地理学家》等作品中表现出了他对在整个代尔夫特镇风靡一时的科学和学术的崇敬。[22]正是在这种氛围中，范·列文虎克学到了显微镜制作这门手艺，开始以业余爱好者的身份研究起那个从未有人看到过的世界。如果不是当时的那种环境，他可能会闭口不谈他在显微镜头下看到了什么，因为担心会被人指责为疯子，或者是担心自己真的疯了——这种情况更糟糕。最终，他鼓起勇气写信给伦敦皇家自然知识促进学会，说明了他所看到的一切。

一开始，皇家学会的成员们强压下心中的疑惑，对范·列文虎克的发现（包括原生动物、细菌和精子等）表示了极大的兴趣。但是，由于没有人知道这些微小生物到底有什么用，因此人们对这个微观世界的新奇感慢慢消失了。它们可以被观察到，它们确实存在，但仅此而已。

2015年，正在罗格斯大学研究生物对地球化学的作用的保罗·法尔科夫斯基称："直到近200年后，这些生物才真正引起人们进一步的关注。令人惊讶的是，尽管17世纪取得的重大科学发现（包括万有引力、光波、行星围绕恒星旋转，以及对科学进行的不可思议的数学抽象等）促使物理学和化学领域的发现取得了井喷式增长，但生物学的基本发现总的来说比较滞后，而且只有当它们与人类健康有关时才会得到重视。"[23]

根据我们现在所了解到的微生物对人类健康的作用，这无疑是一个极大的讽刺。更具讽刺意味的是，微生物是地球上最早的生命形式，同时它们数十亿年如一日地为地球提供氧气，为我们现在知道的生命创造了生存条件。

如果在启蒙时代其他科学领域的探索延伸到了微生物世界，很难说我们会有什么发现。但是，微生物学家似乎普遍认为我们错失了良机，并因此感到十分遗憾。

2017年，罗博·奈特对我说："我认为我们仍在努力追赶。"

奈特在用比喻描述我们长期忽视微生物造成的损失时，经常会从法老的坟墓开始说起。古埃及的殡葬人员在精心地保存已故法老的遗体时，会把法老来世所需的所有器官都取出来，放在罐子里。[24]

但大脑除外。古埃及的殡葬人员不知道大脑有什么用，所以他们用钩子勾住法老尸体的鼻子，把大脑里的灰质搅得一团糟，让它流出来并把它扔掉。

奈特经常说，我们一直在对微生物组做着同样的事情。很长一段时间里，我们知道它在那里，但并不真正知道它做了什么，所以我们把它当作不重要的东西忽略了。

为了弥补失去的时间，奈特开始了一项雄心勃勃的计划：通过一个由民众资助的科学项目，帮助美国人了解他们肠道内部的情况。这个项目还导致了在全美范围内进行的微生物组普查，后来又延伸到其他国家。这不是开玩笑。11 000多人为了可以将自己的粪便样本邮寄给奈特，每人支付了99美元，以参与这个计划。[25]多年来，奈特每天都会从自己的粪便中取样，他的温柔贤淑的妻子阿曼达·伯明翰也是如此。[26]

但是，并不是所有的细菌都存在于我们的肠道，很多细菌栖居在我们身体的其他地方，尤其是我们的下半身。经过多年研究，奈特了解到新生儿从产道中获得了许多有益菌群。当他的女儿通过紧急剖宫产来到这个世界时，他和妻子伯明翰都不想让她错过这个机会，所以他们用取自伯明翰阴道的样本对孩子进行了全身擦洗，连耳朵和嘴巴都没有遗漏。

不仅如此，他们还乐于推广这种做法。在2014年的一次TED演讲中，奈特详细阐述了这个过程，并在次年出版了一本与之相关的书。[27]为什么呢？"因为我们在做一些练习，看看如何把这件事告诉女儿的舞伴。"他打趣道。

实际上，分享家人可能令人尴尬的秘密是为了树立一个标准。你不能要求成千上万的人把粪便交给你，又不愿意把你的故事告诉他们。奈特之所以能让人们参与世界上有史以来最大规模的民众科学实验之一，原因不仅在于他是一位伟大的科学家——尽管他的确是一位伟大的科学家，还在于他愿意坦诚地与人沟通。在当今社会，后面这个原因同样重要。

已经有人利用美国人的肠道数据，证明对坚果和花粉过敏的成年人肠道微生物群的多样性水平往往较低，梭菌（通常是有益菌）的种群数量低于平均水平，而拟杆菌（通常是有害菌）的种群数量高于平均水平。[28]研究表明，可分解硝酸盐、亚硝酸盐和一氧化氮的口腔细菌可能与偏头痛有关。[29]该项目还告诉人们，通过剖宫产出生的人确实有明显不同的微生物群——不仅仅是婴儿，成年后仍然如此，从而说明奈特和伯明翰的产后积极措施的确是一个好主意。[30]

　　所有这一切都说明，如果我们忽视世界上最微小的事物，就需要自担风险。

世界上最小的飞行动物如何证明自然资源保护主义者的一个基本信念是错误的？

　　我原以为伯顿·巴恩斯的讣告是一个"异常值"。毕竟，巴恩斯是一个有点儿古怪的人，他绝不会认为外行人能够真正理解100英亩颤杨无性系的重要意义。在密歇根大学演讲时，他曾公开嘲笑说有些人因为"世界上最大的生物"这个概念而兴奋不已。因此，在他于2014年7月去世后，《安娜堡新闻报》发表了一篇讣告，对他的一生做了一个评价，全文一共979个单词，但没有提及他发现的最大生物，似乎是在通过这样一个疏漏向他表示敬意。[31]

　　随后，我发现这样的事情以前也发生过。

　　2001年2月14日，《火奴鲁鲁明星公报》上刊登的一篇667个单词的讣告在开头这样写道："'杰克'约翰·W. 比尔兹利，74岁，2月5日在镇上的主教博物馆去世，当时他正从事他热爱的工作——研究昆虫。"接着，讣告详述了比尔兹利对昆虫学领域做出的诸多巨大贡献，包括他发表的关于夏威夷岛外来昆虫的650多篇科学论文和许多其他文章。[32]

　　但讣告只字不提他发现的最小生物。

　　就在比尔兹利去世前一年，他和同事、昆虫学家约翰·休伯宣布他们发现了一种小黄蜂。他们通过设置在5~8英尺高的树枝上的黄色黏网，在夏威夷岛、莫洛凯岛和欧胡岛上捕捉到了这种小黄蜂。这种俗称"仙人蜂"的小动物属于缨小蜂科，从头部到腹部只有190微米，相当于几根头发丝并排的宽度。[33]

当地人叫它 Kikiki huna。

你听说过 Big Kahuna①吧？这个是小版的 Big kahuna，因此叫这个名字。34

和巴恩斯的发现一样，仙人蜂的身份鉴定也首次发表在一本不太知名的科学期刊《夏威夷昆虫学会学报》上。这份报告秉承了优秀科研论文应有的谨慎谦逊，没有公开做出任何创纪录的声明。

但是，仙人蜂的确创造了纪录。它是迄今为止发现的最小的飞虫，属于缨小蜂科一个全新的属。后来，通过收集和研究更多标本，人们发现仙人蜂的体型可能比之前发现的还要小，只有158微米长。

当比尔兹利和胡伯第一次发现仙人蜂这种昆虫时，他们认为这是夏威夷特有的昆虫。但是，一旦某个发现让研究者可以从不同的角度去看这个世界时，他们就会发现之前看不到的东西现在到处都是。很多发现都曾导致这个现象。现在，阿根廷、澳大利亚、哥斯达黎加、特立尼达和印度都发现了这个缨小蜂科的最小成员。

印度昆虫学家普拉尚斯·默罕拉吉告诉我，在仙人蜂这种昆虫被发现后，研究人员在其他地方展开了搜寻。他说："我们原以为仙人蜂在印度非常罕见，其分布极为有限。但令我们惊喜的是，布置在某个地方的黏网中发现了这种昆虫，于是我们进行了大量收集。"

在科学家开始寻找仙人蜂后，他们接二连三地在曾经搜寻过许多其他昆虫的地方找到了它。

这个现象有两种可能的解释。

第一种可能是他们以前与这种昆虫失之交臂了。就像在来福镇发现大量超小型细菌一样，直到研究人员把"多小才是小"的假设抛到一边

---

① 美国夏威夷地区使用的俚语，意指"大人物"。——译者注

后，这个微小世界的大片区域才成为关注的焦点。一旦进入这个阶段，他们很快就找到了捕捉这些小东西的最佳方法，这也为其他研究人员捕捉仙人蜂提供了像菜谱一样高度精确的行动指南。休伯和同事、昆虫学家约翰·诺伊斯在一篇论文中写道："从样品罐向分类盒中加入 2~3 毫米深的乙醇。"此外，他们规定分类盒必须是"9 厘米塑料培养皿，外壁上刻有 1 厘米间隔的刻度线，涂上墨汁使刻度线清晰可见"。[35]

另一种可能是这些地方以前根本没有仙人蜂，它们是最近才迁移过来的。这就引出了一个问题：它们最初来自哪里？没有人可以确定。但后来发现的一种黄蜂——小叮当卵蜂（学名 *Tinkerbella nana*，这是根据 J. M. 巴利的小说《彼得·潘》中那个调皮的小精灵仙女命名的）可能会告诉我们一些线索。

人们发现，不论是从体型（小叮当卵蜂的平均大小仅比仙女蜂稍大一点儿）还是从它们翅膀上特殊的纹理来看，小叮当卵蜂和仙人蜂都非常相似。不过，它们触须的形状、眼睛含有的光学单元数量和足关节有所不同。随着更多明显相关的物种被发现，在检测它们的基因组后，我们会进一步了解仙人蜂到底来自哪个地方。目前，休伯认为夏威夷的仙人蜂"几乎可以肯定是从其他地方意外来到这里的"，这个"其他地方"很可能是中美洲。

"意外"这个词很关键。这意味着仙人蜂可能搭乘了人类的船只或飞机，进而说明了一个重要问题：这场防止入侵物种在我们这个全球化的世界里肆意蔓延的战斗，开始得太晚了。

有人认为，应该想办法阻止外来物种定居，以免改变本地的生态现状。这种观点在自然资源保护主义者中广泛存在，而且这种反对所谓的入侵物种的保护主义立场得到了大量证据的支持。

褐林蛇是澳大利亚、印度尼西亚和巴布亚新几内亚的一种贪婪的本地动物。第二次世界大战结束后，褐林蛇来到关岛（很有可能是乘船或乘飞机来到这里的），几乎把那里的鸟类消灭殆尽。[36]由于鸟类所剩无几，关岛的树木失去了最重要的种子传播者，这有可能导致新森林生长速度降低多达90%。[37]

可能携带寨卡病毒的白纹伊蚊（也称亚洲虎蚊）对美国的征服，可以追溯到1985年从日本运来的一批旧轮胎。在得克萨斯州休斯敦市第一次发现这种蚊子后，它仅仅用了不到10年的时间，就扩散到了25个州。今天，已有40个州发现了它的踪迹，而且它已在南美洲、中美洲、非洲和中东各地安家落户。[38]

1989年，人们在北美五大湖第一次发现了乌克兰斑驴贻贝[39]。一只斑驴贻贝一年可以产100万个卵。不到20年，斑驴贻贝就蔓延到了美国全境。它们大量吞食浮游植物，自下而上扰乱了食物网，对鲑鱼、白鲑和本地贻贝的种群造成了严重伤害。

我们一次又一次地认识到，所谓的入侵一旦开始，就很难再将其逆转。然而，我们生活在一个信奉"决不屈服，决不屈服，决不、决不、决不屈服"的世界里，这是温斯顿·丘吉尔第二次世界大战时在哈罗公学发表的著名演讲中的一句话。生态保护领域同样受到这种观点的影响。第一个用"入侵者"一词来形容外来物种的是一个与丘吉尔同时代的英国人——动物学家查尔斯·埃尔顿，他在1958年出版的《动植物入侵生态学》一书中使用了这个词。[40]这也许不是巧合吧。埃尔顿经历过两次世界大战，在第二次世界大战期间，他受命控制那些入侵英国食品储藏设施的害虫，因为它们"简直就是纳粹的盟友"。[41]

后来，埃尔顿帮助成立了大自然保护协会。他把自己想象成一名战地记者，正在参加一场许多人还不知道自己身处其中的战斗。在他的那本书的序言中，他没有掩饰自己思想深处的军国主义，坦承他对植物和

动物入侵行为的思考开始于第二次世界大战期间。他警告说："威胁我们的不仅仅是核弹和战争。"[42, 43]

为了"拯救"世界，仅在美国，我们就花费了数十亿美元来对抗外来物种。值得注意的是，付出这些代价是有必要的，因为这些物种已经给美国经济造成了数万亿美元的损失。白蜡窄吉丁原产于亚洲，于20世纪90年代到达北美，仅用了20年就给白蜡木材作物造成了超过100亿美元的损失。[44]

但是，我们会不会是把钱砸进无底洞呢？在很多情况下，我们几乎可以肯定确实如此。

在这个永不言弃的世界里，我们有时会忘记丘吉尔对坚定决心这个原则提出的告诫："除非与荣誉信念或常理相悖。"换句话说，如果被打败了，你自己得知道你被打败了。具体到这一次，面对世界上最小的物种，我们就被它们打败了。

褐林蛇要比仙人蜂大得多，但在森林茂密的岛上，这种蛇很难被发现，也很难被消灭。因此，人们想到了一些千奇百怪的办法，比如利用降落伞等手段空投毒老鼠，但到目前为止，褐林蛇还没有缴械投降。

生物的个头越小，就越难对付，很多可能出现的办法听起来也就越奇怪、越可怕。美国国家野生动物联合会认为，消灭入侵贻贝的斗争是"不可能取胜的"，因为目前想到的办法都会严重伤害其他野生动物。[45] 消灭白纹伊蚊的斗争会怎么样呢？最有望成功的一个提议是"释放携带显性致死基因的昆虫"（RIDL），即大量释放转基因蚊子到野外。但有人担心这种解决方案可能会把整个美国变成莫罗博士的岛①。

---

① 《莫罗博士的岛》是英国作家赫伯特·乔治·威尔斯的小说，讲述了科学家莫罗博士在一个小岛上，利用器官移植和变形手术创造新的兽人物种。——编者注

我们很容易看到这些物种，但我们看不到仙人蜂，至少不是很容易看到它。这还不包括每天通过我们的手、嘴和内脏，跨越世界上一道道边界线的数以万亿计的微生物。这是一种自下而上的破坏。

但这并不意味着认输，而是说我们必须抛弃"天生"和"入侵"的旧观念。

这是生态学家马克·戴维斯于2011年与近20名科学家在《自然》杂志上共同撰文提出的观点。文章称："本土物种与外来物种的二分法在生态保护方面的实用价值正在不断减少，甚至会产生反作用。"[46]

自然资源保护主义文化受类似军国主义思想驱动达几十年之久，包括戴维斯在内的很多人都目睹了贪婪的外来者造成的巨大破坏，因此戴维斯的这个观点无异于宣布他就是本尼迪克特·阿诺德①转世。140多名科学家签署了一份措辞严厉的声明，反驳戴维斯等人提出的这个观点。

但是，戴维斯从来没有说过任何一个外来物种都应该受到欢迎。他认为，面对外来物种，我们不应该停留在"是好还是坏"这样的观念。我们创造的这个世界有卡车、船只和飞机，人们每天都在四处移动，他们身上携带着各种各样的微生物。更不用说越来越严重的城市化、土地利用方面的变化以及气候变化。所有这些，都已经让我们的生态世界变得全球化，而且这种变化是不可逆转的。

随着越来越多的人认识到我们已经取得了一些规模极小的战役的胜利，我们的"荣誉信念和常理"几乎肯定会发生变化。

这是好现象。因为随着时间的推移，科学应该改变我们的世界观，让我们从最大或者最小生物的角度去看这个世界。

---

① 本尼迪克特·阿诺德：美国独立战争中的大陆军第一猛将，后叛逃至英国。——译者注

世界上最小的脊椎动物是如何帮助我们了解过去的气候的？

还记得吗？我们对世界上最大的蛙类几乎一无所知！但说到最小的生物，比如说阿马乌童蛙，我们知道的可能更少。

这个世界上已知最小的脊椎动物是2009年在巴布亚新几内亚的东南半岛上发现的，由于体型太小，它们一直被忽视——不仅仅是被西方研究人员忽视。"当地人也不知道这些小东西。"阿马乌童蛙的共同发现者、路易斯安那州立大学爬行动物学家克里斯托弗·奥斯汀告诉我，"这真的令人难以置信，因为当地人都是非常优秀的自然历史学家，他们几乎知道森林里所有的物种。"

但阿马乌童蛙真的很小，从鼻子到尾巴的长度还不到8毫米，跟玉米粒差不多大小。由于体型过小，它们在到处都是饥饿动物的环境里很容易被捕食，就连有些食虫植物也可以吞下这种美味的小型两栖动物。所以，它们不敢在暴露的雨林地面上四处闲逛，而是躲在茂密的落叶之间。能找到它们真是一个奇迹。

事实上，如果没有一点儿意外的成分，阿马乌童蛙可能永远不会成为科学研究的对象。奥斯汀回忆说，事情发生在新几内亚的"一个枯燥乏味的夜晚"。他说，对于研究爬行动物的人来说，这样的夜晚并不少见。他和他的团队正在寻找的这种蛙不会发出很大的噪声，所以他们感到一筹莫展。

由于没有受到平时经常听到的那些噪声干扰，因此奥斯汀和他当时的博士生埃里克·里特迈耶，以及来自巴布亚新几内亚国家博物馆的同事布利萨·洛瓦，注意到了一种有节奏的尖锐噪声。它听起来一点儿也不像是蛙类发出的。在我听来，他们录下的这个声音会让人想起黑胶唱片播放结束时唱针不断发出的撞击声。[47]而在他们的耳朵中，这有点儿像昆虫的啁啾声。他们的目标本来是寻找蛙类，奥斯汀说："我们只是有点儿无聊。"

于是，他们跌跌撞撞地走了过去，在深夜的雨林里用手电照来照去，试图找出这种啁啾声到底是从哪里传出来的。

结果，他们什么也没找到。

这种声音肯定是什么动物发出来的。于是奥斯汀抓起一大把叶子，塞进一个可重复密封的塑料袋里，然后结束了当晚的搜寻工作。第二天早上，他一片一片地翻看着那些树叶，忽然看到一只小得几乎让人难以置信的蛙正仰头望着他。它的咖啡色皮肤上有锈棕色的斑块和不规则的青白色斑点。世界上很少有人像奥斯汀这样了解蛙类，但他也从来没有见过这种蛙。

看到这只蛙后，他们当然要继续寻找它的同类。搜寻工作结束后，凭借收集到的样本，奥斯汀和他的团队足以断定他们发现了世界上最小的脊椎动物，它们的平均身长仅有7.7毫米。[48]

奥斯汀肯定对这一发现感到自豪，但他非常谨慎。会不会还有更小的蛙呢？他说："很可能有。尚未被人描述过的微型蛙类还有很多，很可能还有比阿马乌童蛙更小的蛙。"

寻找更小的蛙并不仅仅是在创造超级生物的另一项纪录。地球上的每一个新的基因组，尤其是处于极端生理学边缘的那些生物基因组，都可以帮助我们进一步了解人类遗传史。具有独特进化意义的生物可能会为我们提供治疗疾病的新线索。例如，新几内亚的绿血石龙子属蜥蜴（*Prasinohaema*）的血液呈鲜绿色，含有胆色素，奥斯汀认为它有可能为抗击疟疾提供一些线索。地球上每新发现一种蛙，都可能帮助人们朝着消灭流感的目标迈进一步，因为某些蛙类皮肤上的黏液已经被证明可以使流感病毒无效。[49]

虽然新物种的许多潜在好处都是医药方面的，但它们与进化和气候同样相关。阿马乌童蛙并没有像柯普定律预测的那样以不确定的速度慢慢变大，但也没有在一夜之间变成一个极端物种。遗传分析表明，这种小型脊椎动物和几个与它差不多小的"近亲"很早就出现在新几内亚蛙类进化扩散过程中。我们也知道小型蛙类都会面临一个巨大的挑战：它们必须始终保持湿润。即使从含水量很高的落叶层离开一个小时，它们也会因干燥而招致厄运。综合这两点，我们可以确定新几内亚的气候在很长一段时间里一直都是稳定的——始终保持湿润，足以保证阿马乌童蛙有足够的水分以进化出越来越小的体型，同时还要确保雨水不能过多，以免落叶层中的水淹死这些小家伙。

现在，我们知道这些蛙就在那里，密密麻麻地挤在一起，每英亩林地上可能有成千上万只。因此，我们多了一个厄运指示器——利用它们，我们可以观察和测量全球变暖对新几内亚的影响。

它们也给了我们一个全新的生态位去探索。长期以来，我们没有注意到这些小家伙的存在，其中一个主要原因是研究人员通常只关注落叶层上表面和下表面，关注不到其内部。正如昆虫学家本意是寻找仙人蜂，之后却发现了小叮当卵蜂一样，我们有理由相信，未来考察新几内亚潮湿森林落叶层的探险人员不仅会发现更多体型极小的蛙类，还会发现其他以前不为人知的生物。每一项新发现都会包含一些关于遗传、化学和进化的秘密，一旦解开这些秘密，我们所有人都会受益。

我们应该搜寻的不仅仅是新几内亚大片未开发的森林。奥斯汀提醒我，更广阔的海洋也未被探索过。他认为"最小脊椎动物"的头衔很可能落在某种鱼的身上。

有些人认为这已经是一个事实。

得出"最小"以及诸如此类的概念并不是一种纯粹的客观行为。最小指的是重量吗，还是总质量，或者是长度？如果指的是长度，那么是指从哪儿到哪儿的长度呢？

　　测量蛙类的长度时，我们"从鼻子到肛门"计算。它们的肛门位于屁股的末端，因此用端到端的方法测量蛙类的长度比较容易。如果用类似的方法测量"最小脊椎动物"的前纪录保持者——东南亚的袖珍鱼"露比精灵灯"（*Paedocypris progenetica*），测量结果就会是它的实际长度的1/2。[50] 2012年，帮助露比精灵灯跻身记录簿（后来被阿马乌童蛙取而代之）的鱼类学家拉尔夫·布里茨在接受Phys.org网站的采访时说："用测量蛙类的方法来测量露比精灵灯的长度，相当于采用相同的地标，就可以清楚地看出露比精灵灯仍然是最小的脊椎动物。"

　　热爱垂钓的奥斯汀说，正常人都不会用这种方法来测量鱼的长度。

　　他说，有关已知最小的脊椎动物的争论（如果我们称之为争论），始终都比较温和。但这也表现出研究人员往往不愿意用"超级"这类词汇来描述他们的发现（即使这些发现真的极为突出）的另一个原因。虽然优秀的科学成果往往是有争议的，但很少有科学家会主动引起争议。奥斯汀说，无论如何，人们可以而且应该在这两个物种——以及更多类似物种——身上进行大量研究，而不必考虑哪一个被认为是创纪录的最小物种。

　　另一方面，有一些争议对宣传来说也不是坏事。就吸引注意力的效果而言，研究体型极小的脊椎动物的论文和研究已知最小的脊椎动物的论文不可同日而语。尽管许多科学家宁愿用他们经常使用的培养皿吃午饭，也不愿在公众面前侃侃而谈，但我们显然需要增加科学研究的媒体曝光度。

　　为了引起人们的关注，奥斯汀做了一件了不起的事。发现阿马乌童蛙后，他立刻从口袋里掏出一个硬币，然后把小家伙放在上面拍了一张照片。后来，这张照片在全世界被分享了数百万次。

不过，在处理与研究相关的公共关系方面，奥斯汀还有可以改进的地方。

我们第一次交谈时，我对奥斯汀说道："那么，嗯……Pa-ey-do，嗯，fa-rene，嗯，amen，am……啊呀，伙计，这个名字太难读了！ [①]你们给它起外号了吗？"

"我们叫它微型蛙。"他说。

"这个名字好多了！"我说。

如果我们想让人们感受到大自然的吸引力，首先必须要想一个好名字。小叮当卵蜂就是一个很好的例子。即使你没见过它，你也会情不自禁地爱上它。

至少有一个物种似乎是为良好的公共关系而精心设计的。这个小家伙可能是世界上已知最好的潜在科学大使之一，因为它绝对有资格拥有好的名声，可以引发一些温和的争论，同时有一个可爱的名字。

小小的蝙蝠是如何帮助我们解开一个进化之谜的？

让我们从名字讲起。它实际上有好几个名字，学名是凹脸蝠（ *Craseonycteris thonglongyai* ），别名基蒂氏猪鼻蝠。不过，在我看来，它的第三个名字最完美——大黄蜂蝙蝠，因为这种东南亚蝙蝠乍一看很容易被误认为一只黑色的大黄蜂。

是的，它和你想象的一样可爱，有着蓬松的灰色鬣毛（有的呈浅棕色），粉红色的脸上永远带着微笑，耳朵呈蝴蝶翅膀的形状。

---

① 阿马乌童蛙的学名是 *Paedophryne amauensis*。——译者注

它也是凹脸蝠科仅剩的最后一个已知成员（凹脸蝠科是大约4 300万年前从其他蝙蝠物种中分离出来的）。这使它具有无与伦比的研究价值，可以作为我们了解它的翼手目近亲遗传历史的信息来源。许多科学家认为，它的这些近亲可能正面临一场鲜为人知的灭绝危机，而另外一些人则认为，这些动物是世界范围内林地和湿地环境的宝贵的指示种。我们对蝙蝠了解得越多，它们就越能帮助我们更好地理解栖息地破坏和气候变化对整个世界的影响。

就像许多超级物种一样，大黄蜂蝙蝠的存在直到不久前才为我们所知。直到1974年它才被人发现，此后的近20年里，它唯一已知的栖息地是位于泰国西部北碧府的几个洞穴。

2001年，分类学家保罗·贝茨在缅甸南部的一个石灰岩洞里做了一次统计调查。这个洞穴离地面有50英尺，洞口被一张网覆盖着。一只小蝙蝠突然停到这张网上，离他右手只有几英寸远。贝茨一把抓住它。刹那间，他觉得自己发现了什么神奇的东西。

他对着这个小东西说："我想我知道你是什么，因为你太小了。"

那天晚些时候，当他从收集袋里轻轻拿起这只小蝙蝠仔细查看时，他的怀疑得到了证实。他告诉我："虽然我一直在想，它们可能就在那里，但是当我终于看到它的时候，我仍然感到非常兴奋。我当时想：'今天的收获真不错。'"

那一天的收获促成了他在今后几年进行深入研究，这在很大程度上要归功于这种蝙蝠非常小的体型。贝茨说，缅甸科学界的官员们对能够分享世界上最小哺乳动物所在地这份荣誉感到非常激动，这为世界各地的科学家提供了机会，使他们可以与来自世界上限制较为严格的国家之一的同事一起开展研究。[51]

能够在经费申请表中加上"世界最小"这个限定词，对研究人员来说也是一种奖励。

"我以前是经费申请委员会的成员。说实话，那些工作很乏味。"贝茨说。"申请表太多了，而且有的技术性很强，又不属于你研究的领域。这时候，你就会想：'啊呀，又来了！'但是，如果申请的时候能找点儿噱头，而且运用得当，那么肯定会有帮助。"他说："这种蝙蝠仅重两克，绝对是很好的噱头，拨款人和普通大众通常都会买账。"

这些都不会损害这项研究的吸引力。贝茨补充说："它很可爱，也很有趣，而且有科研价值。这种蝙蝠是它这一系的最后一个成员……这个物种有成功的一面，也有不成功的一面。它非常古老，似乎没有进化那么多，但它的分布范围非常小。它使我们想到了很多问题。"

随后，贝茨和一个国际研究小组一同回到东南亚，去探索一个有关进化论的"先有鸡还是先有蛋"的问题。

在缅甸发现的大黄蜂蝙蝠与在泰国发现的非常相似。但研究人员注意到一个奇怪的区别：缅甸大黄蜂蝙蝠和泰国大黄蜂蝙蝠的叫声频率相差高达1万赫兹。众所周知，当蝙蝠与同类接近时，为防止出现混乱，它们的叫声会发生轻微的波动，就像相邻足球场的裁判为避免误吹比赛有时会使用不同音调的哨子一样。但是，缅甸和泰国的蝙蝠之间的区别非常明显。如果用调幅电台的调台器来形容这两种蝙蝠，那么它们分别代表播放经典摇滚的电台和播放乡村音乐的电台。

因为大黄蜂蝙蝠进化的道路非常独特，没有其他近缘种或亚种流入其基因，因此这种动物非常适合用来研究一个长期以来的热门假设：交配双方在性状（例如蝙蝠的叫声）上的差异有可能导致动物面临两个不同的进化方向，随着时间的推移，进化出一个或多个新物种。

研究这个"感官驱动假说"的难点在于很难确定感官性状的变化是进化的原因，还是另一种进化驱动因素导致的结果。例如，这两群大黄蜂蝙蝠叫声的差异，是导致它们生活在不同地理位置的原因，还是生活在不同地理位置导致叫声存在差异呢？贝茨的研究小组决定利用这两种大黄蜂蝙蝠的基因样本，寻找它们在DNA水平上的差异。

尽管估计的分化时间长达26.8万~54.5万年，但泰国蝙蝠和缅甸蝙蝠的基因仍然惊人地相似——这证明它们的发现地——东南亚的那个2 000平方英里的区域，适合它们生存。

但是，它们在一种被称为RBP-J的基因上存在着显著差异。这种基因已经被证实与内耳毛细胞的形成有关，而这种细胞是人类和蝙蝠听觉系统的重要组成部分。

通过测量大黄蜂蝙蝠二级子群基因组的其他较小的差异，研究小组断定RBP-J突变一定是在泰缅分化之后发生的，这意味着是适应不同环境的需要导致感官适应性发生了变化，而不是后者导致前者。[52]

这并没有为感官驱动假说敲响丧钟，但它确实提供了一个关键证据，而且与该假说相关的其他数十项研究已经收到了这个证据。大黄蜂蝙蝠是世界上最小的哺乳动物之一，通过它们，我们现在对进化的驱动力有了更细微的理解。

为什么我说它是"世界上最小的哺乳动物之一"呢？正如巴布亚新几内亚的微型蛙是否有资格获得"世界上最小的脊椎动物"这个称号的问题引起了一些争议那样，认为大黄蜂蝙蝠是世界上最小的哺乳动物的观点也是有争议的。

目不能视的小鼩鼱是如何帮助我们以新的方式看待这个世界的？

的确，拇指大小的大黄蜂蝙蝠是现存最矮小的哺乳动物。但是，体型稍微长一点儿的小臭鼩体重才1.8克，比大黄蜂蝙蝠还轻一点儿。

　　是不是很难想象 1.8 克有多重？拿一个砂糖包，把大约半包砂糖倒在手里，重量就跟小臭鼩差不多。

　　和大黄蜂蝙蝠一样，小臭鼩也有潜在的研究价值。而且，就像其他多个超级物种一样，关于小臭鼩的许多问题还没有答案，甚至有很多问题并没有提出，因为我们仍然在收集一些非常基本的信息，比如它生活在哪里。

　　导致这个问题的一个原因是，鼩鼱可能是最善于逃脱的动物。它体重极轻，许多由体重触发的陷阱对它无效；它体型极小，可以从最密的笼子缝隙中溜走；它速度极快，我们根本抓不到它。我们只能根据猫头鹰的球形呕吐物（猫头鹰因无法消化而呕吐在地上的骨头、牙齿和毛发，是鸟类学家和爱好科研的小学生研究猫头鹰食物结构时使用的证据）了解它们的分布范围。但有很多地方猫头鹰不愿光顾，或者即使光顾了，也对这么小的食物不屑一顾，又或者无法捕捉到这些体型极小、速度极快的猎物。[53]

　　在我们研究大脑工作原理时，这些极难捕捉的动物能给我们提供一些重要线索。鼩鼱大脑皮质（大脑的一个区域，在记忆、注意力和感知方面起着至关重要的作用）的脑回路似乎与包括人类在内的其他哺乳动物有着诸多共同点。但因为它非常小，所以有可能帮助我们获得工作状态下大脑皮质的清晰影像，这是一个困扰了大脑研究人员多年的难题。

　　多年来，神经生物学家一直在使用双光子显微技术，这是一种利用近红外光“激发”荧光染料，以产生明亮而精细的多层活体组织图像的技术。不过，这项技术一般只适用于最多 1 毫米厚的组织。因此，对大多数哺乳动物来说，只能拍摄几层大脑皮质细胞的影像。但是小臭鼩的大脑皮质比一张信用卡还薄，所以研究人员可以一次性记录下它整个大脑皮质的活动。

这对大多数人来说可能意义不大，但对柏林洪堡大学神经计算专家罗伯特·瑙曼来说，这具有至关重要的意义。他认为小臭鼩可能是帮助我们理解大脑不同部位的结构和功能之间关系的完美模型，甚至还为科学家记录某个区域（例如视皮质）中每个神经元的活动创造了条件——这项新技术有可能告诉我们哺乳动物的大脑是如何处理眼睛收集到的影像的。[54]

小臭鼩还可以帮助我们用其他方式"看"东西，因为它和许多穴居动物一样，视力不是很好。尽管如此，它仍能发现潜在的猎物（比如一只蟋蟀），并在不到30毫秒的时间内仅仅根据它的触须与这只昆虫接触时的感觉，做出是否发起攻击的决定。[55]要做到这一点，小臭鼩的大脑必须以人类大脑处理眼睛收集到的图像的速度——甚至是更快的速度——来处理它们通过触须创建的猎物的"图像"。

对于谢菲尔德大学机器人研究中心的神经学家托尼·普雷斯科特来说，这不仅是一项令人惊叹的生物学壮举，还是机器人研究面临的一个挑战。

机器人大多是通过某种依赖于可见光谱的接口（包括简单的照相机、激光束等）与外界交互的。普雷斯科特希望可以让机器人通过其他方法了解周围的世界，因此当他了解到鼩鼱通过触须快速发现猎物的神奇能力后，就制订了一个计划。最终，他制造出了鼩鼱机器人（Shrewbot）。这个机器人没有摄像头，可以根据18根触须根部磁铁的运动来绘制周围环境的地图。未来，这种有触须的机器人可以在其他传感器效果不佳的地方工作，比如烟雾弥漫的房间、堵塞的管道、被厚厚大气层包裹的行星，或者使用光会危害动物生命的深海海沟。[56]

如果不是现实环境中真的有动物因为自身条件而表现出某种特性，人类能想出鼩鼱机器人这样的东西吗？我们最多只能说"也许能"，因为科学家和工程师的智慧是无穷无尽的。但在合理的前提下，我们只能肯定，如果没有小到极致的体型，小臭鼩是不可能发展出那些特性的，人类也不会因此受到启发，制造出这种能以极快速度将刺激驱动信号由触须传送至大脑以及身体其他部位的鼩鼱机器人。

那么，如果更仔细地研究世界上已知最小的软体动物——产自古巴的 0.33 毫米大小的小凹马螺（*Ammonicera minortalis*），会得到什么启发呢？我们能从已知最小的甲虫——产自南美洲、与小凹马螺差不多大小的羽翼甲虫（*Scydosella musawasensis*）身上学到什么呢？深入研究已知最小的爬行动物——红苞芽蜥蜴（*Sphaerodactylus ariasae*）、最小的鸟类——吸蜜蜂鸟（*Mellisuga helenae*）、最小的灵长目动物——贝氏倭狐猴（*Microcebus berthae*），会有什么结果呢？所有这些生物都没有被深入研究过。

如果我们多花一点儿时间和精力去寻找世界上最小的生物，会发现什么秘密呢？

肯·威廉斯是科罗拉多州研究基地的负责人，曾经和其他人一起向世人介绍能呼吸铀的微生物。当我向他提出这个问题时，他并没有直接回答，而是说来福镇科研团队最初的目的并不是寻找极小微生物。他提醒我，这个团队希望解决的问题是如何利用细菌来消耗放射性废料。

导致生命之树被大幅度改写的并不是团队的研究课题，而是一个愉快的意外情况。他告诉我："在我看来，最重要的是要为自己走好运创造条件。"

他说，对于来福镇的研究来说，最重要的就是围绕一个问题：召集多学科精英组建一个团队，同时要鼓励所有人拓宽思路，广泛地提出问题并解决问题。

如果成立一个类似于正义联盟的科学组织，专门探索地球上最小的生物，会有什么结果呢？我们已经非常清楚它将带给我们哪些好处：帮助我们进一步了解进化的原理，在基因测序领域实现创新，推动人类健康不断进步，以及发现全新的环境生态位。

这些绝不是小事。

第 3 章

古老领地

探究树木、鲸和海绵的长寿之谜

告别来福镇后，我们沿着70号州际公路一路向西，开始了西部之旅的系列研究。这条高速公路与科罗拉多河并行了大约80英里，一直到犹他州边界才分开。随后，科罗拉多河偏向左边，沿着拱门国家公园的南侧，从峡谷地国家公园的中央穿过，向南进入大峡谷。

我也想沿河而行，但公路的前方是同样丰富的自然宝藏。我准备再去看看潘多。

森林生态学家伯顿·巴恩斯不仅大胆地估算了鱼湖颤杨无性系的巨大规模，还对它的年龄进行了估计。通过比较这些外形独特的叶子与相似的化石，巴恩斯推断它可能有80万年的历史。

柯普定律明确指出进化会导致体型不断变大，但这个基本原则适用于生命的任何属性。毕竟，顶层总是有空间的，包括增加体重的空间、长高的空间、变得更老的空间。到底是哪种属性发生变化，要看具体物种。

如果巴恩斯对潘多年龄的估计是正确的，那么它不仅是世界上已知最古老的生物，而且可能是有史以来最古老的生物——这的确是一项惊人纪录。据巴恩斯推测，这株伟大植物可能是与一些最早的人类祖先同时出现在地球上的。在它诞生的同一时期，直立人开始利用火，他们大脑的体积和复杂性开始迅速进化。[1]

在过去的几千年里，人类的DNA发生了巨大变化，但是在潘多诞生前后编写的那些重要代码（时间与地点等信息被记录下来并表达在颤杨无性系的基因组中）没有发生任何变化。因此，在我们抚摸颤杨无性系的白垩状白色树皮时，与我们发生心灵感应的不仅是眼前的这个生命体，还有它从人类诞生之时就开始的漫长生命历程。

就像巴恩斯对潘多庞大规模的估计令人难以置信一样，他对潘多年龄的猜测也招致了很多人的质疑。不过，尽管我们现在已经有了一定的把握，大致了解潘多的基因在鱼湖盆地上扩散了多少英里，但它的年龄很难确定。

大多数树木的年龄相对来说比较容易确定，而且几乎每个人都知道如何确定。首先切断树干，形成一个平整的横截面，然后数一数暴露出来的年轮。科学表明，在符合某些条件的前提下，每个年轮代表一年。

颤杨无性系的枝干也可能有这样的年轮。我没有砍潘多的枝干，但自然掉落的枝干有很多，地面上到处都是。森林管理人员在许多枝干上砍出了清晰的横截面，很容易数出上面的年轮。在一个寒冷的秋日下午，我数了几根树枝，一根有87个年轮，另一根有94个年轮，还有一根有103个年轮。但这些枝干都没有颤杨无性系那么古老，而且年龄相差非常大。它们就像人的头发一样新老更替，但头上一直会有头发。

有些人认为，出于这个原因，无性系生物不具备享有"最古老"这类形容词的资格。我不同意这种观点，颤杨无性系和你我没什么不同。当我们照镜子时，我们可能会觉得我们的脸从来没有变化过，就是我们在镜子里看到的那张脸，但事实并非如此，我们只需要看看10年前的照片就会意识到这个事实。构成我们皮肤的细胞最多只能存活几个星期。我们身体其他部位的细胞也会死亡，并以每隔几天到几十年不等的速度再生。你的身体内可能还有一些在你出生时就有的活细胞，但为数不多，而且每天都在减少。随着时间的推移，我们的细胞新老更替，我们的外表也会随之改变。所以，你不是过去的你，但你仍然是你。

不过，你可能有自己的出生记录，但潘多没有。那么，我们怎么能确定它有那么古老呢？答案很简单，我们不能确定，至少现在还无法确定。

有些人认为，用颤杨无性系的规模除以已知最大生长速率，就可以算出可能的最小年龄。一些研究人员根据这个公式猜测潘多可能有8万岁了，近年来的流行观点也认同这个数字。[2]这与巴恩斯的估计相差甚远。不过，即使潘多只有8万岁，它仍然是我们已知最古老的生物，而且领先优势非常大，它的诞生与人类第一次走出非洲差不多在同一时间发生。

但是，这些估算有明显的局限性。颤杨显示出巨大的遗传多样性，生长环境也各不相同。正如携带不同基因、生活在不同环境下的人长大后有明显差异（例如，荷兰男性平均身高6英尺，而印尼男性的平均身高是5英尺2英寸[3]），我们可以有把握地推测在不同遗传和生态环境下的颤杨长大后也会大小不一。潘多有可能生长速度非常快，因此8万岁这个估算结果可能偏大了。但我们也要考虑到火灾、洪水、山体滑坡和食草动物的问题。在成千上万年的时间里，它们可能会对颤杨无性系造成显著的"瘦身"效果。因此，潘多现在的体型可能远远小于以前，8万岁可能是一个保守估计。

我们或许很快就能找到一个更好的办法。

2018年，我见到在犹他大学环境与干扰数据实验室工作的杰西·莫里斯。[4]他告诉我，他正计划从鱼湖中心区域提取沉积物岩心，希望得到资金支持。

莫里斯解释说，该地区的大多数湖泊都是由冰川形成的，大约有8 500年的历史。但鱼湖是地壳运动将大盆地拖离科罗拉多高原时形成的。他说："那个湖可能有 100 万年历史了。"

据莫里斯估计，鱼湖有的区域的深度超过 100 英尺，此外在鱼湖下方可能有 30~40 米的致密沉积物。这简直就是一座金矿，可以让我们了解过去的气候变化，还有可能告诉我们数万年前附近曾生长过哪些植物。他说："在这么一个令人难以置信的古老湖泊旁边，有这样一种长寿的生物，这实在是太罕见了，同时也是一个不可多得的机遇。我们简直不敢有其他任何奢望了。"

莫里斯所在的实验室已经成功地利用沉积花粉化石，重现了数千年前的气候。研究小组甚至利用这些花粉化石，演示了颤杨在 4 000 多年前干旱时期沿落基山脉向上运动的过程。[5]

莫里斯不知道是否有可能把非常古老的花粉与特定的颤杨无性系对应起来。但是，如果研究人员在进一步追溯更古老的年代时发现颤杨花粉从样本中完全消失，就可以更有把握地确定一个"可能最古老的"年龄。

如果能更有把握地确定潘多的年龄，就不仅会让那些熟悉内情的人因为又掌握了一些超级生物的信息而在晚上去酒吧闲聊时多了一个谈资，也会帮助我们所有人了解特定基因组在地球上存在的时间上限，让我们对生命基本构件在地球上的潜在寿命有一定程度的了解，还会告诉我们一些关于我们自己的信息。

我们早就知道，某些独特的人类基因组有助于解开人类生命中的某些秘密。甚至早在科学家们知道基因组是什么之前，至少有一部分科学家就已经知道患有罕见遗传疾病的人可能是其他人的福音。[6]早在 1882 年，英国病理学家詹姆斯·佩吉特发现，把患有罕见疾病的人当作"怪人"对待（我们经常如此），无论是从科学还是从道德的角度看，都是一种失败的做法。他认为，对于那些异于常人的人，我们不应当用"'罕见个例''概率'以及诸如此类毫无意义的概念或言辞"将他们撇在一边。他写道:"他们的存在,没有一个是无意义的。他们所有人都有可能是通向宝贵知识的一个窗口,前提是我们能回答这些问题:为什么这种疾病如此罕见?或者,既然如此罕见,为什么会发生在这个人身上?"

这也是癌症研究人员乔希·希夫曼试图回答的问题。他希望拓宽自己的研究范围,不仅研究人类的经历,还研究命运多舛、容易患癌症的狗和得天独厚、不会患癌症的大象。正如我们所知,这些研究使我们就如何对抗癌症的理解发生了很多根本性的变化。

潘多的年龄问题如此重要,正是出于这个原因。植物不是人,但我们有一个共同的真核生物祖先,这意味着我们有很多共同的基因。当然,颤杨与其他植物的亲缘关系更为密切。潘多在成千上万年的时间里用来适应这个世界的方法,可以帮助我们了解人类是如何在快速变化的地球上生存和发展的,尤其是考虑到还要确保其他植物也能生存下来。

所以,把这个长寿生物仅仅看作罕见的个例,确实是很不应该的。因为它也可能蕴藏着非常宝贵的知识,前提是我们要想办法回答"它为什么能长寿"和"它是如何做到那么长寿的"这两个问题。

不育为什么有助于生物长寿?

卡伦·莫克进行的颤杨基因研究不仅帮助证实了潘多当得起世界上已知最大生物的名声,还揭示了一个特别罕见的遗传现象:数量多得惊人的颤杨(包括潘多)有三组染色体。

大多数真核生物有两组染色体。许多颤杨也是二倍体(人类同样如此)。但是,当莫克和她的团队在北美各地研究颤杨时,他们发现在某些地区有多达2/3的颤杨是三倍体。这有点儿让人吃惊,因为我们掌握的所有生物学知识都告诉我们，三倍体通常很难繁殖——它们的细胞无法正常分裂。

对另外两个物种（同样都是无性系）的研究有助于我们了解潘多的不育问题。

第一个是"世界上最古老植物"这个头衔的另一个竞争者——人类发现的最后一株塔斯马尼亚洛马山龙眼（学名 *Lomatia tasmanica*，亦称金氏山龙眼）。1934年，博物学家丹尼·金首次发现了这株山龙眼，但直到1998年，通过对附近发现的具有相同外形的化石叶子实施碳定年法，人们才发现它可能有4.3万年甚至更加久远的历史。[7]虽然这株山龙眼确实会开出粉红色的花，但它不会结果，也不会产生种子，因为它和潘多一样是三倍体。

这个谜题涉及的另一种植物 *Grevillea renwickiana*，生长在巴斯海峡对面。目前这种植物在全球范围内仅存不到12株，全部生长在它的原产地——澳大利亚东南部。它和潘多、金氏山龙眼一样，也是三倍体。另外，它像骡子一样，也不能孕育后代。[8]

虽然这种植物已经所剩无几，但幸存下来的都长势良好。事实上，有一个植株就像蛛网般覆盖了莫顿国家公园中恩德里克河附近的一片区域，绵延近82英亩，与潘多覆盖的范围相差无几。[9]

大规模的不育应该预示着物种会走向灭亡。但是，生态保护遗传学家（或许也是全世界最懂 *Grevillea renwickiana* 这种植物的专家）伊丽莎白·詹姆斯告诉我，以上三种植物得以幸存是有原因的。她说："因为不育，所以无须在繁殖上花费能量。"

"但不把能量花在繁殖上，最终不会灭亡吗？"我问。

"它们在进化上肯定是停滞不前的，但存活下来的植株似乎长势都非常好。"她说。

三倍体植物不需要开出大量的花，也不需要结出大量种子——花和种子是植物最复杂的部分，需要大量的能量。因此，它们利用所有可以利用的水、阳光和养分，发展强健的根系。"这可以给它们带来优势。"她说。

我认为所有父母都会认同这个观点。所有的父母都会觉得如果没有生儿育女，自己可以多活几年，不是吗？

虽然这仅仅是一个玩笑，但有很多证据真的表明生育和寿命之间存在负相关性。人们发现，在过去50多年里研究的所有生物，几乎都因为繁殖而缩短了寿命。[10]莫斯科罗蒙诺索夫国立大学的研究人员在全世界153个国家调查了寿命和生育之间的关系，结果发现了非常显著的负面趋势。在对宗教、地理、社会经济等因素加以控制并考虑了疾病的影响之后，他们仍然观察到平均生育数和预期寿命之间存在某种此消彼长的关系。[11]

从科学的角度来看，这种关系具有显著性，但相对来说是微不足道的。颤杨、*Grevillea renwickiana*和塔斯马尼亚洛马山龙眼等植物之所以如此长寿，更有可能是因为它们的根部结构相互连接。短期环境变化可能会杀死依赖有性繁殖的植物，但根部结构在表层土壤的保护下不会受到任何影响。

"如果你让二倍体产生种子，"詹姆斯说，"同时让环境条件发生变化，使种子不能发芽，那么整代都有可能消亡。二倍体一旦死亡，就会烟消云散，但三倍体植株可以继续存活。"

要想知道这类知识在什么地方会派上用场，我们可以想一想科学家如何看待人类引起的气候变化对地球的影响。毫无疑问，地球正越变越热。我们还逐渐认识到，极端天气（包括飓风、热浪和历史上罕见的干旱）是我们向大气大量排放温室气体后付出代价的一部分。

哪些植物最有可能在这些干扰下生存下来，甚至能缓解干扰所导致的生态不稳定性呢？詹姆斯认为，也许就是颤杨、塔斯马尼亚洛马山龙眼、植物 *Grevillea renwickiana* 以及诸如此类不需要通过发芽获得新生并已经存活成千上万年的植物。

我们很难确切地知道这些幸存的 *Grevillea renwickiana* 无性系的年龄。詹姆斯告诉我："可以肯定它们已经很老了。"她说，*Grevillea renwickiana* 植株的二倍体可能在数千年前就灭绝了。但即使气候发生变化，三倍体也仍然有可能再活几千年。

前提是我们不以其他方式消灭它们。还是承认这个事实吧，人类有一种本领，可以让大自然母亲长期呵护的事物化为乌有。

古老的颤杨是如何帮助我们理解关联性的？

潘多到底有多少岁？80万岁，还是8万岁？不管我们了解多少信息，有一点是肯定的：在19世纪白人殖民者控制北美这一地区之前，颤杨无性系就已经存在很长一段时间了。

它会比人类存在得更长久吗？这就不那么确定了。因为这个神奇的生物（很可能是地球上最古老的生物）现在似乎濒临死亡。

2010年，当野外资源研究人员保罗·罗杰斯第一次从潘多的身体中穿行时，眼前的一切让他深感不安。P. D. 詹姆斯在反乌托邦小说《人类之子》中描写的那些情节仿佛在这里重现了，只不过潘多代替了小说中的人类。在詹姆斯于1992年出版的《人类之子》以及2006年的同名改编电影中，人类莫名其妙地停止了生育，地球上现存的老龄化人口陷入了一片混乱。

潘多仍然有许多"老迈的"枝干，它们大约有100岁，甚至可能更老。还有很多"年纪略长"、七八十岁的枝干。但年轻的枝干很少，只有少数枝干是十几岁的"青少年"。它几乎没有"孩子"，看不到任何新发的枝干。

罗杰斯告诉我："肯定出什么问题了。"说话时，我们正徒步穿过这株无性系植物中一个遭到严重破坏的区域，地面上到处都是杂乱无章的最近掉落的枝干。放眼望去，后面的鱼湖一览无余。罗杰斯说："它再也不长新的枝干了，这已经有30、40，甚至50年了吧。"

更令罗杰斯担忧的是，几乎没有人注意到这一点。这个庞大而古老的生物马上就要坠落柯普悬崖了，但没有任何人采取任何措施。[12]

如果真的是因为潘多漫长的生命已经走到了尽头，那么我们或许只能听之任之，但真实情况可能并不是这样。

罗杰斯说："有证据表明，这株植物近些年发生了一些变化。"在这个疑案中辨认出行凶者并不难。在我们人类出现之前，鱼湖颤杨无性系已经有滋有味地活了成千上万年。

但是，就像仅仅知道线索无法在《妙探寻凶》游戏中取得胜利一样，仅仅知道行凶者是谁还不够。我们还得弄清楚行凶者使用的是什么武器。

有人猜测是火，或者更确切地说，是因为没有火。颤杨在受到干扰时反而会长势良好。砍掉颤杨的枝干，它的健壮的根系就会发出更多的新枝干。让烈火焚烧一个集落，根系就会沿着火焰的路径长出新的枝条。但是，鱼湖是一个很受欢迎的娱乐场所，森林中到处都是小木屋——有的小木屋就建在潘多的领地中。州政府的消防管理部门又非常尽责，于是，曾经不时发生的火灾现在再也不会发生了。

另一种可能的武器是气候变化。美国和加拿大林业局的一项联合研究表明，颤杨大量死亡都发生在近年来气温更高、冬季更干燥的那些地区。

罗杰斯认为另一个原因是数量庞大的鹿和麋鹿。该地区的主要肉食动物灰狼已经灭绝了大约80年，这与潘多最后一次大量萌发新枝的时间大致吻合。过去100年来，该地区的美洲狮数量也大幅减少，首先是1913—1959年的一项赏金计划夺走了近4 000只美洲狮的生命，而随后的狩猎规定又允许猎人无须许可证即可随时捕杀任意数量的大型猫科动物。[13]

要了解肉食动物对颤杨生态系统的影响，我们可以从潘多一路向北，去黄石国家公园水晶溪地区看一看（两地直线距离仅350英里）。

最后一批黄石国家公园特有的灰狼在1926年消失殆尽。随后，在20世纪90年代中期，公园重新引入了31头灰狼。这一举措很快见效。当时，黄石公园有18 000头麋鹿，饥肠辘辘的它们最喜欢吃的小吃之一就是颤杨嫩枝上的树叶，而同样饥肠辘辘的灰狼最喜欢吃的小吃之一就是麋鹿。灰狼露出獠牙后，麋鹿再也不能长时间地停留在某一个地方，成片成片地吃颤杨树叶了。很快，黄石公园的颤杨林（比如水晶溪颤杨林）就欣欣向荣了。

研究"引狼护树"现象的野生生物生态学家丹·麦克纳尔蒂表示，可能要等到多年之后，我们才能清楚地知道黄石公园的颤杨是否已经被挽救过来。他告诉我："我们对黄石公园颤杨的未来充满希望，但还不能确保它们度过危机。"

不过，有一点很清楚：狼群的影响不仅限于麋鹿的减少和颤杨的增加，而是像涟漪一般逐步扩散。更大、更健康的颤杨林为鸟类提供了栖息地，为海狸提供了建筑材料，而海狸筑起的坝又有助于抬升地下水位，从而为更多的树木提供了适宜生长的环境。[14]

罗杰斯不能单方面地做出将肉食动物重新引入犹他州的决定（这个极端保守的州有很多猎人、农民和牧场主，重新引入肉食动物的举措肯定会招致他们的非议），但他想知道：如果不让当地的有蹄类动物把潘多这个庞大而古老的生物当作一个自助式沙拉酒吧，那么它会变成什么样？

有一天，在树林中徒步行进时，罗杰斯告诉我："如果它们找到了特别美味的颤杨树，那么它们肯定会毫不犹豫地停下来。能吃上一个星期，甚至是一个月的美食，这种诱惑力是它们无法抵挡的。"

我伸手去够最近的一根枝条，然后跳起来抓到一片颤杨的叶子。我把它塞进嘴里，像吃新鲜菠菜一样咀嚼起来。它的味道有点儿像嚼碎的阿司匹林。

我说："这些叶子并不是那么好吃啊！"我想吐唾沫，却发现那片叶子已经把我的口水吸干了。

"你不是有蹄类动物，"罗杰斯笑着说，"此外，它们喜欢吃嫩叶。"

"除非有狼在追它们？"我问。

"对。"他说。"但是这里没有狼，所以我们修了一道栅栏。"

罗杰斯带我来到颤杨外围栅栏的大门处。被栅栏包围的那片区域叫作"研究恢复区"。导致潘多逐步走向死亡的前两名犯罪嫌疑人——火和气候变化，至少在短期内是很难衡量其影响力的。但是第三名犯罪嫌疑人——鹿和麋鹿的影响是可以控制的。因此，他们修建了栅栏——当时栅栏才修好一个月。

这是栅栏修好后，罗杰斯第一次看望潘多。他并没有期望在这么短的时间就会发生很大的变化。罗杰斯告诉我，即使有蹄类动物是导致问题的一个原因，火灾、气候变化，以及"天知道还有什么"也几乎肯定是帮凶。只解决其中一个麻烦，潘多是不可能得救的。

但就在这时，他看到了一根纤细的根出条，最多只有7英寸高，从岩石附近的地面探出头来，顶部伸出几片翠绿的叶子。

接着，在一根倒在地上的圆木旁，他又看到了第二根根出条。

罗杰斯的脚步加快了。很快，就看到他在树林里奔跑起来，一会儿从这边跑到那边，一会儿从倒下的树干上跳过去，四处寻找那些根出条，然后伸出手指，去触摸这些足有小腿高的枝条上的嫩叶。

"这里有一根，"他喊道，"这里也有一根……这里也有！"

那一刻，他看上去不太像是一名科学家，更像是一个在百亩林地里玩耍的孩子。不过，到太阳快落山的时候，他又恢复了往日的平静。"现在说这意味着什么还为时过早，"他说，"当然，这是好兆头，但我们还需要等待，看看会发生什么。"

当时，我没有完全理解罗杰斯为什么如此兴奋。直到5年后，当我再次走进那片颤杨林，看着栅栏里令我难以置信的一切时，就像那天引导我去看潘多的罗杰斯一样，欣喜若狂的我也忍不住暗暗地想："哦，天啊，真的见效了！"

在栅栏里面，我们几年前发现的小嫩芽现在已经变成了粗壮的枝干，地面上还有更多的一年生根出条。

栅栏外面呢？几乎一无所有。

现在就说潘多在围栏内重新迸发出生机将促使黄石公园重现往日的生物多样性，还为时过早。但是，有蹄类动物的过度啃食是导致鱼湖颤杨无性系衰败的一个关键因素（并非唯一的关键因素），这一点是无可争议的。

尽管在潘多的周围修建一道栅栏并非难事，但其代价确实不小。我想，我们可以用这个办法拯救这棵古老植物，但这是一个无法拓展的办法，我们不能在每一个颤杨无性系周围都修一道栅栏。

不过，我们可以听听野生生物管理学之父奥尔多·利奥波德的意见。

利奥波德在1945年写道："我目睹一个又一个州相继扑灭了州界内的狼群，我观察过一座座刚刚被扑灭狼群的大山的面貌。我看到山的南坡上被鹿群踩出的纷乱小径；我看到所有可食用的灌木和幼苗都被吃掉，这些植物先是萎靡不振，随后就会死去；我看到所有能吃的树叶——只要低于马鞍的高度，都被啃了个精光。看到这样的一座山，你会觉得是有人给了上帝一把崭新的修枝剪，让他整天修枝剪叶，其他什么也不可以做。后来，被人们寄予厚望的鹿群因数量过于庞大而纷纷饿死，它们的尸骨与死去的鼠尾草一起变白，或者在高大的杜松树下化为一捧尘土。"[15]

利奥波德的这篇题为《像大山一样思考》的文章提出了一个简单的请求：让肉食动物在它们进化的生态系统中发挥应有的作用。

如果我们这样做，就有可能拯救地球上的一些古老生物，而且这绝对不会是我们唯一的收获。

为什么狐尾松会越爬越高？

我有一张"藏宝图"，上面标出了雨水冲积形成的松果滩和弯弯曲曲的小径，旁边还给出了一些线索。此外，"藏宝图"简要说明了"宝物"名称以及寻宝路线，并附有一张古老的照片。

一路上能看到成千上万棵狐尾松。那些扭曲的、疙疙瘩瘩的枝条，在蔚蓝天空的映衬下，给人一种贪婪、绝望的感觉，就像在试图逃离地狱时被冻僵的魔鬼。要在加州巨石嶙峋的怀特山脉中，从古狐尾松森林中找到一棵特定的树，即使是最乐观的人，也会感到气馁。

但我没有停下脚步。终于，在"藏宝图"的提示下，我找到了它。

玛士撒拉树。

这是一棵有着 4 850 年历史的古树，是地球上已知最古老的单主干树，与埃及第一座金字塔差不多同时出现在地球上。只有为数不多的几个人知道玛士撒拉树在哪里，他们像保护圣物一样，闭口不谈它的位置。

这是因为在几十年前，人们给玛士撒拉树挂上了树木简介，结果游客们纷纷从树上取一些"纪念品"带回家。森林官员担心它们会"因爱致死"。于是，为了让这棵世界上最古老的树一直是世界上最古老的树，公园管理人员取下了关于这棵树的介绍牌。

　　有意思的是，这个决定有两方面的原因。一方面，研究狐尾松的研究人员，比如亚利桑那大学的克里斯·白桑，认为单棵树的年龄——即使是超级古老的树——并不具有非常重大的科学价值。2015年，白桑指出："如果你是一名科学家，不关心弄虚作假的记录，那么年龄最大的树对你毫无意义。"[16]另一方面，年轮研究人员和森林官员为了保护玛士撒拉树已经不遗余力，如果玛士撒拉树本身真的无关紧要，这就说不通了。

　　就在玛士撒拉树的介绍牌被摘下来不久，一位名叫汤姆·哈伦的树木年代学家宣称他发现了一棵更古老的狐尾松。认识哈伦的人似乎都相信他的话，但这位亚利桑那大学资深研究员不愿把他的发现公之于众。2013年，有关这棵树具体位置的秘密被他带进了坟墓。[17]为了找到这棵神秘的树，哈伦的同事查看了他的笔记和他收集的木芯样品，试图从中找出线索，但最终一无所获。

　　我想，哈伦可能是编造了一个故事，目的是为玛士撒拉树多赢得一点儿喘息的机会。但是，哈伦在亚利桑那大学的同事马修·萨尔泽说，如果这棵树确实存在，他认为自己可能知道它在什么地方，并且考虑过要去找到它。我嘱咐他，到时候一定带上我。

　　但我不知道我是否真的想找到这棵树。在怀特山脉中穿行，周围古树环绕，却不知道哪一棵才是我们要膜拜的"真神"，因此一种神圣的感觉油然而生。

　　第一次踏上玛士撒拉小道时，我不知道哪些树的年代最久远。所以，当时让我心生敬畏的并不是树龄，而是年龄和体型之间的对应关系。在目睹了数千年的生长让颤杨无性系变成无与伦比的庞然大物之后，我对怀特山脉中古老狐尾松的第一印象就是它们看上去太小了。只需要几秒钟就能爬上它们粗糙的树干，触摸到顶端的树枝。

和大多数树一样，狐尾松每过一年也会增加一个年轮，有的甚至在巨石阵建造之前就已经这样做了。但是，狐尾松每年仅生长不到1毫米，用肉眼几乎不可能准确地数清楚古老狐尾松的年轮。

有一年，亚利桑那大学（哈伦曾在这所学校任职）的秋季学期开学后不久，我在萨尔泽的实验室里见到了他。萨尔泽说，狐尾松生长得如此缓慢是有道理的，因为它们生活在人们难以想象的最不适宜居住的环境中，有的甚至处于海拔1.1万英尺的林木线最顶端，一年中有很长一段时间气温都低于冰点，而在短暂的生长季节里有可能非常干燥。"因此，它们只能慢慢来。"萨尔泽说。

只有少数狐尾松能活到接近玛士撒拉树的年龄，但怀特山脉中不乏散落的死狐尾松，有的已经沉睡了数千年。通过寻找活树和死树年轮生长模式中相互匹配和相互重叠的部分——就像科罗拉多州来福镇的科学家利用重叠的DNA片段拼凑出更长的序列一样，萨尔泽绘制的狐尾松万年生长时间轴很快就要完工了。"只剩下最后几块'拼图'了，"他说，"只要找到合适的部分就能完工。"

匹配年轮既是一门艺术，也是一门科学。海拔、坡度、土壤等因素会影响树木年复一年的生长方式，甚至相距不远的两棵树也会相互影响。因此，树木年代学家在年轮中寻找气候事件留下的印迹，看是否有足以在某一时间影响到所有活树的事件发生。透过实验室里的显微镜，萨尔泽发现一段狐尾松木芯样品中有这样的印迹。在我这个外行人看来，这个部分似乎比其他部分"更模糊"。"那是一个冻伤年轮，"萨尔泽告诉我。"大型火山爆发时，到处都会蒙上一层灰尘，而且这些灰尘四处扩散。这时候，就会形成这种冻伤年轮——世界各地的狐尾松中都有。"

我看到的这个冻伤年轮是627年留下的标记，差不多就是穆罕默德征服麦加的时候。萨尔泽和其他的树木年轮研究人员发现了狐尾松在536年（就在这一年，席卷全球的尘幕导致很多地方作物歉收和严重饥荒，[18]拜占庭帝国早期的历史学家普罗科匹厄斯称："太阳只发光不发热。"）以及687年、899年、1201年、1458年、1602年、1641年和1681年形成的类似的畸变年轮。[19]虽然万年时间轴还未最后完成，但这些标记已经足以帮助萨尔泽和他的团队开发出一个强大的数据集，绘制出4 650年狐尾松生长时间轴，将狐尾松缓慢和稳定的健康长寿策略展现在我们眼前。在4 000多年的时间里，年轮年增长中位数为不到0.4毫米，大约是人类指甲的厚度。

但不久前，在怀特山脉的高海拔地区，情况发生了变化。截至最近，那里的狐尾松一直在蓬勃发展，可以说长势不错。1951—2000年，它们的年轮年平均生长0.58毫米，这是时间轴上的一个最快纪录，以前只有一次接近过这个速度。[20]

这种现象可能有多种不同解释，但是当萨尔泽的团队选择一个有可靠温度数据的时期研究年轮生长情况时，他们发现当地年平均温度和年轮生长之间存在明显的相关性。这项研究为我们解了燃眉之急，因为我们急需了解当前全球气候发生剧烈变化背后的原因。此外，它进一步证明这些气候变化并不只是更大、更长的周期的一部分（不过，我们目前应该不是很需要这个证据）。

狐尾松就是全球气候这口矿井中的"金丝雀"，又与那些黄色的小鸟有所不同。金丝雀用自己的生命发出预警，提醒矿工们防范致命毒气；而狐尾松不会死于一氧化碳中毒，而是在气温升高时长得更快（而且会占据更高的位置）。

当我徒步接近怀特山脉中肉眼可见的林木线最顶端时，就目睹了这一幕。我站在略高于11 000英尺的高度，旁边是一棵古树。我仔细观察这片区域，寻找另一棵古树，然后尽可能抄近路朝新的古树走过去。我每走几步就会向山上望去，寻找生命的迹象。

没过多久，我就看到了它们——矮小的狐尾松。在灰蒙蒙的地面上，它们呈现出一片翠绿。它们虽然矮小，但非常健壮，而且越爬越高。我们改变了全球环境，而它们正在追逐自己不断扩大的生物生态位的热极限——前往任何树木都不曾去过的地方，因为它们有这个能力。

很难想象狐尾松到底有多古老，但我认为，这些小树苗未来的生活更难以想象——当然，前提是我们不能毁坏它。是啊，如果我在已经成为历史的怀特山脉林木线上方看到的那些树和玛士撒拉树一样古老，那么这些小树苗有可能活到7000年。

如果它们真的可以，如果我们不干涉它们的生活，它们甚至可能会活得更久。

但它们不会衰老，活得久和衰老完全不是一回事。

树木、鲸和水螅为什么能帮助我们长寿？

世间万物都会变老。每个人都明白这个道理，不是吗？地球上的生命体都是由细胞构成的，随着时间的推移，细胞会逐渐分解、丧失功能并开始出现故障。最终，它们再也无法维持生命。

至少大多数情况下都是如此。研究人员认为狐尾松也是如此，尽管它们衰老的速度要慢得多。但他们没有亲眼看到狐尾松的衰老。因此，在21世纪初，美国森林遗传学研究所的一个研究小组四处寻找狐尾松衰老的迹象。他们仔细研究了大量狐尾松，年龄为23—4 713岁。

他们研究了负责将水分从根输送到芽和叶的木质部，还研究了负责将光合作用产生的糖和其他代谢产物运送至其他部位的韧皮部。这两项研究的目的都是寻找这些细胞运输组织在工作效率上发生的变化。

他们查看了嫩枝生长的变化，了解生长过程中在速度和长度这两个方面发生的变化。他们研究了花粉的发育能力。他们称了种子的重量，还研究了种子的发芽情况。

其他科学家也在寻找狐尾松衰老的迹象。佛罗里达大学麦克奈特脑研究所的一个研究小组对狐尾松的端粒进行了长时间的仔细观察。我们在讨论蛙类时提到过，端粒就是保护染色体的"帽子"。如果端粒出现问题，包括人类在内的生物就容易患增龄性疾病。[21]

他们四处寻找。

你知道他们有什么发现吗？什么都没有。狐尾松没有任何衰老的迹象。[22]

将近20年过去了，在了解为什么如此（它们为什么不会衰老）的问题上，人们并没有取得多大的进展。不过，科学家在研究狐尾松内部工作机制后做出的最有把握的猜测是，狐尾松的分生组织中发生了某种变化，因此狐尾松可以年复一年地持续生长。分生组织就是堆积在根和芽的末端、使植物不断生长的细胞，也就是植物体内的"干细胞"。

正因为如此，狐尾松能告诉我们在有记录之前很长一段时间内的气候变化。它们不仅长时间地记录气候变化，而且始终如一，从无懈怠。由于狐尾松的形状并不会随着年龄的增长而发生变化，因此它们可以忠实地逐年记录所在环境发生的变化。事实上，考古学家就利用狐尾松来校准放射性碳定年法得出的结果。树木年轮的大小、模式和密度，以及年轮中的稳定同位素，可以让我们了解几千年前的气候、可用水资源、湿度和大气环流。

但是，那些看上去长生不老的生物——那些科学家认为其衰老可忽略或不会衰老的生物——不仅告诉我们关于过去的情况，还有可能是帮助我们了解人类未来的一把钥匙。

在丹尼尔·马丁内斯看来，可忽略衰老是最有可能导致全球生态环境发生变化的科研领域。他很奇怪为什么没有更多的研究人员去寻找答案。"除非我们认为不存在可忽略衰老，"这位来自波莫纳学院的生物学家在2012年写道，"否则我们似乎应该寻求更合理的解释。"[23]

我的朋友，有时也是我的合作者戴维·辛克莱正在哈佛医学院的实验室里研究衰老问题，他完全同意这个观点。他认为，在科学家为了实现减缓、阻止甚至逆转衰老症状的生物干预而寻找最有望成为干预目标的人类基因时，狐尾松及类似生物可以起到关键的辅助作用。2017年，辛克莱告诉我："人们在看到一棵古树时经常会想，'嗯，这棵树和我的差别太大了。'他们忘记了，人类和树木都来自同一个地方，而且与漫长的生命史相比，我们在生命之树上分道扬镳的时间并不长。我们有很多相同的基因。"

辛克莱说，尽管如此，人们仍然不愿相信他们与那些乍一看大不相同的生物有任何共同之处。也正是出于这个原因，在与人讨论关于衰老问题的比较基因组学研究时，他经常会从人类的一个近亲——弓头鲸谈起。他说："所有的哺乳动物都是温血动物，会产奶，而且它们的大脑结构非常特殊，与其他动物不同。最重要的是，鲸和人类一样，具有高度的社会性和复杂的交流方式。"这一点也不奇怪，因为鲸和人类有很多相同的基因——大约有13 000个，包括一种叫作FOXO3的基因，它的一个变体与人类寿命有关。

虽然人类的寿命比大多数哺乳动物都长，但弓头鲸的寿命远远长于人类。它们的寿命可达200年甚至更长，是已知最长寿的哺乳动物。辛克莱说："最值得我们关注的是，弓头鲸有一种其他任何动物都没有的FOXO3变体。"

辛克莱称，一旦你知道人类的某个近亲因为共有的基因而具备了某些特殊属性，你就会更容易理解我们从那些亲缘关系不那么近但拥有相同基因的生物身上能学到什么。

马丁内斯在波莫纳学院实验室里研究的水螅（学名*Hydra vulgaris*，生活在淡水中，与水母关系比较近）就是这样一种生物。马丁内斯在读研究生期间第一次听说水螅在合适的环境中可能永远不会死，但他认为这是谣传。不过，由于没有人关注这个问题，因此他决定亲自驳斥这个观点。

水螅一般不超过半英寸，在野外生存的时间也不会太长。所以马丁内斯认为，用不了多久就能证明它们不可能永生不死。他告诉我："我想大概要花一年半的时间吧。但是4年后，我不得不发表一篇论文，承认自己错了。"

水螅长寿的一个可能原因是什么呢？就是干细胞。水螅几乎完全是由干细胞组成的。马丁内斯实验室里的那些水螅，只要制造更多干细胞的必备条件得到了满足——每隔一天补充一些干净的水和几只卤虫，就可以用新的细胞取代原有细胞。到目前为止，根本看不出这些水螅更新细胞的速度有减缓的苗头。

不过，仅仅有大量的干细胞是不够的。对于马丁内斯来说，要找出水螅惊人寿命的奥秘，关键是了解它们的基因组在这些干细胞做出细胞应激反应时，以及在调控与细胞生长相关的基因表达时，会下达什么样的指令。[24]这个研究方向让马丁内斯和其他水螅研究人员找到了FOXO3——水螅干细胞的一个关键调节因子。

当你看到某个生物因为某个基因而具有某种属性时，你可能会认为这是一个有趣的现象。如果你看到两个生物都有这种属性时，你会认为这可能是巧合。如果你看到很多生物都有这种属性——而且让它们具有这种属性的基因我们人类也有，那就是一条线索。

2018年，夏威夷大学生物合成研究所的菲利普·戴维领导的一个团队指出，FOXO3 以及其他生物体内的类似基因"似乎非常重要，因为它们会形成胰岛素或胰岛素样生长因子信号转导通路，可以影响多种生物的寿命"。[25] 他们认为，马丁内斯及其他研究人员对于这种基因在水螅及类似生物体内发挥的作用提出了新的深刻见解，这为我们研究"调节人类衰老速度并影响人类寿命的分子、细胞和生理过程"提供了一个新视角。

经过几十年的调查，马丁内斯已经可以确定他最初的假设是完全错误的。毕竟，他的实验室里的那些"小家伙"仍然很健壮。其他科学家也看到了类似的结果。在一项研究中，马丁内斯与德国、丹麦的水螅研究人员一起，研究了 12 个不同的水螅同龄组。有趣的是，几乎所有水螅同龄组的死亡率都很低——约 1/167 的年死亡率。有些死亡无法解释，但大多数水螅的死亡都是实验室事故造成的，比如黏在培养皿盖子上的水螅因为缺水而亡。

值得注意的是，不管这些水螅是 1 岁还是 40 多岁，死亡率都没有变化。与狐尾松的情况一样，即使人们进行了大量研究，也没有从它们身上找到任何衰老的迹象。例如，马丁内斯的一项研究收集了 390 多万天的水螅个体观测数据，相当于对 100 只水螅进行了 100 多年的观测。[26]

它们游来游去，和蛤蜊一样开心。①

应该说，和大多数蛤蜊一样开心。

为什么一些古老生物的死亡导致科学家对超级生物研究犹豫不决？

1964 年 8 月 7 日是生物学家、生态学家以及几乎所有听过这个故事

---

① 源于美国俚语"happy as a clam at high tide"，是指像涨潮时的蛤蜊一样开心。涨潮时，蛤蜊随潮水漂游，没有停留在沙滩上被人们拾走的危险，因此这时候它们最开心。——译者注

的人都感到耻辱的一天。

就在那一天，北卡罗来纳大学的研究生唐纳德·柯里在内华达州东部惠勒峰附近发现了一棵狐尾松，但是在试图评估这棵松树的年龄时弄坏了一件钻孔工具。换一件钻孔工具仍有损坏的危险。他觉得这棵树平常无奇，不值得冒险使用造价昂贵的钻孔工具，因此他问美国林务局怎么办。[27]

一位名叫斯利姆·汉森的森林管理员对他说："把它砍掉。"

林业局的锯木工帮柯里砍倒了这棵树，并给了他一小截树干。柯里带着这截树干，回到了汽车旅馆，然后开始数树干横切面上的年轮。

3 000……4 000……4 500……

2001 年，柯里在接受美国公共电视网《新星》节目的采访（这是他就此事接受的唯一一次采访）时称："最后，我们大概数到了 4 900 年。我不由得想：'我肯定数错了，我得再数一遍，我得重新数一遍。'"[28]

他数了一遍又一遍。慢慢地，他意识到自己成了帮凶，杀死了当时被认为是世界上最古老的树。这棵树至少有 4 862 年的历史，这意味着它在特洛伊建城前后就来到了这个世界。

当地一家报纸的记者达尔文·兰伯特对此非常愤怒。在为《奥杜邦杂志》撰写的一篇题为《一个物种的殉道者》的文章中，他指控柯里犯有谋杀罪。兰伯特后来写道，这棵树死后，"我们感觉就像刚刚参加了一位深受爱戴的长者的葬礼"。

从这棵树（被称作普罗米修斯树，或者根据样本编号称作 WPN-114）砍下的几个样本最终被送到了亚利桑那大学。马特·萨尔泽——帮助我了解冻伤年轮的那位年轮学家告诉我——人们一直谣传那棵树的遗骸受到了诅咒。"这些木头，"他一边说，一边从书架上抽出几块比较厚的木块，"是一个紧张不安的研究者送给我的。"

他把这些木头放到桌子上，一番摆弄之后，他用世界上已知最古老的树木完成了这个古老的拼图游戏，还原出一段6英尺长的树干。它的中心位置有一条像河流一样蜿蜒曲折的线，旁边还有很小的不干胶标签，上面写着这棵树存活了多少个世纪。

在那一刻，即使这些木块真的被诅咒了，我也毫不在乎。我情不自禁地伸出手指，沿着这条线前进，在大概与美国宣布独立的那一年相对应的位置停了一会儿，然后在耶稣诞生的那一年又停了一会儿。来到年轮开始的位置后，我用食指沿着这棵树的年轮画了一个圆圈——这棵树的年龄是我年龄的128倍。如果不是那个严重的错误，这棵树肯定在我有生之年还继续活着。

我感到很难过，既因为这棵树，也因为毁掉这棵树的人。

柯里研究的是犹他州西部沙漠中寸草不生的盐滩，他因为这些研究成为犹他大学的一位名人。他本来有可能成为一名受欢迎的犹他大学地理学系教授，但在普罗米修斯树上犯的错误让他一生都背负着骂名，直到他于2004年去世之后，他都没能摆脱这种耻辱。[29]几十年来，柯里的故事被人反复提起。

历史总是注定要重演的。果然，在柯里死后两年，另一个超级生物死于研究人员之手。

这一次的受害者不是古树，而是研究气候变化的研究人员从260英尺深的寒冷海底打捞上来的一只北极蛤。众所周知，北极蛤可以活几百年。就像树木的年轮逐年增加一样，蛤的外壳上的生长纹每年也会增加一条。这些生长纹在生成时，会携带大量有关当时环境的信息。与树木年轮一样，生长条件越有利，这些条纹就越宽。[30]

北极蛤也是人们经常捕捞的一种蛤（如果你吃过蛤蜊浓汤，那里面可能就有活了好几百年的蛤蜊的肉），因此科学家就和渔民一样，将所有样品都漫不经心地扔进冰箱里。

直到他们回到实验室，开始数那些生长纹的时候，才发现他们捕获的那只蛤的年龄比他们研究过的所有蛤都要大。

初步统计表明这只蛤的年龄为405岁。随后，他们采用了放射性碳定年法，结果发现它的年龄还要再加100岁。这只被称为"明"的蛤（因为它出生时中国正处于明朝的统治下）被杀死时已经507岁了。

迄今为止，导致北极蛤"明"死亡的那些研究人员并没有像导致古树普罗米修斯死亡的那个人一样臭名远扬，但他们也招来了不少仇恨。《独立报》用"蛤蜊蒙难！"来形容北极蛤"明"的死亡。其他人就没那么友善了。海洋地质学家詹姆斯·斯科思在接受英国广播公司的采访时称："我们收到的电子邮件指责我们是蛤蜊杀手。"[31]

在寻找和研究超级物种这件事上，即使科学家有理由表现积极，但在古树普罗米修斯和北极蛤"明"的悲剧发生之后，他们可能也会三思而行。研究肯定会让研究对象面临某种风险，否认这个事实的人都是在敷衍搪塞。无论是因为疏忽大意，还是因为偶然事件，只要科学家让超级生物受到无妄之灾，都会导致超乎常情的强烈反应。

是的，普罗米修斯树被砍倒，以及北极蛤"明"被放进冰箱，可能都是意外事故，而且都有可能避免，也就是说这两项研究都可以在不杀死研究对象的前提下实现研究目标。但是，古树普罗米修斯和北极蛤"明"的死亡都给科学带来了巨大好处。

在人们创建树木年代学时，我在萨尔泽的实验室里看到的那几截普罗米修斯古树样本就发挥了作用。目前，科学家正在利用这门科学了解过去、现在和未来的气候。北极蛤"明"的外壳同样发挥了它的作用——通过比较它与其他蛤蜊的生长纹模式，科学家发现人类造成的气候变化正在逐步切断海洋和大气系统的联系，而在我们制造恶劣影响之前，海洋和大气系统一直是同步运行的。[32]这是一个非常重要的发现，因为这个悲剧一旦发生，恶劣性远不是古老动物意外死亡所能比拟的。

值得注意的是，北极蛤"明"并不是迄今为止发现的最古老的动物，而且年代相差很远，事实上这个记录属于另一个古代海洋生物。

世界上已知最古老的动物如何帮助我们解开海洋深处的秘密？

世界上最古老的动物与人们想象的形象相去甚远。它没有嘴巴和眼睛，也没有腿和脚蹼。

但是，春氏单根海绵（*Monorhaphis chuni*）确实是一种动物，而且是非常古老的动物。

春氏单根海绵属于六放海绵纲，亦称玻璃海绵纲。我想，它的顶部肯定像海绵一样。对我来说，它看起来像一条褐色的大丝瓜。它的底部有点儿像超人的祖先在氪星上战斗时用过的武器，看上去像是一把9英尺长的玻璃投掷矛。那是海绵的硅质骨针，海绵就是通过这条骨骼式长腿附着在海底的。

另一个导致古老生物死亡的意外事故就发生在这只海绵身上。长期以来，它一直在中国东海3 500英尺深的冲绳海槽过着平静的生活。但是1986年，它被人挖掘出来，并被送到了中国科学院。没有人知道该如何处理它。所有人都认为它很奇异，因为他们从来没有看过这么长的六放海绵。也正因为如此，他们纷纷与之合影。之后，它就被束之高阁，在研究所存放了25年。

一些研究人员曾假设，六放海绵有可能存活2万年以上。如果这个假设得到证实，它们完全有可能戴上世界上最古老动物的桂冠。但是直到不久前，还没有人知道如何验证这个理论，而且因为很难找到六放海绵的踪影，所以没有人认真考虑过这个问题。不过，几年前，在听说中国科学院拥有有史以来最长的完整无缺的六放海绵后，一直试图从新的视角了解古代气候的古气候学家克劳斯·约胡姆提出了一个请求：他希望亲眼看一看这只海绵。

这只海绵圆柱形硅质腿的横切面与树木的横切面一样，上面有一圈一圈的同心环纹。与树木的年轮一样，这些环的大小和宽度各不相同。但即使放大很多倍，也很难看出环纹之间是如何衔接的。此外，由于我们没有来自其他春氏单根海绵的大量样本（最好能找到并长时间监测产地有详细海底气候监测数据的海绵），因此尚不清楚它们的环纹是像树木的年轮和蛤蜊的生长纹一样每年增加一条，还是以其他速度不断增加。

但是，当约胡姆团队的成员沿着不同的环纹测试各个点位的氧同位素和镁钙比（古代海洋温度的常用替代值）时，他们发现了一些有趣的东西。根据他们对骨针最新的外层环纹的分析，他们推测海洋温度是4摄氏度，这与这些样本从深海被采集时冲绳海槽底部的环境相吻合。当他们测试靠近中心位置的环纹时，却发现推测温度出现了4个峰值，这很可能是临时水热活动导致的结果。不过，总的来说，科学家看到了一个非常缓慢的变化过程，即自上个冰期以来，该地区的海水一直在慢慢地变暖。这与其他研究得出的结论高度一致。

根据骨针上年代最久远的中心区域测出的海水温度是1.9摄氏度，科学家认为这是1.1万年前该地区的深海温度。这只早已死去的海绵堪称世界上最古老的温度计。[33]

科学家在宣布研究结果时一如既往地本着小心谨慎的态度，在估计值上下两个方向各留有3 000年的余地。也就是说，这个标本可能有8 000—14 000年的历史。即使是按照最保守的估计，它也是迄今为止发现的最古老的动物，而且领先的优势十分明显。15个北极蛤"明"寿命相加，等于这个海底生物的寿命。

　　春氏单根海绵诞生时，人类已经具有了独特的社会性，学会了解决问题、使用工具，但作为一个物种，我们那时候还没有对地球本身产生重大的影响。到这只海绵死亡的时候，人类早已进入了一个长达200年的统治时期，这导致了全球集群灭绝和气候迅速变化。

　　所有这些因素，使春氏单根海绵成为一个特别有价值的资源。狐尾松有可能帮助我们了解人类是如何导致海拔11 000英尺处气候变化的，北极蛤可以告诉我们人类是如何影响浅海环境的，而春氏单根海绵也有相同的能力，它们可以帮助我们了解海洋深处的古气候，同时，它们还是亲眼见证了人类影响海洋深处气候的目击证人。

　　况且，它们能告诉我们的不止于此。

海绵、树木和鲸能告诉我们哪些关于人类长寿的秘密？

　　无论是作为个体还是作为物种，春氏单根海绵的长寿都得益于三个核心要素，即简单、压力和细胞生存能力。

　　春氏单根海绵被人们从冲绳海槽挖出来之前过着非常简单的生活，它的活动仅限于海洋深处缓慢的洋流。其他海绵利用不断旋转的纤细鞭毛，将水与营养物泵吸到身体内部。六放海绵连这样的鞭毛都没有——海洋给它什么，它就吃什么。因此，它每天的进食量都非常少，并且在其一生度过的大约400万个日子里，每天如此。

　　不过，简单的生活不一定没有压力。事实上，世界上任何环境施加给生物的物理压力都比不上深海。冲绳海槽底部每平方英寸的压力接近1 500磅[①]，而且在这只海绵度过的长达数千年的漫长时间里，温度波动幅

---

① 　约合每平方厘米105千克。——译者注

度极大，最低可至近乎结冰的0.8摄氏度，最高可达热得让它们难以忍受的 10 摄氏度。但是，就像拳击手做赛前准备一样（每天都要训练，一练就是数亿年），六放海绵的抗压"锻炼"已经进行了很长一段时间，因此它们像重量级冠军一样强壮。如果环境的压力较小，物种的适应性就会比较差，这样的物种根本无法生存这么久。

压力可能正是物种进化得长寿所需要的，前提是当它们的细胞因为无法承受压力而死亡时，它们可以很容易地再生出新的细胞。春氏单根海绵就具有这种优势。它们的体内有大量的干细胞。因此，尽管它们所在的环境确实有可能危如累卵，但它们有一个内置的"砖厂"，可以随时进行重建工作。[34]

简单、压力和生存能力这三个要素不仅适用于海绵，在我们讨论的所有长寿生物身上都能看到这些要素。例如，颤杨就过着非常简单的生活，连它们的基因都非常简单。颤杨是基因组最短的几种树木之一——它们的基因组只有5.5亿个碱基对。你可能还记得，无论是颤杨，还是其他两个巨型的古老物种——塔斯马尼亚洛马山龙眼和 *G. renwickiana*，都没有因为性以及诸如此类的琐事而增加生活的复杂性。它们找到了一种比较简单的生存和发展方式。

但是，只要在潘多的巨大怀抱中度过一个晚上，你就会深刻地认识到简单生活并不是没有压力的。在海拔9 000英尺的高度，气温非常低，枯枝落叶层每年都会有好几个月被厚厚的积雪覆盖。当我们还没有扑灭狼和美洲狮时，那里就一直有喜欢吃颤杨嫩枝的鹿和麋鹿。再加上几千年来在森林中四处肆虐的火灾，压力真的不小。

但是，潘多可以从植物的"干细胞"——分生组织细胞——得到稳定的物资供应。这些细胞存在于植物的根和芽的顶端。砍断植物的茎干，把地面上的植株烧掉，让甲虫吃掉它，或者把它送进有蹄类动物的嘴中——随便你怎么做，这些未分化的细胞供应点就会立即开始工作。它们会迅速分裂，然后长出新的嫩枝。巴塞罗那大学的生物学家塞尔吉·蒙内–博施是植物衰老研究的专家，他曾指出，分生组织就是植物学这个棋类游戏中的"王"——只要有一个分生组织细胞还活着，游戏就可以继续下去。他写道，所有其他组织"都会大公无私地为分生组织服务"。[35]

弓头鲸是体现长寿三要素巨大威力的又一个例子。弓头鲸的生活也比较简单。与大多数其他鲸类不同，弓头鲸从不迁徙，一生都生活在北极和亚北极海域。它是游得最慢、最不合群的鲸类之一。它也一直生活在压力之下。北冰洋的海水十分寒冷，在漫长的冬天里很难找到浮游动物。2015年，一个国际遗传学家团队在对弓头鲸基因组测序时发现了物种特异性突变，而且这些突变似乎可以促进DNA修复、细胞周期调控、抑制癌症以及抗老化。这简直就是弓头鲸为自己在寒冷海洋中度过漫长岁月而准备的一座军械库，里面有大量抗磨蚀的基因武器。[36]

一项又一项研究表明，在地球上存在时间较长的生物都受益于简单生活、挑战性环境，以及随时补给的细胞。[37]

人类能够驾驭简单–压力–生存能力的要素组合吗？约翰·戴认为答案是肯定的。2016年，这位先后就读于斯坦福大学和约翰斯·霍普金斯大学的心脏病学家在中国南部地区遇见我时称，他决定证明人类确实有这种能力。

他首先介绍我认识了正在处理蔬菜的黄妈桃。只见她抱着一篮子蔬菜，步履轻盈地从家里走到河边，然后蹲下来切菜。用铲子把切好的蔬菜铲起来之后，她又回家抱来一些蔬菜，就这样周而复始地忙碌着。自始至终，她的脸上都荡漾着笑容。

我估计这位精力充沛的老太太有80岁了。但戴告诉我，她已经101岁了。

我忍不住笑了。"想笑就笑吧,"戴说道,"她是这个村子里年龄最小的百岁老人,而且有的老人精力比她还充沛。"

巴盘屯位于中国与越南边境附近宁静的盘阳河畔,这里的老人没有正式的出生记录。因此,巴盘屯被视为"蓝色区域",这是人口统计学家迈克尔·普兰创造的一个术语,指的是世界各地的长寿区,例如日本冲绳——该地区大约每2 000名居民中就有一位百岁老人。不过,按戴的估计,巴盘屯可能是世界上最"蓝"的地方之一。在这个小镇上,每100名居民中就有一个人活到了100岁,其他人也大多身体健康、精力充沛,寿命远远超过西方世界许多人希望自己能活到的岁数。

村民中有几个人的年龄甚至超过了110岁。[38]据报道,在我前往巴盘屯的那一年,黄卜新已经116岁了,他每天早晨在木床褥上醒来后,都会迎接来自中国各地的游客。他们来这里朝圣,了解黄卜新健康长寿的秘密。但是,黄卜新告诉这些游客没有什么秘密,他只是和他们分享一些有益的生活经验。

戴将这些经验总结为关于饮食、运动、心态、社区、节奏、环境和目标的7个基本原则。"所有这些归根结底就是简单朴素,"一天,当我们走过一座有点儿摇晃的人行桥,准备与河对岸的几个农民见面时,戴对我说,"这里的人不需要运动养生法和营养师来帮助他们健康长寿,因为他们的生活本来就很健康。"

这并不是说他们的生活没有压力。恰恰相反,这里的老人每周7天在地里干活,一直要劳作到90岁,甚至100岁。

简单?吻合。

压力?吻合。

正如人们发现的那样,他们与普遍性长寿要素组合相差的,只是某种形式的细胞生存能力。

　　"有趣的是，"戴告诉我，"我做过的测试和看到的研究报告，都没有说这些人有什么不同。他们的基因并不比你我更长寿。"

　　这并不是说他们的身体不具有优异的细胞生存能力，而是说我们所有人的身体都具有——或者可能具有这种能力。

　　当我们吃未经过加工的新鲜食物时，当我们持续运动时，当我们乐观地看待这个世界，与我们所爱的人朝夕相处，保持有益健康的生活节奏，寻求健康的生活环境，树立明确的生活目标时，只要我们做到这些，我们的细胞就能很好地适应这个世界。这不仅仅是送给我们自己的礼物。我们还在借助遗传基因表达的力量，通过社会和表观遗传这两个渠道，把好习惯和健康的基因组传递给我们的子女、孙代和曾孙，并增加我们与他们共享天伦之乐的机会。

第 4 章

极速世界

速度最快的动物带给我们怎样的
启示？

在历经了生死考验之后，"动物足迹"野生动物救助中心的一批猎豹终于来到了"生而自由"基金会在埃塞俄比亚中部经营的保护和教育中心。

偷猎者杀害了猎豹们的母亲。走私者把它们塞进了小板条箱、柳条筐和没有气孔的桶里，显然走私者是想把它们运到中东，在那里它们一直是备受青睐的宠物。埃塞俄比亚政府最终救出了这些幼崽，但在此之前，已经有很多猎豹死于非命。

当我听说这些猎豹在野外被盗猎的不幸经历时，我觉得它们现在肯定只剩下一副空躯壳了。当我看见它们时，我高兴地发现我错了。"动物足迹"的这些猎豹虽然无法得到母亲的呵护，并被剥夺了在灌木丛中生活所必需的自然环境，但是它们一起躺在阳光下，在茂密的草丛中嬉戏。如果野鸦和老鹰胆敢在附近降落，它们还会蹲伏在地，做出伺机出击的姿态。

当太阳下山，到了喂食的时候，它们的表现与寻常猎豹没有任何不同。

没有办法准确说明猎豹全速奔跑时冲出来的前几步到底有多大力量。它们整个身体仿佛离弦之箭，很快就会在一阵风中消失不见。其他任何动物都不能如此安静地爆发出如此强大的力量，而且猎豹在奔跑的时候，除了背部与草摩擦的声音和利爪抓地的声音以外，几乎不会发出任何声音。

每个小学生都知道猎豹是世界上跑得最快的动物。但"最快"是一个奇怪的概念，甚至可能比最大、最小或最古老这些概念还要奇怪，因为衡量速度的方法有很多种。

多年来，我们一直说尤塞恩·博尔特是"全世界跑得最快的人"，因为他在100米短跑中几乎没有对手。但是，如果让他和陶菲克·马克洛菲一起参加一英里赛跑，或者与埃鲁德·基普乔格一起跑马拉松，或者与凯瑟琳·卡西克一起跑超级马拉松，被甩在后面的肯定是博尔特。

让他们中的任何一个人和游泳运动员凯蒂·莱德基同池竞技，或者让莱德基与长距离游泳现象级运动员克洛伊·麦卡德尔一起在开阔水域博弈，或者把麦卡德尔放到飞机上，让她和极速特技跳伞纪录保持者亨里克·雷默一起跳伞，你会发现"最快"这个称号每次都会易主。

世界上没有最快的人，因为有不同的方法来测量人的速度。在自然界的其他地方，还有更多的方法来测量速度。

猎豹速度惊人，它们可以在短时间内保持每小时60英里以上的速度。（2012年，一只名叫萨拉的猎豹创下了百米短跑的陆地速度纪录；在那次短跑中，它的最高速度达到了每小时61英里。）但是，当研究人员利用追踪器，跟踪研究5只野生猎豹的奔跑习性时，他们发现这些猎豹的奔跑速度通常只有大约每小时30英里。即使是这样的速度，它们也只能跑几百米，而且跑完这段距离后，它们全天都会懒洋洋的。[1]

所以，猎豹并不是世界上奔跑速度最快的动物。根据我们在大多数情况下对速度的理解——物体移动距离与所需时间的比值，猎豹离这顶桂冠甚至还有些距离。

但是，在看到猎豹奔跑时，你根本不会关心这些。因为看到猎豹奔跑，就能体会到猎豹身体的整体设计是多么完美。

我们从正面看。大多数猫科动物的鼻腔都比较小，这与肉食动物更加重视其他感官而非嗅觉的特点是一致的。但在猎豹的头骨上，鼻腔所在的位置是一个张开的大孔，这与战斗机非常相似。

美国海军为了让主力喷气式飞机"F/A–18大黄蜂"飞得更快，首先想到的一个办法就是加大飞机的进气道斜板，让更多的空气进入飞机的压缩机。这样，当空气通过飞机引擎的燃烧室时，就会产生更大的压力。进入的空气越多，意味着推力越大。"超级大黄蜂"就这样诞生了。

动物采用的是与之类似的方法。毕竟，空气里有氧气——我们维持生命离不开氧气，而且我们必须不断补充氧气，身体才能正常运转。

当然，如果吸入更多空气后却不能加以利用，那么这样做显然没有任何好处。所以，猎豹的肺、心和肝都比较大，可以吸收、运送并利用吸入的氧气，以调动糖原，提供一波又一波的能量。[2]

为了使"入口到引擎"的通道平直通畅，并最大限度地提高效率，猎豹在奔跑时几乎保持头部完全静止——尽管猎豹头部后面的所有部位其实都在疯狂地运动（这得益于它们有一根像弹簧一样的脊柱）。

猫科动物的脊柱一般来说都特别灵活。即使你家没有养猫，你也可以想象万圣节的一个典型装饰：一只弓着背的猫（这是猫科动物对恐惧的常见反应）。大多数猫科动物每天有3/4甚至更长的时间都在睡觉，睡醒之后它们就会利用这种灵活性来伸展肌肉。但是，猎豹会在奔跑时利用这种灵活性伸展四条腿。

要了解猎豹全速奔跑的样子，你可以把手握成杯状，手心向下，就像要捡起一个棒球一样，然后手指尽可能向上抬起。猎豹就是这样做的：当它的前腿和后腿交叉时，脊柱会弯曲；当它随后以轮转式疾驰（哺乳动物常见的四拍步态）奔跑时，脊柱又会展开。猎豹的腿就像装了弹簧一样向外迈出，脊柱尽可能伸得笔直，甚至还会形成一点儿反向的弧度。这样一来，猎豹就可以加大步幅，每跨出一步就能跨越20多英尺。相比之下，人在长跑时步幅大约是8英尺。

不过，猎豹的步幅这么大，并不完全得益于它的脊柱。猎豹的前腿和后腿有一组明显不同的肌肉纤维。后腿上的这些纤维主要是白肌纤维（快缩肌纤维），可以产生巨大的力量，但耐力较低；而前腿上的大部分是红肌纤维（慢缩肌纤维），力量输出较小，但抗疲劳。但是，猎豹的前爪更接近其后腿与前肢其他部位相比，快缩肌纤维的数量要多得多，这有利于猎豹在高速奔跑时保持平衡。[3]研究人员称，猎豹本质上就像装载高性能转向系统的后轮驱动汽车。[4]这辆"车"的"轮胎"也非常好——猎豹四条腿的末端是坚实的肉掌和不会回缩的爪子，帮助猎豹在高速奔跑时掉转方向。

猎豹在追捕猎物时使用的最后一件武器是它的尾巴，这可能是最令人吃惊、也最容易被忽视的一件武器。当猎豹沿直线奔跑时，它的尾巴会停留在正后方。但是当它改变方向的时候，哪怕是略微变向，鞭子一样的尾巴也能起到平衡的作用。尾巴抽向左方，猎豹就会右转；尾巴抽向右方，猎豹就会左转。尾巴再次抽出去后，一头瞪羚就已经成了猎豹口中的美食了。

但说到速度，最重要的一个因素可能就是猎豹的体型了。

尽管猎豹的身体结构看似完美无瑕，但这种世界上跑得最快的猫科动物一度给试图理解速度对动物的重要意义的生物学家带来了一个问题：为什么动物的体型越大，绝对速度就越快？如果说家猫的速度能达到每小时30英里，体型较大的猞猁能以每小时50英里的速度奔跑，而体型比猞猁还大的猎豹能达到每小时60英里的速度，那么体型比猎豹还大的老虎为什么不能跑得更快呢？

生物学家米丽娅姆·希尔特认为，体型较大的猫科动物有可能跑得更快——至少理论上是这样。与体型较小的动物相比，体型较大的动物通常拥有更多的快缩肌纤维。如果不是这些肌肉所含的氧气会很快耗尽，它们本能够利用这些肌肉进行更长时间的加速奔跑。[5]鉴于老虎体型庞大，如果它们能快速补充快缩肌纤维所需的氧气，就有可能成为世界上跑得最快的猫科动物。希尔特和她来自德国生态网络实验室的同事们遗憾地发现，在现实世界中，移动庞大的身体需要大量养料，因此在达到最大理论速度之前养料就会消耗一空。[6]他们认为，庞大体型保证动物可以大步流星地奔跑，而纤细体型保证动物可以有效地将氧转化为肌肉运动的能量，两者之间存在着一个"甜区"①。

这个理论不仅仅适用于猫科动物，也不仅仅适用于哺乳动物。事实上，之所以迟迟没有人发现这个简单的道理，可能就是因为人们只关注了哺乳动物。一旦只观察体型在一定范围之内且具有多种生理相似性的动物，相关性就不那么明显了。[7]因此，在公布研究结果之前，希尔特和同事们将他们的计算结果应用到将近460种不同的陆地动物身上，包括鸟类、节肢动物、爬行动物和哺乳动物。将这些生物的最快速度与它们的体重对应作图，就会得到一条倒J形曲线。这条曲线从微小的昆虫开始就始终如一地向上运动，并在速度为每小时60英里、体重100磅的位置到达最高点——当然，占据这个位置的是猎豹。之后，该曲线就会随着动物的体型逐渐变大、速度逐渐变慢（比如驼鹿、河马和大象）而急剧下降。

但是，希尔特的研究并没有止步于这些陆地动物，她和团队成员还

---

① 甜区（sweet spot）：球拍或球棒的最佳击球点，这里代指体型的平衡点，达到该平衡的动物可以运动得最高效。——编者注

对水中和空中的动物进行了类似的研究，而且同样不考虑这些动物属于动物界的哪个分支。他们研究的水中动物包括鸟类、爬行动物、哺乳动物、节肢动物、鱼类和软体动物，空中动物包括鸟类、节肢动物和哺乳动物。尽管这些动物的速度—体型峰值有所不同，但同样形成了一条非常相似的曲线。从每组动物的曲线来看，这种体型越大、速度越快的态势一直持续，并在整条曲线3/4的位置达到峰值，然后就会逐渐走低。[8]

因为这个模型通过了我们已知的动物的验证，所以它很快就被应用到我们未知的，甚至从未见过的动物身上。电影《侏罗纪公园》（我们家最喜欢看的几部电影之一）涉及的科学知识本来就已经遭到很多诟病，恐怕现在又要多一项罪名了。[9]

在《侏罗纪公园》第一集的开头，约翰·哈蒙德吹嘘道："嗯，我们的记录显示，霸王龙的平均速度是每小时32英里。"

这个速度在电影的一个著名场景中得到了体现。也正因为如此，每当我注意到汽车侧视镜上的"镜中物体的实际距离比它们看起来要近"这句话时，我就会忍不住发笑。

但是，如果希尔特的理论适用于肉食恐龙，那么霸王龙的速度不可能超过每小时19英里。[10]即使这样，它们也仍然比大多数人跑得快。所以，如果霸王龙与人类赛跑，胜利的仍然可能是霸王龙，只不过它要多跑一会儿才能享受午餐罢了。

不过，猎豹并不仅仅有助于我们进一步了解恐龙这种动物。通过研究猎豹，我们对动物进化过程中的生存问题有了很多新发现。

应该已经灭绝的猎豹为什么没有灭绝？

晚更新世灭绝事件对地球生物来说是一场灾难。据估计，美洲和澳大利亚的大型哺乳动物（体重90磅以上）大约有3/4消失了，而欧洲和亚洲的大型哺乳动物数量减少了接近1/2。

非洲动物更擅长抵御这场风暴，只有大约1/6的大型哺乳动物灭绝了，但还有很多在死亡线上苦苦挣扎。猎豹的境况尤其严峻。它们的数量急剧下降，因此广泛地近亲繁殖是它们生存下来的唯一途径。

当然，这种生存策略的效果是递减的。正如地球上最后的猛犸象所证明的那样，它们在更新世灾难中幸存下来后，继续留在北冰洋的弗兰格尔岛上，并在那里生活到大约4 000年前。科学家认为，如果这些毛茸茸的动物没有因为遗传多样性耗竭而导致"基因崩溃"，那么它们今天可能还会和我们一起生活在地球上。[11]

目前还不清楚，当下一次大灭绝事件（这一次灭绝的将是人类）到来时，猎豹基因的有害突变是否仍在不断增多，还是正处在极其缓慢的恢复过程中。我们只知道更新世种群数量瓶颈是物种的基因几乎全方位地极端消耗（包括单碱基变异缺乏、线粒体DNA多样性缺乏和支持细胞免疫反应的细胞表面蛋白质的缺乏）造成的结果。如果说最后一种遗传单一性（亦称组织相容性）在让我们失望的同时还带来一线希望，那就是猎豹可以很好地接受其他猎豹的皮肤移植——从这点看，所有猎豹都像兄弟姐妹一样。[12]

从遗传学的角度来说，它们的关系真的很近。

20世纪80年代，当遗传学家斯蒂芬·奥布赖恩首次研究几十只猎豹的基因组时，研究结果让他困惑不已。"你们并没有真的收集50头猎豹的样本，对吧？"他还记得与米奇·布什开玩笑时的情景。米奇·布什是华盛顿特区国家动物园的首席兽医，负责协调这项研究所需的样本。"实际上，你只收集了一头猎豹的血液，然后把它分装到50支试管中，对吧？"

奥布赖恩在他的《猎豹之泪》一书中称，那些猎豹的基因几乎完全相同。"它们的基因看起来像是实验室特意近亲繁殖的小鼠或大鼠。"

野生猎豹的基因组序列平均有95%是纯合子，这可能是自然界中最缺乏多样性的哺乳动物基因组。相比之下，极度濒危的维龙加山地大猩猩的纯合子比例为78%，而大量近亲繁殖的阿比西尼亚猫的纯合子比例为63%。[13]

所有这些遗传相似性都会导致动物种群幼崽死亡率极高，比同类猫科动物更容易感染疾病。[14]当然，早在非洲人口爆炸并对猎豹造成不良影响之前，猎豹就已经面临着这样的局面了。

20世纪初，非洲和亚洲各地大约共有10万头野生猎豹，但现在仅剩大约7 000头。只有两个种群可能不会因为近亲繁殖而走向灭绝。[15]其中一个在非洲南部，大约有4 000名成员；另一个在塞伦盖蒂平原，大约有1 000名成员。其他的猎豹非洲种群规模较小，而且成员数量还在不断减少，而亚洲可能已经没有正常运转的种群了。

你可能认为偷猎者和交易商是导致猎豹数量急剧下降的一个重要因素，事实确实如此，但农民也起到了重要作用——为了保护自己的牲畜，农民也会杀死猎豹。说到肉食动物争议，猎豹之于非洲，就像狼之于北美一样。2017年公布的一项研究通过跟踪器跟踪调查了9头野生猎豹，结果发现其中4头被土地所有者射杀。[16]公路同样是一个巨大威胁。研究人员在2011—2012年对一个猎豹种群进行了为期两年的跟踪调查，发现已证实死亡的猎豹中有超过1/4猎豹是被汽车或卡车撞死的。[17]

所有这些因素加在一起，就导致了现在这种状况：一些研究人员认为，猎豹数量正在以每年10%的速度不断减少。如果这个速度保持不变，那么10年后，全世界的猎豹数量有可能会减少1/2。

正是由于这些原因，"生而自由"基金会在埃塞俄比亚的首席代表泽里兰姆·塔费拉·阿谢纳菲对基金会拯救、康复猎豹然后释放回自然界的做法能否成功持谨慎态度。

他告诉我："教猎豹追捕猎物的确是一个难题，但我相信我们能够克服这个困难。更大的问题是：我们把它们送到哪里去呢？世界各地的猎豹种群都面临着灭绝的威胁，我们到哪里能找到安全（或者说比较安全）的地方呢？"

不过，阿谢纳菲还是想试试。"如果这些猎豹不能帮助我们对生态保护做出贡献，那么把它们关在我们的保护中心又有什么益处呢？"

他一直在关注位于"动物足迹"求助中心以东约100英里的阿瓦什国家公园，因为他认为在那里重新引入猎豹或许是可行的。他说："这个地方离我们很近，我们可以实施周密的保护措施。我们可以设置监视器，可以对猎豹实施软释放，给它们戴上无线追踪项圈。如果它们不能自食其力，我们还可以给它们提供食物。"

阿谢纳菲叹了一口气说道，尽管如此，情况似乎对猎豹也不是有利的。

100年来，许多脊椎动物灭绝了，猎豹自己的基因组也在蠢蠢欲动，但它们还是生存了下来。

猎豹是如何做到的呢？答案可能就是它面临的一个生存威胁：遗传多样性的缺失。这种浅层的DNA选择可能从根本上锁定了猎豹的"速度基因"，这些基因可以决定猎豹对肌肉收缩、压力和心肺反应做出的适应性变化过程。如果有"慢速基因"猎豹，那么这些慢速猎豹和快速猎豹交配繁殖，就会让整群猎豹的速度降下来，但实际上这样的猎豹根本不存在。在进化过程中保持这样的速度（尽管猎豹可能不需要这么快的速度，就可以捕获速度比它们慢得多的猎物）可能给猎豹带来巨大的进化优势，足以抵消它们的遗传劣势。

　　奥布赖恩在俄罗斯圣彼得堡国立大学的一项职责是让更多俄罗斯科
学家参与基因组分析项目。2017年，他趁着休假回到了美国。当时他告
诉我："有些人说：'既然瓶颈已经出现了，就说明猎豹彻底完蛋了。'但
我认为不一定。"

　　奥布赖恩认为，种群数量瓶颈"有点儿像握在你手中的牌。大多数
时候你的牌会很普通，但有时候你会拿到一手烂牌。不过，每出现一次
瓶颈，就代表重新洗牌，有时候你需要再摸一张牌来凑成一手牌。"

　　猎豹拿到了一手非常好的牌。"它们保留了很多优秀的基因。"他说。

　　随着我们不断深入了解猎豹面对贫瘠基因库得以生存的成功秘诀，
我们积累的知识无疑会帮助我们应对其他动物因为基因多样性减少而面
临的困境。

　　当然，如果猎豹灭绝，我们能从它们身上学到的东西将会大大减少。

　　所以说，这就是一场正在进行的比赛。

为什么叉角羚总是在极速奔跑？

　　那头叉角羚其实并没有跑到我的面前。现在回想起那一刻，我仍然
不知道我们为什么会面对面地站在尘土飞扬的悬崖上，彼此的间距只有
几英尺。

　　我们就这样你看着我，我看着你，在那儿站了好一会儿。我把头歪
向右边。它先是低头，然后又抬起头，向后仰着，露出了肌肉发达的双
肩和胸前那片显眼的三角形白色毛皮。它的角呈深棕色，长度差不多相
当于我手肘到指尖的距离；两只羚角互相环绕，末端几乎碰到了一起。

　　它体型雄壮，是我见过的最大的叉角羚——我已经见过很多了。怀
俄明州南部的红色沙漠是北美最大的迁徙叉角羚群的家园，在这里很容

易看到它们的身影。

我不知道我们到底在那儿站了多长时间。也许一分钟，也可能是5分钟或10分钟。我们惺惺相惜，在傍晚的阳光下，眯着眼睛看着对方。对我来说，时间仿佛都变慢了，我不知道它会不会有同样的感觉。

就在这时，意外发生了。叉角羚身后的蒿丛里有什么东西在动——可能是长耳大野兔，于是它跳了起来，跃过灌木丛和岩石，沿着浅水沙滩飞奔而去。只见它先是左转，然后右转，再然后又是向左急转，每次转弯时身体都向内侧倾斜。不到五六秒钟，它就消失不见了。

众所周知，叉角羚的最高时速可达55英里。它的速度没有猎豹快，不过也慢不了多少。但是，叉角羚能长时间保持比较快的速度，而让猎豹以这样的速度奔跑的话，它们通常只能坚持很短的时间。例如，猎豹能以每小时40英里的速度跑几百米，而叉角羚能以这种速度坚持跑数英里。[18]

它们是怎么做到的呢？在回答这个问题之前，我们需要先谈谈分类学。

小时候的我和许多小学生一样，对美国西部的印象在很大程度上受到了布鲁斯特·希格利所作的诗歌《我的西部家园》的影响（这首诗后来被改编成了歌谣《在牧区之家》）。但事实证明，希格利写出的最脍炙人口的歌词——"我的家在牧区，那儿有水牛游荡，还有快乐的小鹿和羚羊"，会让我们对北美大平原上的动物有一个错误认识，因为美国的牧场上不会有水牛四处游荡，而且从来没有过水牛。就像非洲水牛和亚洲水牛一样，美洲野牛也是牛科动物的一员。但是，瞪羚、绵羊和羚羊同样属于牛科。羚羊也不是美国本土动物，我们在平原上看到的"羚羊"其实是叉角羚。[19]

从文化角度看，这些都是语义上的区别。我们不必矫枉过正，例如宣称1913—1938年铸造的5美分硬币不能被称为"水牛镍币"，或者宣称大盐湖上最大的岛屿（据称，第一批登上该岛的猎人在这里发现了大量的叉角羚）不能被称作羚羊岛。

但从科学的角度来说，我们有必要知道一种生物与另一种生物外表相似并不一定代表它们有相似的进化历程。生物学领域的前辈们有时不仅会做出不正确的相关性假设，而且在分类命名法中将这些假设奉为圭臬，就像他们把叉角羚划归叉角羚科一样。对我们了解叉角羚来说，他们的这些做法没有任何好处。

现在，比较基因组学正在帮助我们深入了解地球生物赖以生存的那些密码。但是在两个基因组中寻找共同的DNA，就像在大型图书馆的海量藏书中寻找几行特定文字一样困难。在搜索过程中，如果有些书贴错了标签或者放错了书架，那么任何人都很难找到它们。[20]

因此，我们应该警惕前辈们做出的假设，尤其是那些带有庄重文化色彩的假设，因为它们会影响几代人的科学观点。我们知道，长颈鹿就是一个这样的例子——长颈鹿与叉角羚的关系要比羚羊与叉角羚的关系密切得多。

为了避免被捕食，长颈鹿不仅进化出非常高的个子，还有强劲有力的腿脚——它们可以一脚踢死一头狮子，而且它们跑得很快。由于同样的原因，叉角羚进化出了高速奔跑的能力。

但如果仅仅从美国大草原上与叉角羚竞争的那些肉食动物的角度考虑，你可能会奇怪为什么叉角羚要跑得这么快。狼和郊狼确实跑得很快，但远不及叉角羚的速度快。即使是幼年的叉角羚，也常常比那些肉食动物跑得快。

那么，叉角羚为什么要把速度提升到时速55英里呢？

一些研究人员给出的答案是北美猎豹（*Miracinonyx inexpectatus*）和

杜氏北美猎豹（*Miracinonyx trumani*）。这两种大型猫科动物是由爱德华·柯普（因为柯普定律而享有盛名）第一个发现的，它们与叉角羚一起在北美进化了数百万年，有时被称为"伪猎豹"。[21]

这两种北美猎豹有美洲狮那么大，但外形像猎豹，因此人们推测它们的速度应该很快。这些猫科动物大约在1.1万年前就灭绝了，但在动物学家约翰·拜尔斯看来，当今世界跑得最快的一种动物的DNA中仍然有它们的传承。

拜尔斯认为，叉角羚"是真正的奥运会级别的跑步健将，但它所在世界的肉食动物明显不是奥运会级别的"。[22]他认为，叉角羚之所以进化成这样，是因为当时的北美洲到处都是像北美猎豹这样的肉食动物，它们必须进化出高速奔跑的能力。[23]

几乎所有动物身上都有某种不再需要的进化多余产物。人类有尾骨，还会长出智齿、起鸡皮疙瘩，所有这些都对现在的人类没有多大好处。如果有足够的时间，我们有理由相信人类会摆脱这些特征。

但是，由于生存需要而产生的特征（不是那些便于生活和略微降低危险性的特征，而是那些极大地防止死亡和灭绝的特征），即使后来不再需要或者不经常需要，似乎也很难摆脱。尽管人类在日常生活中通常不会受到剑齿虎或以灵长类动物为食的巨鹰的攻击，[24]但我们仍然可以依靠交感神经系统为我们提供的大量肾上腺素和去甲肾上腺素，在不太常见的生死关头生存下来，可能就是出于这个原因。

这意味着我们可以看到叉角羚奔跑的样子。它们不仅仅是在牧场上奔跑，还会在跑步机上奔跑。

没错儿，就是跑步机。

这都归功于一个叫斯坦·林德斯泰特的人。由于叉角羚对速度需求的进化触发器似乎已经确定，因此这位北亚利桑那大学的生理学家希望了解允许这种进化发生的生物力学机制。

这是因为叉角羚似乎并不特别善于奔跑。从外表上看，它们就是一个个毛茸茸的小家伙，四条腿细细长长的。叉角羚看上去与山羊没多大不同，而所有人都知道山羊不喜欢奔跑。[25]

不过，为了以防万一，林德斯泰特进行了核实。果然，山羊不喜欢跑步机。只有当研究人员用大量食物诱惑它们时，它们才会跑起来。

但是，当林德斯泰特和他的团队把叉角羚放到跑步机上时，它们不仅跑了起来，而且似乎乐此不疲。在接受《纽约时报》采访时，林德斯泰特说："我们一打开实验室的门，它们就会跑进去，然后跳到跑步机上。"[26]

林德斯泰特发现，与山羊不同，叉角羚是完美的氧气输送机。叉角羚利用更粗大的气管吸入氧气，利用更大的肺吸收这些氧气，利用更多的血红蛋白将氧运输到肌肉。此外，它们肌肉中的细胞有更密集的线粒体，可以促进肌肉收缩。叉角羚的确看起来不像速度机器，但它们的外表具有欺骗性。

只要问问下面这种处于低级阶段的小虫子就知道了。

为什么说世界上跑得最快的动物就像蝙蝠侠？

只要你在打开地下室的灯时看到过蟑螂四处乱窜的情景，你就会知道它们的速度有多快。虽然它们有翅膀，可以飞行，但它们真的不需要飞行这项技能。它们的飞行速度比奔跑速度慢得多。

在很长一段时间里，《吉尼斯世界纪录大全》一直将"跑得最快的昆虫"这项桂冠戴在美州大蠊的头上。[27]但是后来，研究人员逐渐意识到，当涉及狩猎以及逃脱追捕时，动物的速度与体型大小的比值几乎一定比绝对速度更重要。为了确定到底哪一种昆虫速度最快，一位名叫托马斯·梅里特的昆虫学家从其他昆虫研究者那里收集了一些数据，然后以昆虫身体长度的倍数来计算各种昆虫的速度。结果表明，美洲大蠊的移动速度为每秒50个身体长度。

这个速度非常快。相比之下，猎豹每秒只能跑16个身体长度。但梅里特发现另一种昆虫有望成为新的冠军。澳大利亚虎甲（*Cicindela eburneola*）的速度可以达到每秒170多个身体长度。换成6英尺高的人，这相当于他每小时要跑720英里。[28]

但记录就是用来打破的，在自然界中更是如此，因为奇迹总是接二连三地发生。

在加利福尼亚的克莱蒙特（距离丹尼尔·马丁内斯的实验室不是很远——就是喂养了一些几乎永远不会死亡的水螅的那间实验室），一位名叫塞缪尔·鲁宾的大学生和他领导的一组研究人员发现，在南加州炎热的天气里，一只学名叫作*Paratarsotomus macropalpis*的蜱螨正在人行道上急速奔跑。

这种蜱螨并不是什么神秘的昆虫。它于1916年首次被发现，栖息在世界上人口最稠密的大都市地区之一，但是之前没有人对它进行过任何科学研究。在期刊全文数据库ScienceDirect搜索21世纪前10年的数据就会发现，没有一篇文章提到这个小家伙。

"它们很容易被忽视，"鲁宾在波莫纳学院的前导师、论文联合作者乔纳森·赖特说，"它们很小，大约有一毫米长，但它们在奔跑时速度非常快。如果不仔细观察，你或许会以为它们是扬尘之类的东西呢。"

它们也很难抓到。赖特告诉我，值得庆幸的是，它们喜欢待在人行道和车道上；要是在它们栖息的自然沙地上捕捉它们，即使你的吸引瓶满是尘土，往往也抓不到一只。

尽管如此，研究小组还是拍摄了一些蜱螨在人行道上奔跑的视频。当研究人员用连续镜头来追踪这只蜱螨经过的路径，然后测量它经过的距离时，得出的结果让他们惊呆了。

鲁宾起初以为自己的计算出了问题。但是，再次计算得出的结果清楚地表明：他帮助发现了世界上跑得最快的运动员。

这只蜱螨的速度高达每秒322个身体长度，相当于人类每小时跑1 300英里。[29]大家可以设想一下，历史上一共只有十几次飞机以超过每小时1 300英里的速度飞行的报道。

这种蜱螨并不只是从一个地方跳到另一个地方，而是在进行真正意义上的跑步——步频为每秒135步，这是有报道的所有动物中速度最快的负重肌肉循环运动。[30]相比之下，人类短跑运动员的步频大约为每秒3步。即使是著名的"耶稣蜥蜴"（蛇怪蜥蜴）——移动速度快到可以在水面上行走，每秒也只能行走20步。

通过进一步应用等比科学理论（该理论认为，生物体型越小，提升速度所需的力就越小），关于这种蜱螨惊人步频的发现很快就被用来帮助我们研究建造纳米发动机（可以在分子水平将能量转换成运动的有机引擎）的可能性。[31]

这种蜱螨还有可能帮助我们创造更适合加速、减速和快速转向的机器。毕竟，这个小家伙可以在瞬间停止前进，还可以用其他动物的腿部根本不可能实现的速度和角度完成转向。

为了搞清楚它是如何做到这一点的，鲁宾和赖特放慢了镜头的速度，并将其放大。他们看到这种蜱螨有两种转向策略，一种适合高速转向，另一种适合速度快得令人头晕的超高速转向。

高速转向策略有点儿像行进乐队的转向，不过更加夸张。为了保持整齐，行进乐队在转向时，弯道内侧的乐队成员需要减小步幅，甚至原地踏步，而外侧的成员则需要加大步幅。这种蜱螨也采取了同样的策略：弯道内侧的腿迈小步，弯道外侧的腿则迈大步。[32]

超高速转向策略直接出自蒂姆·伯顿于1989年翻拍的经典电影《蝙蝠侠》，电影中的那位斗篷战士利用抓钩，帮助蝙蝠车在高速飙车时完成了一次快速转向。但蜱螨没有使用钩子和绳子，而是使用了身体内侧的第三条腿。它用跗节钩住地面，然后像黑暗骑士那样加速冲出弯道。只不过它的体型没有黑暗骑士那么大，但外形更加令人害怕，而且没有遭到遗弃的风险。[33]

当然，那位全世界家喻户晓的义务警察是为了追捕罪犯（那是蝙蝠侠的特殊猎物）才驾驶蝙蝠车疯狂飙车的。这就引出了一个问题：蜱螨跑得那么快，是在追逐什么呢？

没有人知道答案。但几乎可以肯定的是，这只强大的小螨虫追逐的对象肯定体型更小，而且速度可能更快。

所以，说到相对速度，我们可能还不知道到底谁才是世界上跑得最快的。但我们有非常大的把握，可以肯定某些动物是"最快俱乐部"的成员。

为什么工程技术人员会再一次把目光投向游隼？

长期以来，人们一直猜测游隼是世界上最快的鸟类，也是绝对速度最快的动物。但很长时间以来，游隼的最高速度一直是一个理论值，因为它所在的环境空间巨大，难以预测，而且是实实在在的三维环境，即使利用性能优异的雷达测速器也难以锁定它。直到20世纪90年代末，我们仍然无法确定游隼到底能飞多快。

肯·富兰克林对此很不满意。这位专业飞行员、游隼专家和业余科学家知道，鸟类对于人类飞行具有非常重要的意义。莱特兄弟在基蒂霍克飞上蓝天之前曾广泛研究了鸟类的飞行原理，奥维尔·莱特后来写道："从鸟类身上学习飞行的秘密，就像从魔术师身上学习魔法的秘密一样。当你知道要寻找什么之后，你就会看到你之前没有注意到的东西。"但富兰克林哀叹，我们甚至不知道最快的鸟能飞多快，因为我们从来没有关注过这个问题。[34]

于是，富兰克林决定解决这个问题。由于雷达测速器无法实现这个目的，所以他决定另辟蹊径。事实证明，他找到了一条捷径。

有的人试图通过地面观测结果来计算游隼的速度，但富兰克林知道，游隼通常会在海拔几英里的高空翱翔——远远超过地面观测可能达到的高度。因此，富兰克林和他的游隼"惊骇"开始了一项训练计划。他们从几千英尺的高空开始，然后逐渐提升训练的高度。最终，一人一鸟在17 000英尺的高度，从塞斯纳172型飞机上俯冲了下来。

富兰克林带着摄像机，"惊骇"戴着一个半盎司①重的高度记录仪。当他们一起俯冲时，富兰克林扔下了一个带有铅坠的诱饵。"惊骇"把身体缩成一团向下俯冲，速度达到了每小时242英里。

这样的速度相当于"惊骇"每秒钟就会下降一个足球场的长度。

富兰克林希望他和团队从"惊骇"身上收集到的实验数据，能够帮助航空工程师更好地了解如何减少空气阻力和湍流的影响。他竭力劝说工程师更深入地观察游隼高速俯冲时的身体、翅膀和羽毛的形态。

事实证明，这些工程师不容易被说服。作家汤姆·哈波尔几年来一直在关注富兰克林和"惊骇"取得的成绩。当他遇到吉姆·克劳德时，他确信克劳德肯定希望了解飞机制造商可以从鸟类身上学到什么。克劳

① 1盎司＝28.35克。——编者注

德毕竟是波音公司的高级技术人员，他的专业就是通过气流研究提高飞机性能。此外，他还是一名业余观鸟者。

但是，尽管克劳德说他相信"鸟类有各种各样人类未知的能力，有可能值得我们深入研究"，但他也警告哈波尔，航空工业以"成熟的行业"自居，已经超越了向鸟类学习飞知知识的阶段。克劳德哀叹，传统观念认为，如果航空领域还能取得新的发现，"别人肯定早已完成了这些发现"。

后来，富兰克林告诉我："现在回头看，我知道他们为什么会这样了。我没有博士学位，而这些人一辈子都在利用数学对飞行进行量化分析。在他们眼中，我就是一个彻头彻尾的新人，只是把几只鸟从飞机上扔了出去而已。"

自2012年前后"惊骇"去世之后，富兰克林就再也没有继续高空跳伞活动了。现在，他没有再饲养猛禽，而是养了一些鸽子。"'惊骇'和我一起跳了200多次，"他说，"我们已经竭尽所能。"

在"惊骇"创造了动物空中速度记录之后的10多年里，对于游隼自由落体式的俯冲，研究航空学的工程师除了漫不经心地了解一下，就再也不关心了。不过，这种情况最终在21世纪第二个10年初改变了。

一个德国科学家团队意识到，如果了解一下游隼为什么能飞得那么快，再看看它们只有2磅重的身躯在高速运动时是如何承受高机械负荷的，也许是一个不错的主意。毕竟，当"惊骇"在极限俯冲中停下来，抓住重量跟自己体重差不多的诱饵时，它需要对抗的重力作用超过美国空军F-22猛禽战斗机所能承受的极限。[35]

根据对"惊骇"俯冲的观察结果，德国人训练了一群游隼从200英尺高的大坝向下俯冲。从这个高度俯冲，游隼无法达到最大加速度，但它们也会像高速俯冲的"惊骇"那样收缩身体和双翼。由于大坝是一个高对比度的背景，因此研究人员可以利用多架高速摄像机，准确地重现游隼的飞行路径和身体形态。借助这些图像，研究小组为其中一只游隼制作了一个差不多大小的模型，涂上油漆后放进风洞里。油漆形成的条纹可以显示游隼俯冲过程中空气在其身体周围的运动情况。

就在这时，这个德国团队注意到了一些有趣的东西：模型背部和翅膀上的一些部位有油漆堆积，表明这个区域出现了气流分离现象。他们回过头，再次研究他们拍摄的游隼影像，并重点关注那个区域，结果发现一些短小的羽毛从游隼的身体上伸了出来，而且位置正好和模型上的油漆堆积的位置相重合。他们推测，这些羽毛的作用是阻止模型中可见的气流分离。[36]这些游隼似乎可以通过某种手段，知道它们翅膀的哪些部位有空气流动不畅的问题，并且找到了解决这个问题的办法。

这一发现让正在伦敦大学攻读博士学位的马尔科·罗斯提兴奋不已。这位年轻的意大利航空工程师所在的团队正在寻找解决飞机失速问题的新方法。当飞机机翼的方向与迎面而来的气流方向有较大夹角，从而导致明显的气流分离和升力损失时，就会发生失速。这个问题和航空的历史一样古老。1896年，滑翔机先驱奥托·利连塔尔就因失速事故而丧生。[37]在接下来的100年里，航空领域完成了大量创新，但始终没有完全解决失速问题。

不过，游隼似乎已经解决了这个问题。因此，罗斯提和他的团队成员们利用从游隼实验中学到的知识，设计了一种可以利用扭力弹簧铰链到机翼顶部的襟翼。这个自激活襟翼像游隼翅膀上的那些短小羽毛一样，可以自动弹起，破坏气流分离。[38]

罗斯提说，关于动物飞行，在他学习航空学的整个过程中，有人不断地跟他说一些话——肯·富兰克林在"惊骇"飞行试验之后也听到相同的话。罗斯提说："人们告诉我们，像昆虫这样的动物也许能够帮助我们找到全新的飞行方式，但它们不能帮助我们改善我们已经采用的飞行方式。"

不过，罗斯提团队从游隼身上找到的失速问题解决办法仍然引起了一些人的极大兴趣——感兴趣的不仅有飞机设计师，还有直升机领域的人，因为他们也面临着这个古老的问题，尽管表现方式有所不同。

罗斯提仍然很谨慎，因为他们还面临着很多障碍，尤其是在涉及机翼工作原理时，航空界始终坚持一些理念，即使这些理念从一开始就假定机翼在很多情况下无法正常工作。

最后，罗斯提说他承认自己团队的设计可能不会彻底改变航空飞行的现状。但他认为，如果能让一些人的研究少经历一些坎坷，那么自己的所有付出都是值得的。

也许更重要的是，这种仿生设计已经证明了富兰克林这些人是正确的。人类进入航空时代可能已经有一个多世纪了，但是游隼在蓝天翱翔的时间已经长达数百万年了。认为人类无法从鸟类身上学到任何飞行知识的想法纯粹是骄傲自大的表现。

我们其实是在给自己讲故事，但故事并不一定是真实的。

一个广为流传的故事是如何帮助蓝鳍金枪鱼在世界纪录中占有一席之地的？

在所有关于鱼的故事中，这个故事真的很有意思。据说，1908—1935年期间，钓鱼爱好者常年聚集在位于佛罗里达最南端的长礁钓鱼营地，这是海洋垂钓者的天堂，因美国传奇作家赞恩·格雷而闻名。故事称，俱乐部成员曾在这里观察到一条旗鱼仅用时三秒就在水面上画出了一条300英尺长的线。如果这是真的，那就意味着这条鱼的速度是每小时68英里，而这一速度足以让旗鱼成为世界上速度最快的鱼。

正是基于这个传说，旗鱼被广泛认为是"世界上最快的鱼"。旗鱼速度可达每小时68英里的记录出现在数以千计的网站上，被著名的出版物如美国《国家地理》和《田野与溪流》杂志，以及美国国家海洋和大气管理局多次证实，[39]并且出现在相当多的科学文献中。[40]

然而，这个所谓的观察结果最初到底来自何处，似乎已经无从考证了——它有可能根本不是来自长礁。[41]

有趣的是，人们后来终于对旗鱼的速度进行了测试，利用加速度计完成的一系列测量表明每小时68英里这一速度可能远远慢于旗鱼实际能达到的速度。迈阿密大学的研究人员认为，旗鱼经过短距离加速就能达到每小时78英里的速度。[42]

可能正是因为迈阿密的科学家刷新了旗鱼的最高速度，导致加在旗鱼头上的荣誉提前易主了，因为当马萨诸塞大学的大型中上层鱼类研究中心（该中心的另一个名称"金枪鱼实验室"更加出名）的研究人员了解到新的旗鱼速度记录时，他们想到了一个问题：如果所谓的旗鱼速度记录比它可能达到的真实速度慢得多，那么会不会还有其他记录存在问题呢？

多年来，该实验室的研究人员一直在观察重量可达1 500磅的大西洋蓝鳍金枪鱼，他们知道这种鱼的速度非常快。他们想，蓝鳍金枪鱼说不定可以把速度提到每小时45英里以上。每小时45英里通常被认为蓝鳍金枪鱼能达到的最高速且被广泛引用，但似乎与人们之前认定的旗鱼能够达到的最高速一样不可信。

海洋学家莫莉·卢特卡瓦奇和她在金枪鱼实验室的同事们采用了与迈阿密同行相似的方法，给一群蓝鳍金枪鱼贴上了微型卫星标签——这些标签通常被用来追踪迁徙动物的活动。根据设计，它们会在一个月后脱离目标，浮到水面，然后发出信号以便回收——回收工作通常由合作的渔民完成。

但一个星期后，一条800磅重的蓝鳍金枪鱼身上的标签过早地脱落了。研究人员把这枚标签带回金枪鱼实验室，眼前的情景让他们惊呆了。原来，那条鱼游得太快，以至于标签被撕成了碎片。

鱼要游多快才能撕碎标签呢？下载的数据显示，蓝鳍金枪鱼的最高时速达到了144英里。

这个速度比我们一直认为的鱼的最快速度快一倍多。

就像猎豹一样，蓝鳍金枪鱼的最高速度也不能保持太久。研究人员估计，创下纪录的那条金枪鱼只是在短短几秒钟内保持了那么高的速度。但值得注意的是，金枪鱼在密度约为空气的800倍的环境中达到了那么高的速度。

还记得航空工程界对游隼的飞行是多么不感兴趣吗？面对新发现的水下速度大师，航海界是否会做出同样的冷淡反应，现在还不得而知。但值得注意的是，在人们普遍认为旗鱼是速度最快的水下动物的同时，并没有多少人对旗鱼到底能游多快的问题感兴趣。直到2013年，人们才开始了真正意义上的旗鱼水动力学研究。[43]

但是，蓝鳍金枪鱼的情况可能不同。首先，对于它们是否有资格享有超级名声的问题，我们从一开始就掌握了更多的科学知识。其次，它们是金枪鱼——每个人都知道金枪鱼。我们经常吃金枪鱼罐头、芝麻脆皮金枪鱼、烤金枪鱼或金枪鱼辣味寿司卷。可以说，金枪鱼在全世界的水产业中占据了极其重要的地位。[44]

目前，它们也陷入了困境。大西洋蓝鳍金枪鱼被世界自然保护联盟列为濒危物种。生物多样性中心已经请求美国联邦政府将蓝鳍金枪鱼纳入《濒危物种法》保护的名单中，尽管到目前为止还没有得到回应。

当物种处于经济价值和种群数量下降的交叉点时，经常会引起大量研究人员的关注。在有人认为蓝鳍金枪鱼可能是速度最快的海洋生物之前，蓝鳍金枪鱼就已经引起了人们的关注。例如，近年来，人们对地中海蓝鳍金枪鱼的栖息地[45]、不同海洋区域的蓝鳍金枪鱼在DNA上的差异[46]，以及金枪鱼跨海洋迁移、聚集的行为[47]进行了研究。

另外，美国海军开发出了无论是外表还是潜行方式都与金枪鱼十分相似的机器人——幽灵泳者。这款自动水下机器人是一项名为"无声尼莫"的秘密研发计划的子项目，在很大程度上受到了麻省理工学院金枪鱼机器人项目的启发。麻省理工的工程师放弃了200多年来潜艇领域的传统思想，转而制造了一种可以像鱼一样运动的水下机器人。最后，他们开发出了比传统无人潜艇更具机动性、耗能更少的潜水器。海军很快就意识到，这种潜水器可以更好地融入海洋环境。

虽然美国军方还没有正式宣布，但无人潜航器幽灵泳者似乎可以取代备受批评的冷战时期行动计划——美国海军海洋哺乳动物秘密计划。该计划利用海豚和海狮来搜寻地雷，监视水下潜入者，找回丢失的设备，[48]并为旨在解决人类疾病和健康问题的转化研究提供所需动物[49]。最后一个目的引起了动物权益保护人士的不满。他们认为圈养动物研究必须直接为保护被研究动物服务，因此希望推动关闭海军的这个项目。[50]

用动物取代机器人是一大难题：至少目前来看，幽灵泳者的速度比不上海豚和海狮，耐力和潜水能力也比不上海军训练的那些海洋哺乳动物。这种鱼形机器人可以达到并在较短时间里保持每小时17英里的速度，或者长时间保持每小时3英里的速度；而宽吻海豚的时速可超过22英里，长时间的巡航速度可达每小时7英里。[51]

但是，两者都远达不到蓝鳍金枪鱼的突进速度，这在战术环境中可能具有重要意义。考虑到这一点，为了让机械金枪鱼更加逼真，美国海军是否会研究让蓝鳍金枪鱼获得这么快速度的自然适应性呢？他们肯定会这样干的。

　　大自然母亲可以设计出突进速度为每小时144英里的动物，但它们能否成功地制造出可以与之媲美的机械动物呢？恐怕不能。

　　毫无疑问，我们可以通过观察动物在自然界的进化过程，大大改进我们的技术，以解决我们面临的诸多难题。但我们做得越多，就越清楚一个事实：大自然始终走在我们的前面。

第 5 章

咆哮的力量

那些无与伦比的声音是如何将
世界变成今天这个样子的?

我永远不会忘记那个叫声。

那天上午，我先是搭乘一架挤满了人的飞机，到了下午又换乘了一辆更加拥挤的公共汽车。然后，我爬上了一辆车厢锈迹斑斑的破旧皮卡车。再然后，我又骑到了毛乎乎的驴背上，那头毛驴看起来更老。那天晚上，当太阳落到厄瓜多尔埃斯梅拉达斯省低地森林的那一边后，我搭好了单人帐篷，钻进睡袋。

就在这时，叫声响了起来。

厄瓜多尔鬃毛吼猴低沉沙哑的吼叫声的确不同凡响。它力压森林中各种各样的噪声，一直传到数英里之外。但我不在数英里之外，而是正好处于它所在的树下。

尽管有过这样的经历，但我从来没有认真想过吼猴的声音为什么那么大。我想我只是觉得丛林里一定有某种动物的叫声最响，而这种动物就是吼猴。

但是，莱斯莉·纳普看待世界的角度与我不同。这真的值得庆幸，因为她在研究吼猴为什么能发出震耳欲聋的叫声时，取得了生物学史上最了不起、最有趣的发现之一。

纳普是一名生物人类学家，主要研究领域是主要组织相容性复合体。这是免疫系统的一部分，猎豹正是因为有它才可以接受几乎所有其他猎豹的皮肤移植。不过，纳普关注的不是猫科动物，而是灵长类动物。纳普研究了猴子、类人猿和其他猿类的组织相容性基因有哪些不同，以及这些基因多样性是如何产生和维持的。

　　和我一样，纳普在中美洲和南美洲也曾听到过吼猴发出的惊天动地、令人不寒而栗的咆哮。但她注意到了一些被我忽视的东西。

　　所有吼猴的吼叫声都非常响亮，有人估计它们是世界上叫声最响亮的陆地哺乳动物。但有的种类的吼猴声音更加响亮——这似乎与物种的大小无关。纳普希望找出其中的原因。

　　她的研究很快集中在吼猴的舌骨上。舌骨的工作原理有点儿像扩音器，可以放大吼猴发出的尖叫声。金黄色的鬃毛吼猴的舌骨体积接近半立方英寸，它的叫声在同类中是最小的。生活在南美洲的黑吼猴的舌骨稍大，叫声更低沉、更洪亮。棕色的褐吼猴和黑色的尤卡坦懒吼猴的舌骨更大，叫声也更加响亮。在所有这些吼猴中，毛皮呈红色的委内瑞拉红吼猴的舌骨体积最大，接近4立方英寸。因此，红吼猴可以发出异常低沉、洪亮的巨大吼声，以炫耀自己、吸引潜在配偶的注意并吓跑竞争对手。

　　不过，拥有大舌骨需要付出不菲的代价——红吼猴的睾丸非常小。

　　我知道你可能会问我们是否有办法测量动物睾丸的大小，答案是肯定的。我们首先使用电子游标卡尺测量每个睾丸的长度和宽度，再利用椭球体体积公式就可以轻轻松松计算出它的体积。[1]然后，考虑到左右睾丸之间的可变性，我们将它们的体积相加，就可以计算出"睾丸总体积"。

　　纳普对比了叫声与睾丸大小之间的关系，发现叫声最大的吼猴，其睾丸最小，体积还不到1/4立方英寸。声音最小的吼猴，其睾丸体积最大，达到了1.4立方英寸。其余的吼猴的睾丸体积则正好形成反比关系。

声音最响亮的吼猴似乎在通过响亮的叫声补偿什么。

吼猴的睾丸越小，它们产生的精子就越少。纳普认为，出于这个原因，它们必须更加努力地传递自己的基因，也就是说，它们要吸引更多异性吼猴的注意。

这个巧妙的发现不仅仅与性有关。纳普的吼猴研究使科学家第一次看到性生理和声音特征在进化过程中达成一种平衡，也为其他研究人员提供了一个新的研究框架，帮助他们理解声音（例如体型非常小的东南亚大黄蜂蝙蝠发出的叫声）的形成与处理过程对物种形成的驱动作用，为进一步研究老鼠、鹿、巨蜥和蛙的进化奠定知识基础。

纳普认为这也有助于我们了解人类。毕竟，吼猴和人类在进化上是近亲。2015年，纳普在发表研究成果时称这项研究"可以帮助我们了解灵长类动物的行为特性，进而帮助我们更加深入地了解人类。"[2]

比如，帮助我们理解人类为什么喜欢（发动机轰鸣声十分震撼的）高速跑车。

目前，还没有多少人研究"汽车补偿"问题。但在"叫声与睾丸"研究发表的前一年，一家英国汽车租赁公司报告，他们向500多名豪华车车主（及其配偶）询问了一些私密问题，从调查结果看情况似乎不是很美妙。[3]

公平地说，调查发起者似乎并没有安排对照组驾驶更安静、更普通的汽车。此外，对这一课题的更正式的科学调查往往表明，人们在自我评价时通常都非常慷慨，这很可能与他们开的是什么车无关。例如，那些依赖于研究对象自己报告测量数据的研究，即使是匿名的其平均值也会远远大于那些研究人员亲自操作得到的平均值。[4]我们的实际表现与我们给出的回答往往不一致，这实在令人遗憾。但"叫声与睾丸"研究告诉我们，我们的补偿倾向可能不仅仅是人类文化造成的结果，可能还有更深层次的原因在其中起作用。

这还仅仅是一个开始，在那之后，人们启动了一系列令人眼花缭乱的研究，探索位于（以及远远超越）人类听觉极限的生物是如何利用各种各样的声音进行交流、辨别方向、追逐猎物和躲避追捕的。

听这个简单的行为如何引发了一场动物革命？

人们在很多超级生物相关问题上都没有达成共识，对于世界上声音最大的动物是什么这个问题同样没有形成一致意见，因为制造、传播和感知声音的方法有很多。我们所谓的"响度"是频率、强度和持续时间的组合。吼猴经常享有纪录保持者的荣誉，是因为它们的叫声正好符合人类对这三个参数的感知范围。它们的咆哮声的频率在人类能听到的范围内，强度足以让我们的耳膜轰鸣，而且经久不衰。我第一次在厄瓜多尔森林里露营时，就感受到吼猴的叫声持续时间特别长。

直到最近，我们才开始关注动物产生的那些频率超出人类听力范围的声音（人类听觉的频率范围大约是20~20 000赫兹）[5]。这种以人类为中心的偏见使我们无法获得某些有关动物的基本知识，即使能掌握这些知识，也需要花更多的时间。

例如，即使是那些长期与大象生活在一起的人，似乎也没有意识到，除了我们能听到的频率范围很窄的那些声音，大象还能发出其他声音。完成这个发现的，是一个不久前才开始倾听大象叫声的人。

生物学家凯瑟琳·佩恩一直致力于记录和分析座头鲸的声音，通过几十年的努力，她终于完成了一个具有里程碑意义的发现：鲸之间可以利用复杂的"副歌"、不断变化的旋律，甚至是类似人类韵律的重复模式来"唱歌"。[6] 20世纪80年代中期，在当时被称为"华盛顿公园动物园"

的俄勒冈动物园任职的一位同事邀请佩恩前往俄勒冈州，参加一个有关巨型动物的交流会。动物园方面希望她介绍一些有关座头鲸的知识，而他们可以介绍一些有关大象的知识。出于好奇，佩恩在一周之内就坐上了飞往波特兰的飞机。

佩恩不满足于坐在那儿讨论大象，她还想去听一听大象的叫声。所以她请求动物园管理员给她一些时间，让她直接面对这些庞然大物。管理员在接受她的请求之前，先是严肃地警告她不要靠得太近，其中一人说：“如果它们把你拖到栅栏里面，就会把你揉成面条。”[7]

但是，等管理员离开之后，佩恩就发现自己周围到处都是大象灰蒙蒙、皱巴巴的粗鼻子。它们用鼻子嗅着她的衣服，抚摸她的肩膀，还看着她的眼睛，与她对视。佩恩觉得这些大象似乎是在告诉她，它们欢迎她的到来。

一个星期后，佩恩离开了俄勒冈州。她知道这样的经历是大多数人梦寐以求的，但她认为自己几乎没有收获任何有科学价值的东西。

直到回程途中，坐在飞机上的她突然想起站在大象面前时涌上心头的那种怀旧的感觉。她不禁想起自己十几岁时的情景：她站在一个天主教唱诗班里，旁边的管风琴发出低沉而洪亮的声音。飞机还没着陆，她就知道她必须再去一次波特兰。

再次前往波特兰时，她带上了次声波录音机。当她快速播放录音，使大象的声音变成人耳可以听到的声音时，一个全新的世界展现在她的面前。

我们了解大象（或者说，我们认为我们了解大象）已经有几千年了，但这些庞然大物要比我们想象的复杂得多。一直以来，我们都认为它们只会发出我们能听到的声音。因此，我们觉得它们非常安静——受惊时会大声吼叫，激烈活动时会不时地发出咕噜声，但它们不是很喜欢闲聊。

但现在我们知道真相了：大象是世界上最爱说话的动物之一。

佩恩在非洲进行的深入研究证实，大象之间一直在交流，音量最高可达90分贝（相当于站在咖啡机旁边制作印度拉茶），但这个交流频率不在人类听觉范围内。[8]因为低频声比高频声传播的距离远，所以大象可以远距离交流，在广袤的稀树草原上与旅伴闲聊。

在知道大象其实非常健谈之后，横亘在我们面前的闸门一下子打开了。我们发现发情期的公象会宣布它们正处在狂暴状态，[9]我们看到短距离和长距离的交流在大象的生活中发挥了不同的作用，[10]于是，我们开始重新审视大象的进化方式。[11]

佩恩的惊人发现所引发的研究热潮并没有止步于大象。受她启发，其他科学家开始寻找还有哪些动物能发出人类听力范围之外的声音。结果，他们发现鲸[12]、牛[13]和啮齿类动物[14]都具有这种能力，这些发现激发的研究又为我们保护海豚[15]、照料家畜[16]和为人类抑郁建立模型提供了借鉴。[17]

为抑郁建立模型，对那些面临心理健康挑战的人来说尤为重要。绝大多数临床医学研究，包括许多旨在深入了解生活对思维影响的研究，都是利用动物模型进行的。但长期以来，我们甚至没有注意倾听实验室动物用来交流的各种不同频率的声音。佩恩的研究促使我们对人类听不到的动物声音进行了更多的研究，为心理学研究人员研究实验室动物提供了新的方法，大大提高了研究人员了解实验室啮齿动物心理健康状况的能力（这项能力对我们了解人类心理健康具有至关重要的意义）。

令人遗憾的是，这一切早就应该发生了。与弗朗西斯·高尔顿通过自己发明的狗哨证明动物能听到超声波相比，佩恩怀疑大象用人类听不到的声音进行交流晚了100多年。[18]近50年前，一位名叫唐纳德·格里芬的哈佛本科生把一个装满蝙蝠的笼子带进了一位教授的办公室。这位教授发明了一种能够探测超声频率的机器。他发现蝙蝠不仅能听到这种声音，甚至还能发出这种声音。[19]如果非常小的动物能用频率高于人类听觉范围的声音交流，那么我们有理由相信体型大的动物可能会用频率低于人类听觉范围的声音交流。但是，一旦我们形成某种假设，即使是大象这样体型庞大、声音响亮的动物，也会被纳入假设的范畴。

现在，我们已经知道会使用非常低的频率进行交流的并不仅仅是大象这一种动物。非洲的河马、犀牛和长颈鹿像大象一样，也会使用次声波交流。在稀树草原上，我们听不到的声音可能比我们能听到的声音还要响亮。

我们还知道蝙蝠不是唯一使用超声波交流的小型哺乳动物。许多啮齿动物发出的声音频率太高，我们的耳朵听不到。例如，大鼠在遇到危险时会发出22 000赫兹的报警声，在与其他生物友好接触时还会发出50 000赫兹的叫声[20]——这么高的频率，甚至超出了大多数狗的听觉范围。[21]

人们长期以来一直猜测叫声频率通常与体型大小有关。上面提到的那些发现使这个尚未得到证实的假设显得更加可信。

科贝·马丁就是这样想的。这位澳大利亚新南威尔士大学研究生告诉我，她非常愿意接受体型越大、叫声频率越低这一假设，并认为这是一个科学事实，但在研究中提到这个假设时还需要引用一些科学知识。当她为引用这一被广泛接受的原则而寻找参考文献时，却发现自己一无所获。

"没有人坐下来认真研究这个假设，"她说。"人们普遍认为，大型哺乳动物的声音低沉，小型哺乳动物的声音高亢。有人考虑过这个问题，但没人想过进行量化研究。"

研究资料的缺乏造成的影响，不仅仅是使我们难以理解其他哺乳动物的叫声。作为一个物种，交流方式是我们与其他哺乳动物的区别之一。

要了解我们的交流能力是如何进化的，就需要了解其他哺乳动物的交流方式是如何进化的。马丁说，由于缺少认真的研究，我们无法了解人类在频率结构中处于什么位置，甚至无法探讨为什么我们会利用这些人类能制造、能听到的频率进行交流。

马丁说："像这种既重要又有很多人相信的观点，通常会有人站出来说：'也许我们应该检验一下。'"

既然还没有人站出来，那就让她来试试吧。马丁和她的团队尽最大的努力，收集了有关各种哺乳动物最低与最高频率叫声的科学文献。他们总共收集了将近200种动物的资料。然后，他们采用生态网络实验室研究动物体型与速度之间关系时使用的方法，研究动物体型与叫声频率之间的关系。

一开始，情况似乎与他们的预料完全一致，但也有一些例外——马丁称它们为"欺骗值"，比如吼猴，它们进化出了一种特殊"设备"，可以发出与它们体型不相称的更加低沉的声音。[22]但总的来说，这些动物明显呈现出体型越大、叫声越低沉的趋势。

接下来，当马丁的团队研究水生哺乳动物时，数据一下子变得杂乱无序了。

研究人员当然知道，像海豚这样的海洋哺乳动物经常会发出高亢的叫声。马丁说，尽管如此，她还是认为它们会表现出与陆地哺乳动物相似的特点：随着体型变大，叫声频率越来越低。她说，这对生活在浩瀚海洋中的动物来说有很多好处，因为体型越大，需要的空间就越大，而低频在水中传播的距离更长。

但事实并非如此。一些大型动物（比如巨大的须鲸）的叫声十分高亢，而一些体型非常小的动物（比如可爱的海狗），叫声频率却非常低。[23]

要知道，水生哺乳动物都是从曾经生活在陆地上的动物进化而来的。

可以设想，在这些生物的进化历程中，它们都曾遵循"体型越大、叫声越低沉"的原则。马丁说："海洋环境似乎把这些动物从这个原则中解放了出来。"

所以，在研究动物叫声时，动物的体型是一个重要因素，但环境的影响更为重要。正如约翰·邦纳在《为什么体型很重要》一书中指出的那样，体型可能是所有生物的最大驱动力，但不一定每个变化都是体型导致的。

马丁的研究表明，具体的特征往往是类似于"石头剪刀布"猜拳游戏的进化过程造成的。[24]此外，她的研究再次表明，最极端的异常值有可能对人们普遍相信的关于生命世界运行原理的假设造成巨大的破坏，这也许更重要。说到对科学研究的激励作用，没有什么可以与推翻人们普遍相信的假设相比拟。

为什么并非所有吵闹的动物都有大嗓门？

早在几十年前，我们就已经知道小划蝽（*Micronecta scholtzi*）有一种极为特殊的才能，但在科学研究中一直没有看到它的身影。

1989年，赫尔辛基大学一位名叫安蒂·扬森的动物学家发表了一篇报告，向人们介绍了这种昆虫新奇的发声方法。扬森在报告中称："小划蝽利用右阳基侧突底部突起的脊形部位（发音器），与位于第八体节左叶形成的囊袋内侧中部边缘处的一个或两个脊状突起（拨片）摩擦发出声音。"[25]

有没有晕头转向的感觉？

我觉得科研著述有自成体系的写作风格是无可厚非的，但并不一定非得晦涩乏味，也可以生动有趣。它的语言没有必要那么虔诚恭敬，也可以粗俗一些。如果你告诉大家，在欧洲任何一个池塘旁边都能听到的那一连串急速且嘈杂的唧唧声，其实是昆虫用阴茎[26]摩擦腹部肋骨发出的声音……嗯，通常情况下会引起他们注意的。

"噪声之王"小划蝽发出的声音最大可达约99分贝，就像一架直升机从头顶100英尺的高度飞过。[27]考虑到它的长度只有0.07英寸，划蝽属的这个小家伙是世界上已知的声音最响亮的动物。[28]

这不仅仅是一个关于超级生物的有趣事实，它还让我们亲眼看到（亲耳听到）生物是如何通过不同方法发出并利用声音的。因为当我们思考什么生物的声音最大时，我们通常会想到哪些生物可以通过肺、喉咙、舌头和嘴巴发出最响亮的声音。但世界各地的动物通过进化，还可以利用大不相同的方法来产生导致声音的压力波，而且它们这样做的目的与其他动物大不相同。

以老虎枪虾为例。当它用虾钳夹住某个东西时，虾钳活动指（趾）上的柱塞状齿就会把水挤压到固定触角上的小孔中并迅速喷射出来，从而使猎物丧失行动能力，或者威胁其他虾类。[29]

长期以来，人们一直以为这个过程中发出的响亮声音是虾钳夹住猎物造成的，但在2000年，荷兰特文特大学的一个团队通过高速录像证实，爆裂声实际上是喷射水流末端的汽腔破裂时形成的。[30]100多年来，这个高达210分贝的声音，一直让那些在水下使用声呐装置的探险者和战士头疼不已。[31]现在，科学家在利用气枪和水听器绘制海底地图时，也会用到特文特团队在分析老虎枪虾发出的爆裂声时得到的那些计算结果。[32]

当然，并不是只有水下生物才知道如何利用附属器官来制造声响。大多数人都知道蟋蟀是利用一侧翅膀上的"刮器"与另一侧翅膀上的"音锉"相互摩擦发出声音的。研究表明，通过这些声音的时间间隔，可以准确地估测室外空气温度。这就是所谓的多贝尔定律。[33]

你可能以为蟋蟀中声音最响亮的那一种很容易追踪，但哥伦比亚丛林蟋蟀（*Arachnoscelis arachnoides*）是一个例外。在1891年第一次有人描述这种外表与蜘蛛相似的昆虫之后，昆虫学家要么认为它已经灭绝，要么直接把它误认为另外一个物种。直到2012年，人们才再次发现它的踪迹。它的声音超过110分贝，为什么它还能长时间地销声匿迹呢？一个原因是它发出的大多是超声波——人类根本听不到这些声音。[34]

正如在新几内亚森林中发现世界上最小蛙类的爬行动物学家克里斯托弗·奥斯汀证实的那样，声音可以引导我们获得令人难以置信的新发现。如果我们现在对听觉范围之外的世界加大关注力度，还会有什么发现呢？

是时候倾听那些声音了。毕竟，我们的存在——以及地球上所有生物的存在——都始于一个使整个世界为之改变的微弱声音。

今天，氧气占大气体积的21%。这种情况已经持续了很长时间，但并不是一直如此。一开始，空气中没有游离氧。

地球上的第一个"游离氧"来自蓝细菌。蓝细菌在分解水以得到氢的过程中，把游离氧作为废物释放出来。这个已知宇宙中的第一次光合作用过程开始于大约25亿年前，误差大约几百万年。

刚开始，这样的变化不多，但随后越来越多。叶绿素分子吸收太阳光之后，就会在不到一纳秒的时间里失去一个电子并带上正电荷。保罗·法尔科夫斯基在《生命的引擎》一书中写道："其结果是，在十亿分之一秒内，蛋白质支架中就会出现一个带正电的分子和一个带负电的分子，它们之间的距离只有十亿分之一米。"[35]

这种状况不会持续太久，因为正电荷会吸引负电荷。随着两者相互吸引，蛋白质支架就会崩塌，产生压力波——这个微小的爆裂声可能是有史以来所有生物发出的第一个声响。[36] 随着一个又一个爆裂声，小小的蓝细菌不停地向大气中泵入分子氧。这就是所谓的大氧化事件，为我们现在所了解的生命在地球上的存在创造了条件。

在任何生物进化出类似嘴巴、喉咙或肺的器官之前，生命就已经开始制造喧闹声了。

只不过在进化出这些器官之后，生命变得更加喧闹了，而且并不总是以我们能想象的那些方式制造喧闹声。

鳄鱼的叫声能告诉我们什么关于恐龙爸爸和恐龙妈妈的秘密？

我真的不想破坏人们对强大霸王龙的敬畏之心。毕竟，正是因为霸王龙的强悍，一大批年轻人才会去研究古生物学，而古生物学是其他生物科学的"入门毒品"。

但是，当我问学生们地球上有史以来声音最大的生物是什么时，他们猜测的第一个答案几乎都是霸王龙，这就有点儿小问题了。

好吧，这其实是一个大问题。

我们知道，就像今天的鸟类和鳄鱼一样，曾经的霸王龙也是一种初龙。鸟儿发出的声音是叽叽喳喳，叫声千般婉转，万种啁啾，鳄鱼发出的声音是咕咕声。但这两种动物都不会发出我们许多人认为霸王龙这种体型庞大、饥肠辘辘的史前肉食动物应该能发出的震天吼声。

除了大型哺乳动物以外，其他物种似乎都没有进化出像狮子和老虎那样惊天动地的吼声，而大型哺乳动物是在恐龙消失很久之后才出现的。[37] 这些响亮的声音都是扁平的方形声带发出的。这种形状有利于稳定声带，让声带更自如地迎接从肺部呼出的空气。[38] 但恐龙似乎根本就没有声带。更重要的是，现代初龙类用来发出声音的生物工具——鸟类的鸣管和鳄鱼的喉——是在恐龙灭绝很久之后才进化出来的。所以，别指望恐龙咆哮了，它们可能根本就无法发出声音。事实上，霸王龙可能就属于身体强壮但沉默寡言的那个类型。

研究表明，就算恐龙真的能发出声音，也可能是"闭着嘴发出的声音"，类似于鸵鸟和鹤鸵等大型鸟类以及所有鳄类（包括短吻鳄和长吻鳄）发出的低沉的咕咕声。[39]

所以，恐龙不可能发出响彻云霄、令人胆寒的吼声。但一个研究初龙类发声的国际科学家团队的研究表明，它们可能是非常好的父母。

首先，研究人员记录了三种鳄鱼以及美洲短吻鳄和中、南美洲眼镜凯门鳄的叫声，并记录了随着它们年龄增长，叫声的频率和音调发生的变化。向这些鳄鱼播放小鳄鱼（身长最高可达14英寸左右）的叫声时，鳄鱼妈妈就会爬向声音的来源。但那些身长三英尺左右的大宝宝发出的叫声"几乎没有引起任何注意"。如果播放鳄鱼宝宝的叫声时通过电子设备使其频率变高，鳄鱼妈妈们爬向叫声来源的倾向性就会变得更加明显。[40]这一发现让研究小组异常兴奋，因为众所周知，鸟妈妈对幼鸟的叫声也有类似的反应。

如果你看到鸟类有某种行为，你就会知道鸟类有这个特点。如果你看到鳄鱼有某种行为，你就会知道鳄鱼有这个特点。研究人员认为，如果你看到鸟类和鳄鱼都有某种行为，你可能就会知道恐龙具有这个特点，因为我们从鸟类和鳄鱼身上看到的这种行为，"其深层次的根源在于初龙类进化树"。鸟类和鳄鱼是大约2.2亿年前从初龙类进化树上分出的分支。

不断增加的化石记录可以帮助我们了解恐龙的生理机能。但至少可以说，从化石记录推断恐龙特性的难度会大得多。我们在鸟类和鳄鱼身上发现的相似之处越多，就越有利于我们深入了解恐龙的外貌，甚至深入了解它们的其他特性——例如它们的声音。一旦我们可以有把握地猜测恐龙的声音特点，我们就有可能准确地猜想它们在特定情况下（例如它们轻松自如或者兴奋时）会发出什么样的声音。

我们能确切地知道恐龙的声音是什么样的吗？能知道它们如何利用自己的声音，实现哪些目的吗？也许不能。但是，我们对它们了解得越深入——包括它们的交流方式（这些信息尤其重要），就越能理解人类自己的行为是如何适应宏大的整体进化环境的。

世界上声音最响亮的蛙类为什么会变换腔调？

很久很久以前，那时候人类还没有出现在地球上，恐龙还没有统治地球，整个世界的主人是两栖动物。这些动物体型庞大，令人害怕，只是外表显得稀奇古怪。

有体重达200磅的蝾螈——始螈，有在河里巡游的巨头怪物——迷齿龙，还有两英尺长的"水陆两栖的蛇"——蛇螈。

这种景象出现在石炭纪——一个开始于大约3.6亿年前、持续时间达6 000万年的时期，它为地球带来了大量的沼泽森林、新的植物和各种各样的声音。

我们永远无法确定恐龙的声音到底是什么样的，因为现在地球上已经没有恐龙了。但是我们可以对石炭纪的声音世界和古代两栖动物的"合唱"做出一些非常有根据的猜测，因为现在地球上仍然有青蛙、蟾蜍和蝾螈。

况且它们非常吵闹，它们的叫声不绝于耳、常常震耳欲聋。

例如，多米尼加树蛙（*Eleutherodactylus coqui*）就被称为世界上声音最大的两栖动物。据测量，它发出的叫声，"考——齐——，考——齐——"（因此得名考齐蛙），音量超过90分贝。这种小蛙的身体很少超过两英寸长，总是在不停地唱歌。

因为叫声响亮，而且叫个不停，所以在考齐蛙从本土波多黎各登陆夏威夷（可能是20世纪80年代末随着运输苗圃植物的船只来到夏威夷的）后不久，它就被宣布为一个危险的入侵物种。夏威夷入侵物种委员会称它"恼人的叫声彻夜不断"。[41]据我所知，政府机构因为某个物种制造的噪声而开战，这还是第一次，也是唯一的一次。[42]

然而，就像地球上许多其他地方的所谓入侵者一样，考齐蛙已经证明了它们是不可征服的。夏威夷人投入了数百万美元，制订了几十项计划来消灭这种树蛙——包括每周一次的邻里守望式志愿捕蛙者聚会，以及一次利用咖啡因毒杀这种小型两栖动物的短暂努力。[43]但是，考齐蛙依然我行我素。夏威夷州称，某些地区的考齐蛙密度超过了每英亩10 000只。[44]

当生态学家卡伦·比尔德开始研究夏威夷的考齐蛙时，她对很多人都担忧的一个问题很感兴趣——考齐蛙与当地的鸟类争夺食物，可能会导致当地特有物种数量减少。她认为这种可能是存在的。但是，在仔细搜寻了考齐蛙肆虐的夏威夷岛，认真清点考齐蛙和鸟类数量，并将这些数字与历史数据进行比较之后，比尔德和她的团队发现岛上原有的鸟类并没有受到任何影响。最明显的变化是外来鸟类的数量增加了。

比尔德告诉我："考齐蛙似乎是鸟类理想的食物来源。"

悉尼·罗斯·辛格认为"树蛙战争"只不过是一种迫害。他指出，夏威夷现有的节肢动物有超过1/4不是本地物种；不仅有一些外来鸟类会吃掉大量考齐蛙，考齐蛙也会大量捕食其他的外来物种。辛格的家族为这些吵闹的树蛙在大岛上建了一个面积为60英亩的保护区。

"我们教给孩子们的东西让我感到不安。"辛格告诉我。"有一段时间，学校开展了一个考齐蛙赏金活动。孩子们杀死青蛙并带到学校，就可以领取奖金。这等于是在告诉他们，如果你不喜欢某种动物的声音，你就可以杀死它们。"[45]

这种不惜一切代价的方法也忽略了考齐蛙以及猎杀活动的其他潜在目标可能带来的好处，更没有考虑到这些生物与正在进行中的视觉（以及听觉）进化有某种关系。

世界上像考齐蛙这样被人们深入研究的动物为数不多，这在很大程度上要归因于它们的响亮叫声。半个世纪以来，从波多黎各开始，各地研究人员不仅试图了解这种树蛙是如何发出如此响亮的声音的，还想知道它们为什么需要如此响亮的声音，并试图弄清考齐蛙在它们的生态位中是如何利用这种尖厉叫声的。有趣的是，人们发现考齐蛙的叫声可以分成两部分，而且两个部分似乎有着不同的目的。神经生理学家彼得·纳林斯录下了包含这两个部分的考齐蛙叫声，然后按照原始录音（"考——齐"）、分成两个部分（"考"和"齐"）以及逆序（"齐——考"）这三种方式播放录音，并观察多只考齐蛙的反应。研究表明，叫声的第一个部分是在宣布领土权，而第二部分是用来吸引异性注意的。本质上讲，"考"的意思就是"离我的草坪远一点儿"，"齐"的意思就是"嘿，你好"。[46]

至少波多黎各的考齐蛙叫声是这个意思。但是，随着考齐蛙到过的国家越来越多，我们有机会了解当动物走向全球时，它们的叫声会受到哪些影响。

只要我们听到过朋友在搬到新的地方后口音和常用词汇发生的那些变化，就知道人类可以很快适应世界不同地方的口音和词汇。[47]词汇方面的适应性对人类来说是有意义的，因为它标志着新来者熟悉、理解，甚至默认既有文化。但是，如果你搬到一个没有人类同胞的地方，你的口音会发生什么变化呢？

考齐蛙在夏威夷登陆时就遇到了这种情况。那里没有本地蛙，也没有像它们那样吵闹的动物，所以说考齐蛙进入的是一个"空"的听觉生态位。从理论上讲，没有竞争意味着考齐蛙的叫声不需要发生变化。但它的叫声不仅变了，而且变得非常快。

研究人员发现考齐蛙受到了具有夏威夷特色的显著影响。到了夏威夷之后，考齐蛙叫声中表示"嘿，你好"的那个部分和之前一样响亮、一样骄傲，而"离我的草坪远一点儿"的部分则低了很多。研究人员认为这与种群密度有关，因为夏威夷某些地区的考齐蛙种群密度是波多黎各的3倍。[48]

这说明动物的叫声可能对环境变化非常敏感。这个观点得到了纳林斯的支持。纳林斯在1986年以及近25年后，先后两次在波多黎各191号公路位于加勒比国家森林中的一个8英里长的路段上记录考齐蛙的叫声。纳林斯发现，在两次实验中间的那些年里，青蛙的叫声音调变高，持续时间变短——这种变化与温度的显著升高有关。[49]

当我们大部分的注意力都集中在把考齐蛙从"非归属地"清除的时候，世界上叫声最响亮的考齐蛙却在用它们的叫声警告我们注意气候变化的影响。

在这里，我要为人类辩解：我们不太容易注意到它们发出的警告，因为我们毕竟不是飞蛾。

蝙蝠和飞蛾是怎么打进化之战的？

猜猜看，海沃德·斯潘格勒的讣告里没有写哪些内容？（如果你的回答是"他发现的那个不知道叫什么名字的超级生物"，那么恭喜你答对了。）

这位亚利桑那大学的昆虫学家做出的一大贡献是他的大蜡螟

（*Galleria mellonella*）研究，但不论是为他撰写讣告的人，还是他的科学家同行们，都没有想到把他的这个贡献写进讣告。

　　20世纪80年代初，斯潘格勒把他从图森市一个被感染的蜂巢里收集到的大蜡螟幼虫，带到卡尔–海登蜜蜂研究中心的实验室。他在那里找了一个小房间，开始喂养这些大蜡螟幼虫。等它们成年后，他从电子产品零售商RadioShack公司买回来一个转换器，对着这些大蜡螟发射高频超声波脉冲。通过激光振动计（利用这种仪器，研究人员可以在不接触振动表面的情况下测量振动大小）的测量，他发现位于大蜡螟腹部的一对鼓膜听觉器官对高达320千赫（即每秒振动32万次）的声音非常敏感。[50]斯潘格勒后来发现，如果大蜡螟在飞行中接收到超声波，它们就会像游隼一样收起翅膀俯冲到地面，或者是在空中盘旋，然后降落到最近的平面上——野外环境中的大蜡螟遇到蝙蝠逼近时，就会做出这种反应。[51]

　　斯潘格勒将他的发现发表在《美国昆虫学会年刊》和《堪萨斯昆虫学会志》上。这两种刊物都是有同行评议的优秀出版物，但在更广阔的生物科学领域，它们都没有被列入必读书目。即使在今天，随着学术搜索引擎的出现，我们似乎能查阅无穷无尽的图书资料，但也很难找到斯潘格勒的早期大蜡螟研究。更糟糕的是，斯潘格勒在记录观察结果时并没有联系当时的研究环境——他从来没有说过："我发现了一种蜡螟，它能听到其他任何已知动物都听不到的高频声音。"

　　2013年，英国思克莱德大学研究人员的一份报告没有重蹈覆辙。这份研究报告发表在名气大得多的期刊《生物快报》上，而且一位科学家同行称赞这项研究使我们"对大蜡螟耳朵的频率敏感性有了令人震惊的新发现"，必将"要求研究人员重新思考"听觉系统的规则。[52]

　　这项"令人震惊"的研究揭示了什么呢？基本上就是斯潘格勒已经证明的发现：位于大蜡螟腹部的一对鼓膜听觉器官对300千赫的声音很

敏感。

但有一点不同：新研究中有"所有动物中频率敏感度最高的"这个表达。[53]

措辞决定一切。《纽约时报》、英国广播公司和美国《国家地理》等媒体机构纷纷报道了这个超级生物，但没有提到斯潘格勒在30年前也有过类似的发现。

说到研究成果被其他科学家乃至整个世界忽视，斯潘格勒并不是首例。今天，几乎每个人都知道格雷戈尔·孟德尔是现代遗传学之父。然而，他的遗传研究在他生前根本没有引起重视，直到另外三位科学家——胡戈·德弗里斯、卡尔·科伦斯和埃里希·冯·切尔马克——得出了类似的结论，人们才"重新发现"孟德尔的研究。这时候，距离孟德尔利用光滑豌豆和皱皮豌豆完成的那些著名实验已有将近半个世纪，而孟德尔也已去世大约16年了。

暂且不提是谁首先发现了大蜡螟可以听到频率极高的超声波，我们先考虑一个有意思的神奇问题：大蜡螟最初是如何拥有这种听觉生态位的呢？

在自然界中，300千赫的频率并不多见，至少我们知道的并不多。大蜡螟的主要天敌是蝙蝠，其已知最高的回声定位叫声在达到约200千赫后就难以提高了。那么，大蜡螟的听觉范围为什么需要多出每秒10万次的振动余量呢？

一种可能是大蜡螟之于蝙蝠，就像叉角羚之于猎豹。也就是说，虽然大蜡螟现在不需要听到300千赫的声音，但它可能并不是一直都不需要这种能力。化石记录表明，早已灭绝的伊神蝠、古翼手属以及类似的蝙蝠属，同现代蝙蝠一样，内耳相对于头骨来说非常大。[54]如果这些蝙蝠与大蜡螟及其祖先在进化道路上发生过交叉（这样的蝙蝠种类肯定有很多），而且它们的叫声频率更高，那么它们会给大蜡螟带来进化压力，让它们"听到更高的声音"。

另一种可能性是，蝙蝠与飞蛾因为听觉进化拉锯战展开了一场军备竞赛，而大蜡螟的听觉是它们在这场竞赛中获得的终极装备。这场旷日持久的斗争给地球带来了虎蛾和宽耳蝠，前者可以发出超声波噪声，干扰天敌的信号，[55] 后者利用低振幅的"耳语"来抵消它们的高频回声定位呼叫，使飞蛾无法及时发现它们。[56] 通过进化出远远超过目前需要的听觉，飞蛾不仅可以对天敌发出的频率较低的声音做出更快的反应，还为蝙蝠的下一次进化适应预留了一些回旋余地——这也许是一种先发制人的适应性变化。

无论这场进化之战是如何进行的，它都有可能影响到飞蛾和蝙蝠，甚至影响到了我们人类。思克莱德大学（确定大蜡螟听觉范围上限的第二次研究就是在这里完成的）的一位名叫詹姆斯·温德尔的电气工程师，正在利用他掌握的昆虫耳朵的相关知识，创建一些可灵活处理各种任务的超小型简易声学系统。他设计的仿生麦克风对特定的频率有不同的灵敏度。这种设计可以帮助我们更好地过滤掉我们不想听到的噪声，使我们专注于想听到的声音。飞蛾必须这样做，因为它们的频率感知范围非常大。这类技术显然可以应用于助听器，也可以应用于探测人体内部特定压力信号的微型医疗设备。此外，这种麦克风同样可以用于工业系统，为监控吵闹且复杂工作环境的安全工程师增添一种发现问题征兆的手段——发现征兆后，如果能及时处理，就有可能改善工人的安全状况，并避免耽误生产。

在斯潘格勒发现大蜡螟的极端听觉范围之后，其他科学家可能花了30年的时间才最终看到这项成果的价值。但是，考虑到大蜡螟被视为害虫的历史（其幼虫喜欢吃蜂房，甚至可能让整群蜜蜂遭受灭顶之灾，因此得名大蜡螟），我们或许应该庆幸，在从它们身上学到更多的经验之前，我们没有找到将它们消灭殆尽的办法。

事实上，我们差点儿就让制造另一个听觉奇迹的动物从地球上彻底消失了。

关于倾听世界的问题，抹香鲸要告诉我们什么？

当关于抹香鲸（*Physeter macrocephalus*）的科学著述首次面世时，人们普遍认为它是一种非常安静的动物。

"抹香鲸是最安静的海洋动物之一，"托马斯·比尔写道，"有经验的捕鲸者都知道，它们从来不会用鼻子或喉咙发出任何声音……最多是在喷出水柱时发出轻微的嘶嘶声。"[57]比尔在肯特号与萨拉和伊丽莎白号这两条捕鲸船上担任过随船医生。

大部分时间，鲸都生活在水下，但比尔从未在水下观察过它们。他只是在它们快要被杀死或者正遭到捕杀的时候看到过它们。在远征狩猎的同时从事科学研究，就会面临这样的问题。[我们必须记住，18~20世纪的科研人员就是通过这种方式把自然世界呈现给世人的。当时的捕鲸人以及通过垂钓、陷阱和其他方法猎杀动物的人在探险活动结束后，就会把他们在探险中观察到的动物（通常会被他们杀死）报告给科研机构。]我们对成千上万种动物的了解，是从观察这些动物为了生存或战或逃开始的。

但是，比尔关于抹香鲸是最安静动物之一的断言是大错特错的。因此，他认为在他之前试图描述抹香鲸的那些人"只能一无所获"的惋惜之词，听起来极具讽刺意味。

比尔确实完成了一些非常重要的观察，但他也犯了很多错误，包括他认为抹香鲸可能是"地球上最大的居民"的猜测。抹香鲸的确体型庞大，但它的体长只有蓝鲸的1/2。

　　与认为抹香鲸是世界上最大的动物的观点相比，认为抹香鲸是一个"安静的庞然大物"的观点存在的时间更久。直到20世纪50年代末，人们才开始了与捕鲸业没有任何关联的抹香鲸研究。[58]结果表明，抹香鲸确实会发出声音。这些声音大多是咔嗒声和嗡嗡声，而不是我们许多人一提到鲸就会联想到的"歌声"。由此可见，抹香鲸绝不是比尔所描述的那种"无声的"生物。

　　科学家花了将近半个世纪，才开始想办法测量这些声音。他们很快就发现，抹香鲸发出的快速的咔嗒声经常超过200分贝。据丹麦奥胡斯大学的一组研究人员记录，有一头抹香鲸的叫声达到了236分贝。从绝对意义上说，这是"迄今为止最响亮动物叫声记录"。[59]

　　抹香鲸为什么需要这么大的声音呢？想想它是在什么样的环境中搜寻猎物的。在深达6 000英尺、一团漆黑的海洋中，它的小眼睛并不能发挥多大作用。

　　这就是它进化出硕大头部的原因。抹香鲸的头部占身体的1/3，里面有数百加仑[①]的蜡状物质——鲸蜡。（出于某种原因，人们曾经以为这是抹香鲸的精子，因此给这种动物取名"sperm whale"，直译就是"精子鲸"，但其实鲸蜡只是脂肪酸和醇类分子构成的不溶于水的物质。）两条弯弯曲曲的鼻道从鲸蜡中穿过，一条通向抹香鲸的喷水孔，另一条通向一种叫作"声唇"的器官，有些科学家把这种器官叫作"猴唇"，因为两者外形相似。声唇猛地闭合时，发出的巨大声响就会在鲸蜡、鲸蜡包裹的多个气囊和头骨中回荡。整个过程只需要几毫秒就可完成。[60]

---

① 　1加仑（英制）≈4.55升，1加仑（美制）≈3.79升。——编者注

这与马可波罗抓人游戏开始时的"发令枪"是同一个道理。

这个游泳池追逐游戏就是夏季特有的一个重要仪式。被贴上"马可"这个标签的玩家必须闭上眼睛，而其他的玩家不能让"马可"抓到。当闭着眼睛的玩家说"马可"时，其他人必须说"波罗"，以便捉人的闭眼玩家知道他们在什么位置。

抹香鲸就是这样捕捉乌贼的。不过，抹香鲸没有喊"马可"，而是猛地闭合声唇，然后等着回声从这些美味的头足纲动物身上反射回来。当然，对于抹香鲸来说，这可不是游戏（对乌贼更是如此）。

为了深入了解其中的奥秘，生物学家帕特里克·米勒率领一组研究人员，从英国的圣安德鲁斯大学出发，来到了地中海北部和墨西哥湾。在那里，他们给23头鲸贴上了标签，以记录它们的声音、潜水深度和方位。那些快速的嘎吱声和嗡嗡声，几乎都是抹香鲸潜到水底深处时发出的——这些声音与抹香鲸的剧烈运动时间有某种关联性。[61]

这绝对值得我们加以注意，因为乌贼都是黏糊糊的——与人们想象的能很好地反射声波的物体有所不同。抹香鲸需要锁定的目标是乌贼的嘴，它们的形状与鹦鹉的嘴巴相似，最大的只有几英寸长，但通常都比较小。

长期以来，美国海军一直在研究蝙蝠和海豚，希望通过一些蛛丝马迹了解它们的回声定位技术。这种回声定位就是自然开发出来的极其先进的声呐。这项研究推动了军方的"环境适应性目标识别"技术的发展——该技术可以利用多种频率轻松灵活地过滤掉背景噪声，以避免受到这些噪声（例如手枪虾发出的讨厌的啪嗒声）的干扰。[62]这对于在水中定位小型物体尤其重要——在水雷尺寸越来越小、越来越容易制造的情况下，这是生死攸关的大事。

抹香鲸为我们展示了另外一种回声定位方式。这种方式不仅考虑到了频率和振幅，还考虑到了咔嗒声的节奏和模式。不过，迄今为止，人们几乎还没有专门研究过抹香鲸的回声定位方式，也没有研究过应该如何模仿。也就是说，世界上最大、最响的（可能也是最好的）回声定位仪就摆在那里，却几乎没有人认真研究过。

目前，海军之所以对抹香鲸感兴趣，最主要的原因产生于一个争议性问题：作战人员携带的声呐会干扰甚至杀死海洋哺乳动物。美国军方在环境保护方面有一些不良记录，这并不是什么秘密。因为美国海军向海洋声学环境注入了巨大噪声，为了保护那些对噪声敏感的动物，环保主义者纷纷提出诉讼，法院也颁布了各种命令，所有这些都让美国国防部领导人焦头烂额。如果美国海军领导人知道保护抹香鲸对他们有多大好处，他们可能会改变做法。如果数百万年进化过程中形成的独特回声定位系统的内部工作原理还不足以让他们满意，或许另一个与抹香鲸相关的新兴研究领域会引起海军研究人员的注意：抹香鲸可能还拥有一套非常精密的磁力导航系统。

研究人员得出这一假设的过程真的令人伤心。从中世纪开始，就一直有鲸搁浅的记录。我们很早就知道鲸有时会搁浅，有时甚至会成群结队地出现在沙滩上，但科学家们并不确定其中的原因。2016年年初，人们在德国、荷兰、英国和法国的海滩上共发现了29条抹香鲸，全部是雄性。尽管这一事件本身充满悲剧性色彩，但它为我们研究鲸的搁浅现象创造了非常好的机会。人们对其中22头抹香鲸进行了尸检，结果发现它们在搁浅前都很健康。

考虑到这些抹香鲸被发现的地方，所有搁浅的抹香鲸都是雄性的事实并不特别令人惊讶。雌性和幼年抹香鲸通常在低纬度地区活动，它们不会进入葡萄牙以西、亚速尔群岛以北的大西洋水域。但是，当雄性抹香鲸年龄达到10~15岁、可以独立行动时，这些"单身汉"就会成群结队地前往更北的水域。

但是，年轻的雄性抹香鲸每年都会这么做，2016年难道有什么不同吗？答案是太阳风暴，即日冕物质抛射。它会对地球磁层造成严重破坏，使地球磁极产生微妙变化。在那批抹香鲸搁浅前后，发生过两次太阳风暴。德国和挪威的研究人员认为太阳风暴可能导致抹香鲸迷失了方向，并把这一发现发表在《国际天体生物学杂志》上。[63]

如果确实如此，那就意味着抹香鲸不仅能通过回声定位，还能借助地球磁场的帮助（可能是通过隐藏在鲸蜡内的微量磁性元素）确认方向。从本质上讲，抹香鲸是通过"聆听"地球的磁性实现长距离导航的，这对于我们人类的导航技术或许也会有所启迪。

但我们在这方面几乎一无所得，因为抹香鲸跟许多其他鲸类一样，几乎被捕杀得灭绝了。到1851年赫尔曼·梅尔维尔出版《白鲸》一书时，很多地方都已经开展了如火如荼的捕鲸活动，全球各地的鲸都陷入了危险境地。梅尔维尔对屠杀行为进行了浪漫化处理和辩解，缩小了屠杀涉及的范围，还说抹香鲸"尽管个体可能会死亡，但作为一个物种是不会消亡的"。全球本来大约有110万头抹香鲸，但是到1891年梅尔维尔去世时，其数量已经减少了1/3。此时，工业化捕鲸尚未出现。到1986年全球捕鲸禁令生效时，抹香鲸的数量已经减少了2/3。[64]

如果没有这项禁令，这种地球上声音最大的动物现在肯定已经彻底地安静了下来——在我们意识到听声音这个简单的行为有多么重要之前，它们就早已不能发出任何声音了。

第 6 章

强悍者生存

世界上最强悍的生物能让我们
变得更强

即使迈克尔·库尼告诉我他正在研究一只活着的伶盗龙，我也不会如此兴奋。

不要误会，伶盗龙当然很酷，特别是真的伶盗龙——不是电影里那些身上长着鳞片、四处追着吃人的灰色大家伙，而是"来自地狱的长有蓬松羽毛的卷毛狗"，古生物学家史蒂芬·布鲁萨特和吕君昌说只有白垩纪才有这种动物。[1]它们曾经非常强悍。

"曾经"两个字很关键。恐龙可能是它们那个时代的强者，但没能在地球遭受流星冲击的厄运中挺过来。这说明它们还不够强悍。

是的，很多物种当时消失了，但也有很多物种没有消失，其中一些至今生活在我们身边。

比如说，我第一次来到哈佛医学院辛克莱实验室时，库尼正在研究的那些动物。库尼对我说："我研究的基本上都是缓步动物……"他弓着背，手里拿着一根吸管。

"等等。"我打断了他，"你养了水熊①？"

"嗯，是的……"

"我可以带一只回家当宠物吗？"

---

① 水熊是缓步动物的俗称，代指缓步动物门的各个物种。

"嗯……这个……"

在很大程度上，我其实是开玩笑，但我真的很喜欢缓步动物。

用肉眼几乎看不到水熊，最大的只能长到大约1.5毫米长。但在显微镜下，它们魅力十足，可爱至极。

我知道这些小家伙。它们的皮肤呈半透明状，有8只粗短的脚，脚尖有爪，再加上浮肿的脸和圆圆的嘴巴，看起来就像电影《星球大战3：绝地归来》里的沙虫沙拉克。也许不应该用"可爱"来形容，但它们圆滚滚的皮肤皱褶和眯着的眼睛，不知怎么让人觉得特别可爱。

更重要的是：缓步动物不仅是丑陋和可爱的完美结合体，还是地球上最强悍的动物。

我在认定超级生物时通常比较谨慎。毕竟，每次认定都必须考虑客观限制条件。衡量强悍程度的方法有很多种，可以用力气的绝对或相对大小来衡量，也可以用杀死其他动物或避免被其他动物杀死的能力来衡量，还可以用远距离拉、推或搬运重物的能力来衡量。但如果我们坚持使用强悍的最基本定义，即能承受不利条件的强韧品质，就很难反驳认为缓步动物是世界上最强悍生物的观点。

5亿年来，地球上发生过数不胜数的流星雨、冰期、地球大气组分显著变化等灾难性事件，大量的动物遭遇了灭顶之灾，但缓步动物岿然不动，甚至没有发生多少变化。在它们眼中，大自然（以及人类）强加给它们的灾难仿佛就是查克·诺里斯[①]式的笑话。[2]

不过，尽管在美国建国之前科学家就已经知道缓步动物，并在世界各地（包括最高的山峰上和最深的海沟里）发现它们的踪迹，但直到研

---

① 查克·诺里斯，空手道世界冠军，美国电影演员。他在电视剧中夸张的演出成为风靡一时的网络现象，他本人也成为全球恶作剧代表人物。——译者注

究人员对它们施以各种暴行，并且发现有可能从这些强悍的小家伙身上学到很多东西时，它们才真正引起了研究人员的关注。

因为在一个未来毫无保障的世界里，研究世界上生存能力最强的动物会有很多收获。

一方面，有人认为人类正在彻底毁灭地球上所有的生命迹象，如果说有哪类动物门可以揭穿这个谬论，那就是缓步动物门。史蒂芬·霍金说我们在地球上生活的日子已经屈指可数，[3] 这个说法可能是正确的，但如果我们真的离开地球，很多动物根本不会有任何表示。他的同行、理论物理学家戴维·斯隆和拉斐尔·阿尔维斯·巴蒂斯塔（他们在牛津大学的办公室与霍金在剑桥大学的旧办公室距离非常近）建立的数学模型表明，即使遭遇比人类的短暂出现还要严重的灾难性事件（例如小行星撞击），历时数十亿年，也不太可能将强悍的熊虫推向灭绝的深渊。[4]

"生命一旦开始，就很难抹去。"斯隆说，"大量物种，甚至整个属，都有可能灭绝，但总的来说生命将一直存在下去。"[5]

什么东西能彻底毁灭缓步动物呢？斯隆和巴蒂斯塔认为任何东西都做不到，除非太阳膨胀成红巨星并吞噬整个地球。[6]

艾伦·韦斯曼在《没有我们的世界》（*The World Without Us*）一书中称，尽管人类不会存在太长时间（或许这是一个有利条件），但他对生命的未来仍然持乐观态度。同样地，斯隆和巴蒂斯塔的研究让我们看到，数亿年甚至数十亿年后，绕着恒星运转的地球不会是寂静无声的不毛之地，会有无数生命繁衍不息。

这是好消息。坏消息是，即使有一些缓步动物能够挺过人类造成的全新世灭绝事件，也并非所有的缓步动物都能存活。南极缓步动物可能特别适应地球上最恶劣的南极气候环境，但它可能无法足够快地适应全球变暖所导致的南极温度不断升高、紫外线辐射逐渐增强等变化。

　　意大利摩德纳大学的几名科学家按照南极未来几年预计会发生的变化，将南极缓步动物置于辐射强度更高、气温不断上升的环境中。他们发现，即使是那些因为生命力强悍而广受赞誉的动物，可能也无法应对这些变化。很多动物没能坚持下来，幸存的缓步动物的产卵量也减少了，而且性成熟时间推迟了。[7]

　　所以说，我们可能无法消灭世界上所有的缓步动物，但即使是地球上最强壮、适应性最强、进化得最坚定的生物，也有可能受到我们的行为产生的影响。这应该引起人类的注意。如果人类的行为可以对世界上最强悍的生物产生负面影响，那么请想一想，人类自己能不受影响吗？

　　缓步动物或许还能告诉我们如何让自己变得更强悍，进而确保我们能生存下去（无论我们是否会离开地球），至少能生存得更久一些。

缓步动物如何帮助我们抵达其他星球？

　　生物学家保罗·丰托拉告诉我，研究缓步动物的人一度被认为是"梦想家"，因为他们研究的是"没有研究价值的动物"。

　　丰托拉在葡萄牙波尔图大学研究缓步动物。他发现了许多种缓步动物，但他说直到前不久，人们还一直认为这些发现都是毫无意义的成果，除了让他们进一步了解地球生命种类繁多以外没有任何价值。

　　丰托拉说，近来缓步动物作为幸存物种的名声越来越大，因此许多科学家认识到，它们"可能有助于我们对衰老、癌症等生物现象的理解，未来还有可能发挥医学价值"。但他认为，要不是一些科学家在人们知道这些动物生命力非常强悍之前就去研究它们，那么所有这些应用都不可能成为现实。

　　《动物分类学》杂志的编辑阿斯拉克·约恩森告诉我，即使是现在，描述新发现的缓步动物"也无法带来大笔资金，增加引用率，或者在有影响力的杂志上发表论文"。不过，他也认为这些发现是"了解地球生命不可缺少的基础"。他还说，这些成果的发表，都有助于进一步了解地球上的生命。

"缓步动物不是生物多样性的标志性物种（尽管它们非常可爱），但它们无处不在，而且它们的极强耐受性非常适合公共宣传。"约恩根森说。

这一点在*Ramazzottius varieornatus*这种水熊身上体现得尤为明显。在1 000多种缓步动物中，人们对它的研究最为广泛，而且至少到目前为止，它是这类动物中生命力最强悍的。

把它们放在沸水里，可以吗？没有问题。在接近绝对零度（-273.15摄氏度，约-460华氏度）的温度下冷冻，可以吗？它们毫发无损。把它们发射到外太空，会怎么样？它们会在那里跳起太空舞。让它们接受辐射，会怎么样？小菜一碟。像制作应急食物包一样给它们脱水，会怎么样？加水后照样活蹦乱跳。冷冻几十年，会怎么样？它们仍然可以通过低湿休眠存活下来。低湿休眠时，它们体内的水分减少至正常含水量的1%~3%。此时，它们缩成一团，进入一种称之为"酒桶"的半活状态，静静地等待着环境改善。[8]

东京大学分子生物学家国枝武一花了大量时间研究缓步动物为什么如此"朋克摇滚"。2015年，国枝武一和他在东京大学的团队朝着回答这个问题前进了一大步。*R. varieornatus*这种缓步动物的基因组测序结果表明，为了在艰难时期生存下来，缓步动物进化出了各种各样的基因策略。研究小组发现，缓步动物缺乏几种促进应激损伤的常见基因通路（例如，人类走到阳光下就会激发这种基因通路）。这是他们取得的最激动人心的几个成果之一。

不过，压力小并不意味着没有压力，所以这些缓步动物需要通过其他基因来帮助修复DNA损伤，并在进化过程中产生了一种新的蛋白质，充当DNA的"防辐射伞"。

换成任何人取得这一发现，都会继续进行下一步实验：把缓步动物的蛋白质植入人体细胞，然后暴露在辐射下。国枝武一和他的团队也不例外。他们发现，这些细胞在X射线下受到的损伤减少了40%。[9]这可能会对星际空间旅行产生重大影响，因为对于常年奔波在星际空间中的宇航员来说，辐射暴露是他们的一大隐忧。

我在哈佛大学见到迈克尔·库尼的那天（库尼是哈佛大学的一名博士后，正在研究以细胞为基础的延缓或逆转衰老的疗法），他在国枝武一的研究基础上进行更加深入的研究：将缓步动物的基因导入人类细胞，观察这些基因是否能改善对其他类型DNA损伤的修复。当时，他已经发现有两种基因似乎能保护接触危险化合物的人类细胞。这一发现令他异常兴奋。

正因为这种水熊如此强悍，所以在不久前它引起了研究人员的极大关注。但水熊有很多种，而且人们不断取得新的发现。仅在2017年，科学家就在墨西哥切图马尔市街道边的土壤沉积物中发现了1种水熊，在巴西海岸上发现了3种，在哥伦比亚山区发现了5种，在地中海的西西里岛上发现了2种，在葡萄牙和西班牙的西大西洋海岸岩石上生长的地衣中发现了2种。

我想，*R. varieornatus*可能是缓步动物中最强悍的。不过，一些新发现（或者尚未被发现）的缓步动物中有可能出现一个生存能力更强的物种。

如果我们把这些缓步动物的基因引入人类细胞，会出现什么结果呢？通过转基因技术"强化"人类基因组，会给我们带来无限的可能。

　　这些强悍的小动物在分类学中都属于同一个门。生存能力超强的生物还有很多，我们才刚刚开始研究它们的基因组。

世界上进化得最慢的生物是如何有益于生物多样性的？

　　有些人称它为幽灵鲨，也有人叫它象鲨。不管你叫它什么，澳大利亚的叶吻银鲛（*Callorhinchus milii*）都是水下世界的一个奇迹。4.5亿年来，海洋发生了显著变化，叶吻银鲛却基本没变。

　　我先介绍一下背景资料。在刚刚与叶吻银鲛分化时，人类的祖先还是海洋动物，刚长出脊骨，即将长出四肢，甚至还没有进化成著名的提塔利克鱼——古生物学家尼尔·舒宾发现了这种4条腿的鱼，并在他的大作《你是怎么来的》中称其为"缺失的一环"。[10]在那之后，我们在生命之树上的分支不断分化，先后给我们送来了老鼠、牛、袋貂、鸡、蜥蜴、蛙，甚至还有我们一度（在给叶吻银鲛的基因组测序之前）以为的世界上进化得最慢的脊椎动物——与人差不多大小、生活在海底的腔棘鱼。[11]

　　但是，象鲨的祖先当时是什么样呢？它们看起来可能与现代象鲨非常相似。

　　当水下摄像师庞琼（音译）接到墨尔本研究人员的电话，说他们捕获了几条象鲨，现在已经完成了研究，准备释放回海洋时，他知道自己马上有机会亲眼看到一些很特别的野生动物。象鲨是典型的深海鱼类，但每年有几个月，它们会来到澳大利亚和新西兰海岸附近产卵。庞琼告诉我："但是，象鲨来到墨尔本附近后，似乎更喜欢待在海滨泥地和一些能见度极低的区域。所以，在有机会看到它们被放回野外时，我必须和它们一起下水。"

　　庞琼在码头等着研究人员把这些象鲨放到一个低矮、干净的架子上，然后跟着它们进入更深的水域，拍摄全世界唯一的象鲨游泳视频记录。"它们用胸鳍划水，宛若展翅飞翔的鸟儿。"庞琼回忆说，"平时我也曾与包括鲸和海龙在内的很多动物及鱼类一起潜水，但这一次尤为特别。"[12]

但直到前不久，人们似乎都没觉得象鲨有什么特殊之处。这是因为对大多数人来说，象鲨只不过是一种寻常的海洋鱼类——在新西兰，象鲨通常被切成丁，油炸之后与薯条一起食用。

这时候，贝拉帕·文卡泰什站了出来。

这位新加坡分子与细胞生物学研究所的遗传学家之所以选择象鲨进行测序，并不是因为他怀疑象鲨是一个古老的物种，而是因为一个非常实际的原因：象鲨的基因组比较短。

到目前为止，科学家在选择对哪些物种进行测序时并没有什么规律或理由。经常被人们研究的物种（例如果蝇、蛔虫和实验室小鼠），以及牛羊之类的家畜，都曾被测序。研究人员还完成了对几十万人的基因组测序。[13]除此之外，测序对象的选择非常随意，不过有价值的线索、个人直觉以及个人或政治利益也会起到引导作用。[14]

作为国际"万种脊椎动物基因组计划"（Genome 10K）项目主席，文卡泰什还参加了一个成员包括斯蒂芬·奥布赖恩、埃玛·蒂林的科学家组织。（奥布赖恩是猎豹遗传均一性的发现者；蒂林和一个研究小组一起，确定了泰国和缅甸大黄蜂蝙蝠的叫声频率散度。）为了增加基因编目的条理性，这个科学家组织希望从脊椎动物的各个属中选择大约10 000个物种进行测序。当该项目于2009年在加州大学圣克鲁兹分校启动时，科学家一致认为，尽管当时给新动物测序的成本仍然很高，而且需要很长时间，但他们真的不能再等下去了。

"我们正在迅速丧失生物多样性，"文卡泰什告诉我，"我们知道成本最终会下降，但这个项目必须马上启动。"

　　一些软骨鱼的基因组比人类基因组大，但叶吻银鲛的基因组长度大约是智人的1/3。因此，从它入手启动该项目是一个不错的选择。

　　但是，科学家们首先必须采集到好的样本。"我们为之测序的那条象鲨是我捕捉的，"文卡泰什自豪地说起他的塔斯马尼亚之旅。到了那里之后，他雇捕鱼向导带他去了一个象鲨常去的地点。"事实上，我们捕获了好几条象鲨。那天，我们都异常兴奋。"回到岸上，文卡泰什解剖了那条鱼，从脑、鳃、心脏、肠、肾、肝、脾和睾丸中分离出组织样本——采集睾丸样本的最初目的是生成初始序列，后期再通过RNA测序生成更准确的基因注释。

　　通过比较所有已知基因组中的序列，并将它们与已知的化石记录进行比较，研究人员确定了分化率。知道了分化率，就可以估算出生物的进化年代。当文卡泰什和同事们把象鲨基因组代入算法时，结果让他们大为震惊。

　　"一些迹象显示，象鲨的基因组可能进化缓慢（象鲨的代谢率非常低，有证据表明，这可以用来作为进化速度的替代值），但我没想到会出现我们所发现的那种情况。"他说，"不得不说这是一个惊喜。象鲨在很长的进化期里都没有发生多大变化，因此具有非常高的参考价值。我们可以将它与包括人类在内的其他脊椎动物进行比较，以便进一步了解这些动物发生了哪些变化，以及发生变化的时间和原因。"

　　"不过，尽管象鲨在5亿年里没有发生太大变化，但人类改变了很多。"我说，"分化到一定程度之后，就无法从象鲨身上获得太多关于人类基因组的知识了吧？"

　　文卡泰什笑了。"我们发现了一个有趣的现象，"他说，"仔细观察人类、象鲨、狗鲨和河豚（即河鲀，属于鲀科），就会发现鱼类之间的差别比人类和鲨鱼之间的差别更大。再看看保存下来的非编码序列，人类和河豚相差一两千个单位。我们对人类和象鲨进行了类似的分析，结果发现两者相差4 000多个单位。"

举个例子。研究小组的工作表明，象鲨和人类共同拥有一个被称为p53的肿瘤抑制基因。一直以来，这个基因引发了大量关于进化的猜想。同时，研究大象不可思议的抗癌能力的研究人员高度关注这个基因。软骨鱼也有抗癌能力，不过没有大象的抗癌能力强。但是，研究人员将象鲨的p53基因与其他脊椎动物的进行仔细比较后发现，它比其他同类蛋白质编码基因进化得更为彻底。[15]这意味着它在叶吻银鲛体内的工作方式与在非洲象和智人体内的工作方式可能有明显不同，为我们深入了解我们共有的遗传潜力提供了又一个机遇。

但即使是基因组中没有发生重叠的广大区域，也有可能蕴藏着无数机遇。例如，研究人员还发现，象鲨体内根本没有对许多其他动物的免疫系统来说至关重要的那几种基因，其中包括被称为CD4的蛋白质编码基因（如果没有这种基因，人类将很容易受到各种疾病的攻击，最终无法逃脱从地球上灭绝的厄运）。

这一发现对人们关于生物防御系统如何对抗疾病的普遍认识提出了质疑。我们往往认为，人体包括免疫系统在内的几乎所有生理因素都是非常先进的。然而，象鲨没有像人类那样发展出预防疾病的基因工具，但它们有能力做出复杂的免疫反应，这使得它们能在海底快乐地游弋数亿年，比人类直立行走的时间还长。

拥有更多的基因，并不意味着拥有更好的基因。事实证明，有时候少即是多。理解这个道理，有助于我们通过人类与其他物种共有的基因和其他基因，发现应对人类疾病的新方法。[16]事实上，我们可能正在从迄今为止发现的进化得最慢的脊椎动物身上，学习一些有助于人类生存的技巧。

但话又说回来，有时候少并不等于多。有些时候，真的是越多越好。

拥有世界上已知最长基因组的动物是否能帮助我们变身X战警?

我第一次看到蝾螈，是在我上小学的时候。那一天，在附近的海洋主题公园看完海豚表演后，我跑到一家宠物店，准备买一条鱼，然后像训练鼠海豚那样训练它。[17]

几年后，一位老师在生物课上问全班同学，我们见过的最奇怪的动物是什么。我不记得我在宠物店看到的那条鱼的名字，所以我只能描述它的样子。"它是粉红色的，就像泡泡糖，"我告诉全班同学，"它长着一张笑脸，有狮子一样的鬃毛，像鱼一样长有鳃，腿像蜥蜴，还有一条蝌蚪一样的尾巴。"

那一周，我被取笑了很多次。在接下来的几年里，我一直怀疑自己是否真的见过这种动物，还是只不过梦到了它。

但是，美西钝口螈（*Ambystoma mexicanum*，别称美西螈）真的存在。尽管它黏糊糊的，看上去很快乐的样子，十分可爱，但它真的很强悍。

科学作家克里斯廷·雨果[18]曾经把美西螈（亦称墨西哥行走鱼）比作超级英雄漫画书中的一个角色。[19]事实上，它与漫威漫画中的反英雄金刚狼有很多相似之处，但与真正的狼獾不是很相像，因为它和著名的X战警一样是再生大师。

像许多蜥蜴和两栖动物一样，美西螈的尾巴可以再生。但是，像美西螈一样可以重新长出肢体、皮肤、下巴、眼睛，甚至脊椎断裂后都可以修复的蝾螈非常少。这种再生和修复工作，美西螈可以反复完成达数十次之多。无论再生的是身体哪个部位，都不会留下任何疤痕，也不会有任何瑕疵。

自英国动物学家乔治·肖在1789年首次描述美西螈之后，科学家就对它产生了浓厚的兴趣，但他们一直无法理解它最著名的这种属性。不过，2018年科学家公布了美西螈的基因组序列，朝着解开这个谜团迈出了一大步。美西螈的基因组有320亿个碱基对，是世界上已知的最长序列，相当于人类基因组长度的10倍。医学研究的一大难题——再生的秘密，就隐藏在所有这些代码中。

如果人类不太可能再生，这个秘密可能就不会有那么大的吸引力。但事实上，人类有再生能力。我们皮肤上的伤口可以再次长好，这就是再生。我们的再生能力局限于我们的皮肤，我们的肝脏也有较弱的再生能力，但我们身体里的所有其他组织，包括骨骼、肌肉、内脏和大脑，同样是赋予我们这种再生能力的DNA制造出来的。因此，理论上讲，人体的所有其他组织也可以再生。

美西螈能帮我们解开人类超能力的秘密吗？也许能，但前提是我们能把它们留在我们身边。

在世界各地的宠物店里（甚至肉食柜台上）都能轻易地买到美西螈，因此你可能想不到野生美西螈已经濒临灭绝。美西螈营养价值高，饲养和繁殖的难度不大，有世界上最大的两栖动物胚胎[20]（特别适合进行干细胞研究），坦白地说，还非常可爱，因此全世界的农场、宠物店、家庭水族馆和研究实验室里喂养了成千上万只美西螈。[21]

但在野外，墨西哥城南部的一些河流是最后一个已知的美西螈栖息地。近年来，由于水质下降、湿地面积缩减、以美西螈和美西螈卵为食的外来鱼类数量激增，美西螈的数量急剧下降，从1998年的每平方千米6 000条降到了2015年的每平方千米35条。

肯塔基大学的兰德尔·沃斯（他于2015年参与的一项研究表明美西螈的数量正在急剧下降，他还对2018年的美西螈基因测序报告有所贡献）喂养了数千条美西螈。不过，他承认这些美西螈是近亲繁殖的，而近亲繁殖"可能危及圈养种群的健康"[22]。更重要的是，长时间圈养繁殖的动物将继续保持适合圈养的特性，很难确定这对那些在进化过程中逐渐适应野外生活的基因会产生什么影响。

几十年来，生态学家一直致力于保护现存的野生美西螈，但收效甚微。美西螈基因组测序研究的完成恰逢其时，可能有助于把全世界的注意力（以及资金）吸引到墨西哥。这不仅仅是因为美西螈的基因组序列非常长，还因为研究人员在这些代码中找不到一种叫PAX3的基因（这种基因在神经嵴细胞中很活跃，被认为是骨骼和肌肉组织发育所必需的）。

在那之前，人们一直认为没有PAX3基因的脊椎动物无法存活。然而，美西螈能自由行走，这显然要归功于同属一个家族的PAX7基因。这种基因闪亮登场，接管了它的近亲——PAX3的一些功能。

所有这些都意味着美西螈对科学的最大贡献可能不仅仅是帮助我们发现再生的秘密，它们还可能向我们展示生命本身的一种新模式。在这种模式中，没有任何基因是生物存在所必不可少的，任何独特核苷酸序列的功能都可以被其他序列替代。果真如此的话，就可能意味着我们可以在人类基因组中植入"基因丰余"这种属性。据我们所知，这种属性对关于人类强悍性和生存能力的内在机制来说，具有非常关键的意义。

当然，如果你是第一次看到美西螈，你可能根本不会产生这些念头，因为它们看起来并不那么强悍。说到强悍，我们通常会联想到凶狠好斗、皮糙肉厚这些形容词。

但令我们大跌眼镜的，显然不止美西螈这一种动物。

为什么世界上最慢的哺乳动物也是最强悍的动物之一？

那根藤条就挂在那儿，周围是一堆乱七八糟的枝条，后面是一个黑黝黝的池沼。

藤条的直径大约有 1.25 英寸。我用力拉了拉，感觉它和我用来挂吊床、爬岩壁以及系船只的绳子一样结实。于是，我双手抓着藤条，后退了几步，然后腾空而起，向池沼对面荡去。

藤条是真实的，但我显然不是人猿泰山。在水面上飞行了大约 3/4 的距离后，动力就开始减弱了。我伸手去抓另一根藤条，结果发现这个动作比电影里困难得多。水只到大腿那么深，但淤泥很多。我艰难地向对岸走去，中途好几次弯下腰，去摸陷在淤泥中的靴子。

我的导游是当地猎人皮耶罗·马丁。他像蜘蛛猴一样优雅地从我身边飞过，一路笑着飞到池沼对面。

为了亲眼看看世界上最慢的哺乳动物，我和皮耶罗正在秘鲁西北部的河谷森林里徒步穿行。[23] 在池沼另一侧的号角树林中，我们从一片片绿油油的宽大树叶中找到了此行的目标。

"提到树懒，很多人都认为它们很懒，"皮耶罗说，"但是你看！"

皮耶罗指向一些弯曲的号角树枝。站在我的角度，它看起来就像一只被塞在枝杈之间的旧足球。

我静静地等待着。过了很长一段时间之后，我终于忍不住低声问道："它是准备干什么吗？"

皮耶罗歇斯底里地大笑起来："不是。"他拍拍我的背，又咯咯地笑了几声。"很可能不是。树懒就是懒。我们明天再来，它很有可能还在那里，还在那个树枝上，甚至姿势都不会有任何变化。"

几天后，我在亚马孙河的一条支流上钓鱼时，第一次看到树懒真的在动。我赶到树下的时候，它正一动不动地挂在 20 码开外的一根较高的细树枝上。这时，一场暴风雨正在袭来，风越来越大，那棵树开始猛烈地摇晃起来。树懒似乎觉得它需要换一个更稳定的地方，等待大风平息。

关于三趾树懒的速度，人们估算的结果各不相同，所以我运用了一些中学数学知识，来计算这只树懒的移动速度。它先后停留的两根树枝大约相距两码。树懒用了接近60秒的时间完成了转移，速度是每小时0.06英里。而且它是顺着重力作用方向运动的。

从缓步动物到象鲨，再到美西螈，如果单纯看它们的外表，不考虑它们所处的环境和进化历程，你会觉得很多动物都长相奇特。但是当我离开秘鲁时，我对自然选择的困惑反而进一步加剧了。因为不管怎样，三趾的树懒属动物与速度比它们略快一点儿的近亲——二趾树懒属动物都在中美洲和南美洲的森林里成功地生存了下来，尽管那里到处都是水蟒、美洲虎和美洲角雕这样的肉食动物。它们是怎么做到的呢？

不仅如此，这些动物还在这样的环境中生活了数千万年，经受住了捕食者、环境变化和其他压力的考验。在此期间，许多动物先后灭绝，其中包括多个种类的树懒。在树懒的演化谱系中，最终幸存的不是10英尺高的巨爪地懒，不是长得像河马的舌懒兽，也不是长得像大猩猩的中新懒兽，而是一小群看似会遭遇不测的树懒，它们的适应性似乎很差和逃跑和战斗，甚至在暴风雨来临时都不能从高树上爬下来。

显然，我不是唯一一个在树懒是否适合生存的问题上感到困惑的人。18世纪中期，法国博物学家乔治-路易·勒克莱尔，也就是布丰伯爵，认为树懒的"形态非常奇怪而且极不合理"。他还说，如果"再多一个缺陷，树懒就无法生存"。

难道自然选择不该淘汰弱者吗？

露西·库克认为自然选择有这个特点。正因为如此，这位动物学家、国家地理学会的探险家认为树懒绝不是弱者，而是最强悍的动物之一，而且强悍的原因就是行动缓慢。

"树懒没有任何缺陷——事实上，它是一种非常成功的动物。"库克在2013年指出，"在热带丛林里，树懒数量占了哺乳动物生物量的2/3。在生物学上，这就等于是说'谢谢，我过得很好！'"[24]

威斯康星大学麦迪逊分校研究树懒生物特征和行为特性的野生动物生态学家乔纳森·保利赞同这个观点。他认为我应该重新调整对树懒生命周期的理解。他说："与其去想哪些东西会吃树懒，倒不如想想树懒吃哪些东西。"

树懒以树叶为食。从热量的角度看，树叶算不上有益健康的超级食品。为了深入了解树懒如何利用它们从主要食物来源获得的少量能量，保利和同事们收集了10只褐喉三趾树懒和12只它们的速度稍快一点儿的近亲——霍氏二趾树懒。研究人员给这些树懒注入一种可追踪的同位素，然后放了它们。大约一周后，研究人员重新找到这些树懒[25]，然后检查它们血液中这种同位素的含量，以此来计算它们的代谢率。结果，他们发现三趾树懒每天只消耗大约100千卡的热量，大约相当于一汤匙的花生酱。这意味着它们的代谢率是所有已知哺乳动物中最低的。只有体型大得多的大熊猫的能量消耗与输出，才能接近这么低的水平。[26]

大多数动物一生都在寻找食物，而树懒的身边就有食物。保利说："树叶无处不在，却是一种超级粗劣的食物，所以树懒进化出了一系列奇怪的生理、消化、行为和解剖学特征，以限制能量消耗。"

在食物需求得到满足之后，树懒可以专注于其他事情——比如制造更多的树懒。[27]树懒一次只生一个幼崽，然后和这个幼崽一起生活好几年。三趾树懒的寿命比较长，可达30年之久，因此它们在保证种群成功方面做得相当好。从物种生存的角度来看，因为食物足够多，所以即使偶尔（甚至是频繁）遭受毁灭性打击，它们也能承受。

那么关于生存问题，我们能从树懒身上学到哪些经验呢？显而易见的经验是，我们都可以放松一点儿，节奏慢一点儿。但更重要的经验与食物安全有关：通过进化，树懒能吃到近在身边而且数量充足的食物。

我们也是这样进化的，只不过太多的人还没有意识到这一点。

为什么很少灭绝的甲虫有助于养活全世界人口？

事情发生时，我在暹粒市的市场待了还不到5分钟。在旅行时我尽量不引人注意，但我很容易分心，而且有点儿笨手笨脚，两者加在一起，想不引人注意都比较难。

就在我认真地观察装在篮子里的干鱼时，一个小男孩走到我的面前，开始往一个小塑料袋里装罗望子荚果。为了给这个孩子腾出一点儿空间，我向后退了几步。就在这时，我感觉我穿着人字拖鞋的脚踩到了黏糊糊的东西。随后，一声痛苦的尖叫响彻整个喧嚣的市场。我转过身一看，原来我的脚已经踏到了鸡笼里。

我家也养鸡，通常一次养3只，最多时养了8只鸡，所以我非常了解它们。我弯下腰去看那只鸡，它的一条腿被粗鲁地捆绑在笼子的一侧。因此，我想我可能踩断了它的腿，但它似乎并没有什么大问题。尽管如此，鸡的主人还是很不高兴。

就这样，我在柬埔寨买了一只鸡。

那只鸡并没有在我手中停留多长时间。我用2万柬埔寨瑞尔把它从那个女人手中买过来，然后把它作为礼物送还给她。她乐坏了，随后就递给我一小袋东西。我起初以为袋子里装的是烤坚果，仔细一看，才发现是一些粉虫。

"哦，"我伸手抓了几条粉虫，"你是要我用它们喂这只鸡吗？"

看到我弯下身去喂鸡，那个女人笑了起来。

"Ot yl tae！[28]不对……应该这样。"她一边说着话，一边伸手挡在那只鸡的前面。

　　然后，她做了一个吃东西的手势。"对……是这样的。"为了强调这一点，她从我手中的袋子里抓起一条虫子扔进嘴里，还夸张地做出了咀嚼和吞咽的动作。

　　这些虫子脆脆的，黏黏的，吃起来就像用甜味食物煮出来的炒南瓜子。当我指着舌尖微笑时，那个女人拿着一个可乐瓶，示意她在锅里倒了一瓶可口可乐。看来我吃的是柬埔寨版的美国食品。

　　当我把这个故事讲给许多美国朋友听时，很多人似乎都感到恶心，而且其他人听到这个故事都觉得太平常了。毕竟粉虫是甲虫的幼虫，而甲虫是全世界广泛食用的昆虫，全球大约有350种甲虫被列到了菜单上。

　　这很容易理解，因为科学家发现并命名的甲虫种类比任何其他动物种类都要多。[29]每四种已得到描述的动物中，就有一种是甲虫。最小的甲虫是 *Scydosella musawasensis*，只有0.01英寸长，于1999年在尼加拉瓜被发现，但直到2015年才在哥伦比亚的一种真菌上再次被发现。[30]最大的是巨大犀金龟（*Dynastes hercules*），长度超过0.5英尺，在哥伦比亚可以看到这种甲虫。世界上有38万种甲虫，而且我们源源不断地发现新的甲虫。仅2014年，印度尼西亚的研究人员新发现了近100个甲虫物种。[31]

　　为什么会有这么多种类各异的甲虫呢？这是因为甲虫在朝着强悍这个目标不断进化，它们根本就不会驯服地走进灭绝的暗夜。

　　这一惊人发现是科罗拉多大学的德娜·史密斯和伊利诺伊大学的乔纳森·马科特综合研究5 500多块甲虫化石后取得的成果。他们将这些化石与现存的甲虫进行了比较，结果发现在所有出现过的甲虫品种中（包括已经存在了近3亿年的甲虫）大约有2/3仍然存活在当今地球。

史密斯是一位古昆虫学家，他认为无数鞘翅目昆虫的成功秘诀在于它们拥有变态能力和运动能力。柔软黏湿的甲虫幼虫和包有一层外骨骼的成年甲虫喜欢不同的栖息环境，因此，短时间的剧烈变化（比如火灾或洪水）有可能消灭某种形态的所有甲虫，但另一种形态的甲虫可能不会受到影响。由于成年甲虫善于飞行，它们还能对气候的长期变化快速做出反应。[32]

史密斯认为这个问题还与甲虫吃的食物有关。有的甲虫吃根、茎和叶，有的甲虫吃种子、花蜜和果实；有的甲虫吃活的动物，有的甲虫吃死了的动物，还有不少甲虫喜欢吃动物的粪便。世界上的森林爱好者们越来越确定，有的甲虫以木材和树皮为食，而且它们的胃口很大，导致树木大量减少，遇到气候变化导致干旱状况加剧时，情况就会变得更糟。在必要时，很多喜欢某一种食物的甲虫会毫不迟疑地换一种口味。

甲虫就是不挑食。在这里，我还要再次提起我在柬埔寨吃的那些粉虫。在全球人口增长的情况下，我们要作为一个物种生存更长的时间，就几乎肯定需要寻找新的食物来源——一种占地少、低污染、将植物转化为蛋白质的效率远远高于牛、猪和家禽的食物。联合国粮农组织认为，要做到这一点，我们就不能那么挑食，就需要大量食用昆虫。

世界上大约有1/4的人口已经开始以昆虫为食了。在所有昆虫中，鞘翅目昆虫（如六月鳃角金龟和犀牛甲虫，甚至是蜣螂）的蛋白质含量最高。甲虫是在幼虫、蛹和成虫阶段都可食用的为数不多的昆虫之一，这意味着即使是使用同一种昆虫做食材，厨师们也可以做出很多种质地和口感各异的食品。鉴于可供选择的甲虫品种繁多，探索和试验甲虫美食的大好时机已经到来了。

更不用说还有其他昆虫了。地球上昆虫的数量大约是世界人口的2亿倍。[33]

　　但是，当我在社交媒体上发布消息说我希望找几个善于处理昆虫或昆虫幼虫的本地厨师时，朋友们的反应有点儿让我失望。"我也想知道这些信息，"一个朋友回答说，"这样我就知道出去吃饭时该躲开哪些餐馆了。"另一个朋友直接回复了一个呕吐的表情符号。我们当地市场的肉贩说，只要有人买，她愿意卖任何一种动物蛋白，"但我无法想象，昆虫除了新奇之外，还有什么卖点。"

　　就在我快要丧失信心，接受甲虫和其他昆虫不可能被成功引入美国主流饮食的观点时，发生了三件事。

　　第一件事是我重读了《思考龙虾》。在这本书中，戴维·福斯特·华莱士用不屑的语气描述了缅因州的龙虾节。他说，成千上万的人聚在一起，煮食价格昂贵的龙虾；令人啼笑皆非的是，在整个 19 世纪，龙虾都是"只有穷人和被社会福利机构收容的人才会吃的低级食物"。华莱士指出，从分类学的角度来说，"龙虾其实就是体型庞大的海洋昆虫"。[34]

　　第二件事发生在万圣节那天，我女儿利用自己设计并在我母亲帮助下自己缝制的服装，把自己打扮成寿司卷的模样。直到前不久，许多美国人听到吃生鱼片还会恶心不已，但现在几乎每个小镇都有供应寿司的餐馆，许多超市都有厨师现场制作寿司，孩子们还会在万圣节装扮成寿司。[35]即使是在我们家所在的街区，我女儿也不是唯一一个把自己装扮成寿司卷的人。她对自己的服装非常自豪，以至于在万圣节之后的那个星期，她还穿着那套衣服出去吃晚餐。那天晚上，餐馆里挤满了人，员工和其他就餐者看到一个"寿司卷"走在他们身边，而且与他们盘子里的寿司卷一模一样时，都非常开心。我们喜欢的食物可以快速发生变化。

　　第三件事是我从一个朋友那里听说了丹妮拉·马丁。马丁是《昆虫可以食用》（Edible）一书的作者，也是一位自豪的食虫学家（敢于食用昆虫的人）。她发现，很多人一提到吃昆虫就会畏缩不前。但是她让一些孩子吃昆虫时，他们的反应就截然不同。她认为："孩子们吃昆虫并不是图新奇，不是为了上传照片到脸谱网，而是因为昆虫的味道很好，因为他们尚未被社会同化、尚未僵化的头脑中还没有牢固树立昆虫不能食用的思想。"[36]

带着这些想法，我来到了我妻子任教的学校，问她是否可以对她教的三年级的学生做一个简单的调查。

"假如我告诉你这里有一碗昆虫，吃下去的话不会有任何安全问题，而且味道很好，你们愿意吃吗？"我问。

几乎所有的孩子都毫不犹豫地举起了手。事后，一个没有举手的女孩走过来对我说，她不害怕吃昆虫，但是她以为我是在测试他们是否知道不要接受陌生人的食物。

第二天，我带来了一碗烤蟋蟀。我想他们肯定不敢吃。有几个人确实没敢吃，但大多数人没有退缩。自称对吃昆虫感兴趣的孩子确实很感兴趣，并且很自然地把这些蟋蟀吞了下去。还有几个学生在前一天说他们肯定不会吃昆虫，但后来也品尝了一下。不是所有人都喜欢吃，但是没有人感到恶心，也没有人吐出来。我简直难以相信！如果我带来的是抱子甘蓝，大概不能取得这样的效果吧？

放学后，我和女儿拿着烤蟋蟀，让其他老师品尝。只有几个人愿意吃，而且通常是在看着我女儿吃过之后他们才愿意吃。"味道像饼干。"女儿笑嘻嘻地对一位老师说道。她的嘴唇上还粘着一条蟋蟀腿。

这些成功进化、数量在地球上跻身前列的动物，几乎肯定会在我们未来的粮食安全中发挥重要作用。从孩子们的表现可以看出，我们没有必要认为这是一个难以克服的巨大障碍。几乎每个人都会发现他们喜欢吃某种昆虫，甚至是很多种。关键在于我们要敢于尝试新事物。

蚂蚁有什么无与伦比的东西值得我们学习?

我看到约翰·温贝托·马德里时，他正赤着脚奔走在亚马孙丛林之中。

不知道为什么，我一下就发现了这个细节。尽管我一抬头，看到他的脖子上挂着一只松鼠猴，但我首先注意到的还是他没穿鞋子。

从外表看，温贝托有点儿像怪医杜立德，还有点儿像狂热的科学家，更像是大家心目中的祖父。事实上，温贝托是哥伦比亚南部丛林中的研究站站长。该研究站的职责是照料从走私分子手中获救的以及被猎人打伤的动物，并为研究者研究亚马孙丛林中种类繁多的动物（例如水蟒、海牛、捕鸟蛛、美洲豹）提供一个平台。

在这些种类繁多的动物中，有一种半英寸长、名叫布氏游蚁（*Eciton burchellii*）的昆虫。就在我们快速穿行于丛林中心时，温贝托突然停下脚步，从地上捧起了一些昆虫。然后，他把其他昆虫逐一剔除出去，只留下一只他认为值得我们注意的布氏游蚁。他用拇指和食指捏住它的腹部，让我仔细观察。

"看到它的钳子了吗？"他说，"它的咬合力可能是世界上最强的。如果人拥有同样的力量，就可以用双臂将冰箱挤扁。只不过这些钳子不是蚂蚁的胳膊，而是它们的上颚。"

为了证明他说的话，温贝托把他的另一根食指放到蚂蚁圆球状粉红色头部的正上方，让它钳住他的皮肤。可以看到钳子的尖头扎进了他的肉里，他的指尖变成了亮粉色。

我不由皱起眉头，但温贝托没有任何表示。

"¡Díos mio!"我说，"不疼吗？"

"哦，有点儿疼，"听他说话的语气，就好像我是在问天气一样，"坦白地说，很疼。但远远比不上子弹蚁。"

"就是说……你被子弹蚁咬过？"

他看了我一眼，好像是在说："我倒是希望没被咬过。"

如果在昆虫纲设立重拳杀手奖，那么获得这一殊荣的肯定是子弹蚁。即使成年人被子弹蚁咬一口，也会立即因为疼得难以忍受而倒地不起。子弹蚁的"施密特叮咬疼痛指数"为"4＋"。贾斯汀·施密特是美国亚利桑那大学的昆虫学家，他根据自己在漫长职业生涯中遭受过的数百次昆虫叮咬，制定出这个四级测量体系。施密特说，被子弹蚁叮咬后的感觉就像"赤脚踩在炽热木炭上，脚后跟上还钉着一颗3英寸的钉子"。

温贝托费了好大劲儿，才摆脱了布氏游蚁深深扎到他手指肌肉组织深处的钳子，整个过程看起来比刚开始的叮咬还要痛苦。他说，他认为蚂蚁是世界上最令人遗憾的未被充分研究的几种生物之一。

"这种蚂蚁咬合力很强，"他说。"但还有更强的。不过，亚马孙丛林中有很多种蚂蚁，每一种蚂蚁都具有某种异乎寻常的特性。"

全世界已知的蚂蚁种类超过12 000种。温贝托说，它们有一个共同点，那就是它们聚在一起时会更加强悍。

只要走出房间，四下看看，你可能很快就会发现蚂蚁。一旦你发现了一只，就有可能在它附近发现还有其他蚂蚁。尽管蚂蚁速度很快，强壮有力，有厚厚的外壳，但单只蚂蚁还是比较脆弱的。只有团结起来，它们才有足够的力量来承受恶劣的环境。

蚂蚁经常聚在一起，不习惯单独行动。它们一起觅食，一起战斗，一起构筑巢穴。它们利用信息素留下的"嗅迹"，在崎岖的道路上一起长途旅行，每只蚂蚁都以"体味接力"的方式为开辟这条道路做出自己的贡献。正因为如此，它们才能共同生存和发展。

小小的蚁群如此神奇，因此通常被认为是一种超个体——这个词是由哈佛昆虫学家威廉·莫顿·惠勒创造的，意思是说集体中的个体在进化时并非互相依赖以确保个体生存，而是宁愿牺牲自己也要确保整体的生存。"超个体"一词常被用来与多细胞性和社会性对比。多细胞性是指细胞为了有机体的利益而协同工作，社会性是指个体为了群体的利益而协同工作。但是，这个概念仅仅是一个方便的比喻，而不是科学原理。近一个世纪以来，几乎没有人检验过它。[37]

不过，生物学家杰米·吉鲁利和他的同事们认为，人们在100年前提出的另外一个概念可能有助于检验生物种群是否真的可以像单一有机体那样运行。1905年，奥地利物理学家、哲学家路德维希·玻尔兹曼指出，为生存而战"就是为获得做功所需的自由能而战"。当然，生物体越大，做任何事情时需要消耗的能量就越多。多年来，研究人员发现，能量消耗的速度与生物体的体型大小具有显著的一致性，这一原理后来被称为代谢比例理论。

吉鲁利认为，如果生物种群可以像生物体那样运行，那么它们的新陈代谢数据应该会有所体现。因此，他和他的合作者研究了141种蚂蚁，以及27种蜜蜂、黄蜂和白蚁的种群，收集了包括种群重量、食物消耗量和群体生殖腺总生物量在内的所有信息。吉鲁利和他的研究团队猜想，生物种群的生物量产量和寿命会随着其质量和代谢率的变化而变化，与单一生物体的变化方式一致。

事实的确如此。如果在用图标表示相关性时不加标记，就很难猜测哪些数据点属于个体，哪些数据点属于群体。在能量使用方面，很多适用于单个有机体的生物学规则同样适用于这些所谓的超个体。[38]

几年后，英国布里斯托大学的研究人员发现，白翅华扭白蚁（*Temnothorax albipennis*）会协调一致地对模拟的攻击做出快速反应，但当蚁群受到攻击的部位不同时，它们的反应也会有所不同。研究人员发现，如果他们选择的攻击方式是移走蚁巢附近的几只蚂蚁，蚁群就会从蚁巢撤离。如果移走的是几只正在侦察的蚂蚁，蚁群就会撤退到蚁巢里。研究人员认为，蚁群的反应与单个有机体相似——在需要时它们会动一动"身体"，但如果为了保证安全，得放弃其"附器"以避免受到伤害，它们会毫不犹豫地撤离。[39]

在2017年休斯敦发生毁灭性洪涝灾害期间，大群火蚁的照片在世界各地的社交媒体上四处流传，因此数百万人有幸目睹了蚂蚁超个体谋求生存的多种手段之一。克雷格·托维以前见过这种行为。作为一名系统工程师、生物学家，这位佐治亚理工学院的教授长期以来一直对蚂蚁通过协同工作以形成特定结构的生存与自我保护方式很感兴趣。如果独自面对不断升高的水位，单只红火蚁很快就会遭遇灭顶之灾。但在2017年洪水之前，托维和他的同事们就已经从亚特兰大周围收集了一些火蚁集落，并带回了实验室。他们把这些蚁群扔到水中。结果，这些蚂蚁迅速做出反应。它们拥抱到一起，用自己的身体编织成一个薄饼状的蚁团。研究人员发现，这样的蚁团可以在水面上漂浮数周。

在用液氮冻结这些蚂蚁之后，托维的团队发现，它们是综合运用上颚、爪子和黏性脚掌抱成一团的。[40]火蚁无须任何训练，也不需要做任何准备，就可以在几分钟内完成这项工作。就像包括几乎所有哺乳动物在内的大多数脊椎动物天生就知道如何游泳一样，[41]火蚁天生就知道如何防止蚁群溺亡事故。

当然，这样做可能意味着个体必须为了群体的利益而牺牲自己。当人类做出这样的行为时，我们称之为勇敢、无私。我们为这种无畏精神而惊叹，也因为这种行为十分罕见而惋惜。但是，当蚂蚁这样做时，我们称为"蚂蚁的特性"。

考虑到蚂蚁为维持蚁群的生存所做的努力，我们可能会不由自主地产生一个念头，或许——仅仅是或许——我们可以向蚂蚁学习。事实上，考虑到我们之间日益紧密的联系，我们可能正在朝着这个方向前进。哺乳动物学家、自然作家蒂姆·弗兰纳里对此深信不疑。

"互联网的发明是否可能导致人类社会朝着类似的方向进化？"弗兰纳里曾提出这样一个问题[42]，"当我们为避免全球经济灾难或为签署预防灾难性气候变化的全球公约而努力时，我们就会和蚂蚁一样，不可避免地形成有利于超个体有效运转的结构。"但弗兰纳里也承认这种可能性："我们正走在一条毁灭的道路上，可能还来不及掉转方向，就将遭受灭顶之灾。"

不过，温贝托不同意弗兰纳里的观点。"看看这片丛林，"他说，"这里有无数种生物。但为了活到现在，它们都曾在进化的道路上经历过各种各样的混乱环境。我们也必须这样做。我相信人类比我们想象的更强大。如果我们愿意学习，并与我们身边的所有生命和谐相处，我们就会过得很好。"

第 7 章

致命的威胁

世界上效率最高的杀手为什么
是效率极高的生命拯救者？

我们的车陷进了淤泥之中。

而且陷得很深。我以前曾陷进过浅坑中，所以我知道淤泥不深时该怎么办。但这一次车轮陷得很深，一只后轮已经看不见了。短时间内，我们肯定没有办法脱困了。

道路两旁长满了稀树草原特有的草，比车顶架差不多还要高一英尺，非常茂密，我最多只能看清一英尺以内的范围。

我站在那儿，看着飞速旋转的车轮和四处飞溅的泥点，心中一片茫然。就在这时，我突然意识到一些事情。

仅仅一个星期前，一位德国建筑师失踪了，失踪地点同样距离埃塞俄比亚与南苏丹交界线不远，离我站立的位置仅仅几英里。

他的卡车也陷进了泥坑。于是，他从汽车旁边走开，去寻求帮助，随后就杳无音信了。人们猜测他遭遇了狮子或者豹。在这一带，大型猫科动物已经所剩无几，但还是有一些动物存在，而且它们通常都饥肠辘辘。[1]

一名带枪的巡逻人员在当地的护林站等着我们，但我们还没到护林站。我们没有枪，没有任何武器。

"如果我因为要写一本关于世界上最致命动物的书而被狮子吃掉了，是不是一个大笑话？"我问同行的翻译里科·金卡。乍一看，里科活脱脱就是演绎"活力王子"的威尔·史密斯。

"笑话？"里科反问道。

"有点儿好笑。"我说。

里科盯着草地看了一会儿，狠狠地咽了口唾沫，皱起了满脸汗水的脸。

"一点儿都不好笑。"他说，"如果你被吃掉，我们都逃不掉。"

我们四个人——我、里科再加上他的朋友埃拉米斯和贝雷切特，重新进行了分工。埃拉米斯和我负责在前面拉、在后面推，里科负责在车轮下面垫石头，贝雷切特把油门踏板踩到底，同时左右转动方向盘。泥巴中散发着死亡的气息。突然，卡车猛地前冲，我一屁股跌倒在左挡泥板的前面。然后，卡车就紧贴着我的身体奔了过去，溅我一身污水和淤泥。

直到后来，我才意识到最好笑的是什么。我担心有狮子，但更有可能杀死我的生物并不是隐藏在草丛中的猛兽，而是淤泥中潜伏的微小生物，以及体型大得多、与我齐心协力把卡车从泥坑中弄出来的这些生物。

在好的年份——这里说的好的年份是对狮子而不是对人类而言的，全世界范围内狮子一年会吃掉100个人。

蚊子每年会夺去72.5万人的生命，它们使用的主要武器是疟疾。在非洲的这个地区，疟疾十分猖獗。其他一些微小生物，比如采采蝇、蛔虫和克氏锥虫（*Trypanosoma cruzi*，猎蝽携带的一种寄生虫），每年也会杀死成千上万的人。

但更加致命的还是人类，而且人类的致命性只针对人类自己。每年有近50万人被他人蓄意杀害，另有133万人死于机动车事故[2]——比如帮助从泥坑中推出卡车时被卡车碾过。

我的担心搞错了对象。

但是，"最致命"这个概念显然需要考虑多个方面的问题。

例如，种群规模是一个重要方面。非洲大约还有2万头狮子，以及数千万亿只可导致疟疾的蚊子。就个体的致命性而言，狮子强于蚊子。

体型也是一个重要方面。蚊子比狮子体型小得多。从单位体重看，蚊子的致命性更强。

再例如，被攻击对象在多长时间内会死亡？生物一天或一生能完成多少次致命攻击？毒液的毒性有多强？

还要考虑"致命性所针对的对象"。毕竟，大多数动物对人类的致命性，通常远不及它们对其惯常捕食对象的致命性。

但无论从哪方面考虑，有一点很清楚：经常让我们担心害怕的那些"荧幕恐怖动物"，例如蜘蛛、蛇和鲨鱼，其危险性远没有达到电影所表现的那种恐怖程度。

在美国，几乎每一家室内都能找到蜘蛛——我几乎可以肯定现在就有一只蜘蛛正在看着你，但蜘蛛咬伤平均每年仅造成7名美国人死亡。[3] 与之相比，美国人被闪电劈死的可能性较之则高3倍。[4]

在徒步旅行中遇到蛇的时候，我总是迅速躲开，好长时间后鸡皮疙瘩才会消失，但是在美国，我今年被任何一种爬行动物杀死的概率大约仅为5 000万分之一。我在车祸中丧生的可能性要比这个高5 000倍，但在驾驶我的那辆马自达汽车时，我根本不会因此而焦虑不安。[5]

为了保护游人如织的海滩，澳大利亚每年都要花费数百万美元修建防鲨网。由于经常有鲸、海龟和海豹误入其中并因此丧生，他们需要利用"国家利益豁免"，才能规避环境法律的限制。[6] 在这个拥有2 400万人口的国家，每年其实只有一人死于鲨鱼攻击。

尽管我们以这样或那样的方式证明某些动物是冷血杀手，但我们无须过分害怕，因为我们还可以从这些动物身上学到很多宝贵的东西。

况且，能夺取人类生命的动物数不胜数。

世界上最致命的毒药为我们治愈癌症提供了哪些线索?

我面前的桌子上有三个纸巾盒大小的方形塑料盒,里面分别装着一个小羊羔的头颅,浸泡在防腐液里。

更恶心的是,这些羊羔不是普通的羊羔,而是独眼怪物:头颅中央有一个眼窝,前额上有一根肉质的管子。我俯下身子,盯着离我最近的那只空洞的眼睛,然后不由自主地打了个寒战。

"这个……太酷了!"我对美国农业部有毒植物研究实验室的负责人、植物生理学家丹·库克说。

其实我的意思是这些羊头"令人毛骨悚然",但我怕库克不愿继续展示他的实验室里的任何秘密。这个实验室研究的是人们身边的致命生物,为全世界的农业专家提供相关建议。

库克没有让我失望。不久,我们就进入了一个可能是世界上最危险的植物标本室。房间里摆满了金属橱柜,装有世界各地有毒植物的茎、叶、浆果和花朵标本的标本夹把每个橱柜挤得满满当当。

我不由想起了哈利·波特系列作品中我最喜欢的那个角色——"草药学家"纳威·隆巴顿。"天哪,"我想,"如果纳威有这样一间标本室,他会干什么呢?"

我也很想知道,如果把这样一间标本室交到外行手里,他会干什么。

如果农民和牧场主不知道他们饲养的动物为什么会中毒,他们可以从中毒动物的胃中取一个样本,送到这个实验室来。实验室在标本夹中找到具有相关化学特征的植物后,就会将这些罪魁祸首的照片发送给农民和牧场主,让他们知道哪些东西得小心,哪些东西应该从田地和牧场中剔除出去。库克说:"这样的实验室在全球范围内都已经所剩无几,所以向我们求助的人遍布世界各地。"

抽取频率比较高的标本夹里夹着的一些植物，仿佛是直接由霍格沃茨魔法变出来的，比如美洲稠李（*Prunus virginiana melanocarpa*）、有毒棋盘花（*Zigadenus gramineus*）和黑肉叶刺茎藜（*Sarcobatus vermiculatus*）。

一个标有"加州藜芦"（*Veratrum californicum*）的标本夹里存放着这种植物宽阔的椭圆形叶子和星形花的样本。怀孕的羊吃了加州藜芦后，体内就会产生一种被称作11–去氧介芬胺的类固醇生物碱。由于它对中毒母羊产下的羊羔有影响，科学家也称其为"环巴胺"。

从20世纪60年代起，我们就知道环巴胺对绵羊的作用，但几十年后我们才搞清楚原因：这种化学物质会导致信号通路受阻，使胚胎细胞从一个小小的受精卵变成一个庞大而复杂的生物体时无法顺利接受引导信号。结果会怎么样呢？这些奇形怪状的小羊羔即使能活着来到这个世界，也无法存活很久。

对绵羊来说，环巴胺是世界上最危险的植物之一。但库克和他的同事、牧场管理专家吉姆·菲斯特告诉我，环巴胺不会对所有物种都构成威胁。

"说到植物的毒性，要考虑很多变量。"菲斯特说，"例如，它有多少毒素？什么时候产生毒素？一年中的什么时候有毒？有些植物在一年四季里的毒性有高有低。此外，要看是什么动物吃这些植物。对一种动物有毒的东西，并不是对其他所有动物都有毒。"

有的植物有剧毒，例如水毒芹（*Cicuta douglasii*），人和动物只要接触就会立即生病或死亡。库克的实验室认为水毒芹是"北美生长的毒性最强的植物"。它所携带的毒素，也就是毒芹素，即使是少量一点儿，也可以在几秒钟内进入中枢神经系统，导致人和动物剧烈抽搐、癫痫发作甚至死亡。[7]

有的植物具有慢性毒性，也就是说，只有长期食用才会造成危害。

醉马草（疯草）就具有这种毒性。这是紫云英属（*Astragalus*）和棘豆属
（*Oxytropis*）的几个物种的统称。这个名称的含义一目了然：动物吃了醉
马草之后就会表现出一些近乎疯狂的症状，比如茫然凝视、极度紧张、
自我孤立、情绪暴躁。

　　有的植物，动物吃了之后不会有任何伤害，但它们的后代会受到致
命威胁。西黄松（*Pinus ponderosa*）的针叶就具有这个特点。西黄松的
株高可达270英尺，是世界上最高的树木之一。在降雪天气导致饲料匮
乏时，牛经常会吃这种针叶。此外，牛在吃别的树叶时偶尔会误食旁边
的西黄松针叶。即使是怀孕的母牛，吃了这些针叶也会安然无恙，但母
牛肚子里的小牛就没有那么幸运了，因为针叶里的二萜酸类可导致流产。

　　植物毒素还可以通过母乳从母亲传给后代，例如马达加斯加千里光
（*Senecio madagascariensis*）。这种草携带的有毒生物碱可以在马等动物的
肝脏中积累。即使母马不受毒素的影响，它产下的小马驹也会患肝脏疾
病。[8]

　　库克和菲斯特等实验室科学家的工作就是找出尽可能多的有毒植物
组合。虽然他们的主要任务是服务农业，但这些研究的"附带利益"与
制药业有关。[9]

　　以环巴胺为例。在人类几种癌症的发展过程中，导致绵羊胚胎混乱
的基因起着至关重要的作用。20世纪90年代中期，约翰斯·霍普金斯大
学的研究人员意识到，既然环巴胺能够阻碍绵羊的这种基因，那么它也
可能会抑制人类癌症的发展。[10]但是在当时，科学家很难合成这种化学
物质，而在高海拔草地和溪流中长势良好的加州藜芦也很难在农场种植。[11]
因此，制药公司PellePharm最近与美国林业局签订了合同，在曼蒂拉萨
尔国家森林（位于大型颤杨林潘多北边约70英里的位置）收获加州藜芦
的根。PellePharm公司正在使用它所收集的环巴胺，来制造一种治疗戈

林综合征（一种恶性基底细胞癌）的试验药物。变异的羊引发的这一系列情况，有可能给全世界成千上万的人带来希望。

从发现加州藜芦的毒性到开发这些有毒物质用于医药，一共花了半个多世纪的时间。但在今天，越来越多的科学家把目光投向有毒植物，希望能找到解决多种人类疾病的办法。

菲斯特说："世界上所有有毒植物可能都含有少量对人类健康非常有益的次级化合物。"

古希腊用来处死囚犯的毒堇（*Conium maculatum*）就是如此。尽管传统医药一直在利用这种植物治疗乳腺癌，但就和很多传统疗法一样，这种疗法也遭到了众多现代科学家的忽视。2014年，这种情况终于有所改观。印度卡利亚尼大学的一个研究小组发现，毒堇乙醇提取物还可以通过调节p53基因（也就是大象用来杀死恶性突变细胞的基因）来诱导细胞凋亡。[12]看来，当初被用来处决苏格拉底的这种植物可能会挽救很多人的生命。

另一种可能用于救死扶伤的植物是有致命毒性的颠茄（*Atropa belladonna*）。一些科学家认为，莎士比亚在《罗密欧与朱丽叶》中描述的那种毒药，"像一场不合时宜的霜冻，降落在田野里最娇艳的花朵上"，可以迅速致人死亡，其中就含有颠茄。几百年来，这种植物一直是刺客常用的武器。此外，它的紫色浆果形状饱满，色泽诱人，因此偶尔也会导致儿童死亡。但作为它含有的众多化合物之一，阿托品被人类使用的历史几乎与麻醉剂一样久远。阿托品是神经毒气中毒的标准解毒剂，在当今世界仍有需求。尽管早在几十年前，国际法就已经禁止使用神经毒气，但神经毒气中毒屡见不鲜。[13]

致命的蓖麻（*Ricinus communis*）是蓖麻毒素的来源，接触蓖麻毒素会导致呕吐、腹泻、癫痫甚至死亡。[14]蓖麻毒素被多次应用于现代恐怖袭击和政治暗杀，但它也是一种超级"植物修复剂"。近期研究表明，它从受污染土壤中提取有毒金属元素（比如镉、铅和铟）[15]和化学污染物（如六氯环己烷和DDT——双对氯苯基三氯乙烷）的效果极佳。[16]

尽管以致命毒性闻名，以及在制药和工业方面的价值使其名声更响，但毒堇、颠茄和蓖麻子并不是世界上最危险的植物。至少从中毒人数这个角度看，它们不是那么危险。事实上，它们远算不上最危险的植物。

但与这三种毒物相似的是，那些以毒性著称、能进行光合作用的真核生物可能也具有帮助人类的巨大潜力，前提是我们可以利用它们。

致命毒性的凶名如何使世界上最有药用潜力的植物无法发挥其价值？

1998年，当哈立德·埃尔·赛义德发表他关于西松烷类化合物抗癌潜力研究的第一个成果时，他知道这个发现不太可能在短期内挽救生命。他在红海中生长的软珊瑚中发现了目标化合物。[17]他告诉我，尽管有迹象表明它有可能抑制人类的肺癌、皮肤癌、结肠癌和小鼠的白血病，可是"养殖只能在海洋中生长的珊瑚并不是那么简单"。

但埃尔·赛义德知道，西松烷类化合物（其基本化学结构是14个碳环）在自然界中十分常见。他说："因此，如果我们知道它们在哪些地方更容易种植，就会大大有助于解决这个问题。"

在接下来的几年里，埃尔·赛义德取得了充满希望的惊人发现，但这位来自路易斯安那大学门罗分校的化学教授在开展进一步研究时，仍然面临资金短缺的难题。

这是因为埃尔·赛义德认为最有可能对抗癌症威胁的西松烷的来源，每年都会导致全世界700万人死亡，死因主要是肺部疾病和肺癌。没错儿，烟草可能是一种对抗癌症的重要武器。[18]

我们先了解一些背景知识。当我问人们哪种植物导致的死亡人数最多时，大多数人不会直接想到烟草。毕竟，烟草本身并不是那么危险。如果你咀嚼并咽下一片烟叶，你可能会感到剧烈胃痛，但不大可能马上一命呜呼。

但是烟叶是世界上化学物质含量最高的叶子之一。即使是在加工和添加其他成分之前，烟草也至少含有3 000种化学物质。[19]埃尔·赛义德认为，烟草中含有的化学物质可能接近5 000种。这些化学物质中最臭名昭著的就是尼古丁。尼古丁是一种油性液体，被人体血液吸收后就会起到兴奋剂的作用。它会严重破坏自主神经系统和骨骼肌细胞，一旦成瘾就极难戒除。

烟草公司非常清楚吸烟的危险，但他们秘而不宣，直到几十年后才将真相公之于众。[20]尽管通情达理的人可能并不认为所有人都应该清楚吸烟（无论是什么烟）对健康没有多大好处，但值得注意的是，随着20世纪下半叶了解吸烟危害的人越来越多，烟草公司的高管们上演了故意提高烟草产品成瘾性的懦弱行径。2006年，美国联邦法院下令"大烟草"公司承认这一阴谋，但这些公司又负隅顽抗了11年。[21]

在同一时期，美国烟草公司的利润率上升了75%以上，[22]主要是因为政府每次提高烟草税，烟草公司就会提高香烟的价格，[23]但利润并没有转移到烟草种植者身上。因为市场整合，北卡罗来纳州和弗吉尼亚州的烟草种植深受打击，而美国的绝大部分烟草都来自这两个州。从全美国来看，烟草种植行业产值从2014年的18.3亿美元下降到2016年的12.7亿美元。

"从根本上说，烟草是一种高度可持续性作物。"埃尔·赛义德说。他认为，在克里斯托弗·哥伦布到来之前，美洲原住民早就已经开始种植这种植物了，而欧洲的烟草商业化种植是在16世纪50年代开始的。[24]
"这种作物长势茂盛，有非常高的农业价值，许多州已经在经济上依赖于
它了。"

由于最近的研究表明烟草中的西松烷类化合物有可能抑制乳腺和前
列腺肿瘤中新血管生长，[25]因此埃尔·赛义德认为，对有益利用烟草研究
追加资金的时机已经成熟。他说，这既能增加就业，又有可能挽救生命。

现在，如果你正在寻找旨在预防吸烟和烟草使用的资助，你可能会
走好运。美国疾病控制与预防中心、美国国家慢性病预防与健康促进中
心以及吸烟与健康办公室，都是愿意为科学预防吸烟慷慨解囊的美国政
府机构。埃尔·赛义德说，但如果你想证明烟草使用对人类有益，"就很
难得到资金支持"。

埃尔·赛义德的研究还表明，如果制作卷烟时不去除烟草中的西松
烷类（现在的做法是去掉这些化合物，表面上的理由是改善口感），就有
可能降低香烟的致癌风险。因此，他几乎可以肯定烟草行业的游说团体
对他的研究感兴趣。他说："但是，如果你接受烟草行业的任何资助，那
么好几个基金资助机构都会拒绝为你提供资助。"

例如，美国国立卫生研究院通常会调查申请资助的研究人员是否曾
获得过烟草行业的资助。许多顶级研究机构，如约翰斯·霍普金斯大学
和梅奥医学中心，全面禁止他们的科学家接受烟草行业的资助。一些顶
级期刊，包括《英国医学期刊》系列的出版物，甚至不会考虑与烟草行
业有金钱关系的投稿。[26]

"我当然能理解，"埃尔·赛义德叹了口气说，"而且我也不是提倡吸
烟。但是，我们知道有些人就是要吸烟，那么我们或许可以将危害降到
最低。当然，如果能更好地利用烟草，把它变成一种药物或者补品，那
就太好了。"

2004年，英国曼彻斯特大学流行病学家安妮·查尔顿在写给英国《皇家医学学会杂志》的信中指出，19—20世纪，香烟在全球范围内都取得了成功，因此在烟叶刚刚被引入欧洲的时候就不由自主地"披上了灵丹妙药的光环并被称为'圣草''神药'"。

查尔顿最后指出："我建议，我们应该抛开吸烟的不良影响所导致的偏见，系统地检查烟叶是否含有能治病救人的物质。"

澳大利亚乐卓博大学的一些研究人员的做法与查尔顿的建议不谋而合。他们不仅研究了烟草的叶子，还认真研究了其他部位。研究过程中，他们在一种观赏型烟草的粉红色和白色喇叭状花朵中，发现了一种叫作NaD1的分子。利用这种分子，可以在不损害周围健康细胞的前提下对癌细胞实施精确打击。[27]因此，就像埃尔·赛义德一样，乐卓博大学环境管理和生态系主任苏珊·劳勒对未来充满渴望。"想象一下，如果种植烟草的目的是收获它的花，而不是烟叶，"她在写给新闻网《谈话》的文章中指出，"就必将大大加强烟草种植行业的健康意识。"[28]

这确实是一个大胆的想象。如果我们只看到事物危险的一面，就有可能对它们潜在的价值视而不见，而这才是最大的危险。

为什么世界上最毒的蛙不会毒死自己？

我慢慢走上前，近距离观看那只蛙。它是一个父亲，背上背着蝌蚪。一瞬间，它精心呵护后代的样子与它的致命毒性形成了强烈反差，深深地吸引了我。

导游迭戈·古斯塔沃·阿瓦纳里·阿鲁霍说："它们是好爸爸。蝌蚪破卵而出后，它们就会把蝌蚪背到背上，以确保蝌蚪们的安全。"我们所在的位置是哥伦比亚阿马卡亚库国家公园附近的森林。阿鲁霍是科卡马族人，从小就生活在这片森林之中。

我拿起相机，走向那只蛙。

当我的镜头离它只有几英寸时，阿鲁霍说："它可能不会袭击你，而会掉头逃跑，但也许你最好还是不要冒险？"

我又拍了一张照片，然后退了一步。

"好吧，"我说，"现在我可以把它抓起来吗？"

"当然可以，"阿鲁霍说，"如果你想在5分钟内死去。"

"那我们怎么舔它呢？"

阿鲁霍显然厌倦了我的玩笑。"好吧，"他说，"你可以舔有毒的青蛙。但把你的手机给我，我会拍摄你中毒死亡的视频，然后发到视频网站上。这样的话，我们就能赚很多钱，全村也会富起来。"

那天，我们发现了好几只箭毒蛙，当天晚上我们用手电筒在森林里搜寻时又发现了一些箭毒蛙。阿鲁霍告诉我："这里的人首先会告诉孩子远离那些青蛙。不教不行，因为孩子们都喜欢青蛙。"

有些成年人也喜欢青蛙。进化生物学家丽贝卡·塔文花了很多时间在哥伦比亚的森林里收集和研究（甚至舔了）有毒青蛙。塔文舔过的"毒性温和"的青蛙味道像寿司。她接受美国国家公共广播电台采访时说："我可以分辨出是舌头的哪个部分接触到了青蛙，随后这种感觉就不断扩散，直到最后我的整个嘴巴都有点儿麻。"[29]

塔文用舌头舔舐的科研方法可能并不适合所有人，但她的很多研究都是极其严肃的。塔文也不是所有的青蛙都敢舔。有的蛙类（比如金色箭毒蛙）的毒液，只要一毫克就足以杀死10个成年人。因此，金色箭毒蛙（*Phyllobates terribilis*）通常被认为是世界上最毒的动物。

箭毒蛙为什么不会毒死自己呢？塔文发现，至少对某些箭毒蛙来说，秘诀似乎就是蛋白质中的某种氨基酸。蛙皮素的致命毒性通常会作用于这种氨基酸。由于这些蛙类的受体形状发生了小小的变化，因此蛙皮素无法与蛋白质结合，而是直接滑落。

但是，这个策略有一个问题：该受体同时还是青蛙大脑正常工作所必需的。因此，携带蛙皮素的箭毒蛙进化出了另外一些氨基酸的变化（有点儿像生物学上的迂回），使蛋白质仍然能发挥作用。很多种箭毒蛙都是这样进化来的，但是这种变通方法因血统不同而效果各异——就像不同的高速公路工程师会选择不同的方法来建造旁路一样。[30]

正是由于有了这些化学方法，这些青蛙才得以生存。但这并不是说，只要它们生存下来，就能保证我们可以持续研究它们产生的数百种毒素——它们的生存环境同样非常重要。这是因为青蛙是"生物勘探者"，它们从捕食的野生动物身上获取新的化合物以制造毒素，而这些野生动物通过摄食产生这些化合物，以此类推。在圈养环境中，箭毒蛙会失去毒性。我们无法在实验室里重建整个雨林生态系统，所以只有让这些青蛙待在野外，我们才能研究它们产生的毒素。

当然，这意味着要保护雨林。我们在这方面做得很糟糕。由于污染和栖息地减少，在全球范围内，我们所知道的箭毒蛙大约有1/4濒临灭绝——还有很多箭毒蛙甚至可能在我们辨认出它们的类别之前就会从地球上消失。2017年，爬虫学家雪莉·珍妮弗·塞拉诺·罗哈斯公开宣布她发现了一种名为*Ameerega Shihuemoy*的带橙色条纹的黑色箭毒蛙。她痛心地表示，如果不制订保护计划，这种生物可能等不到我们认真研究它，就会彻底消失。[31]

两栖动物在几次全球大灭绝中都得以幸存。但由于它们依赖洁净的水源和潮湿的栖息地，而且通常生活在像热带雨林这样因人类需求而被过度开发的地区，因此全新世灭绝事件对它们的打击尤其猛烈。[32]更危险的是，有毒两栖动物似乎天生就比无毒同类更有可能面临灭绝，两者灭绝的可能性也许相差高达60%。[33] 目前还不清楚为什么会这样，但研究人员推测可能是因为产生毒素需要消耗大量的能量，或者是因为化学防御能力使这些动物足够"强大"，可以迁移到更有利于维持生命的栖息地，久而久之，它们就会变得更加脆弱。[34]

当然，天然毒素已经被证明是制药行业非常理想的路线图——毒素越致命，潜在价值就越大。每一种箭毒蛙灭绝，就等于又一家世界上最好的药店关闭了。

因此，研究人员正在争分夺秒，尽可能合成更多的箭毒蛙毒素。2016年，科学家在这方面取得了巨大的胜利，他们发现了制造另一种致命蛙毒素——箭毒蛙毒素的24步过程。[35] 这种毒素会干扰生物电信号，从而可能会对我们研究神经如何传导电流起到很大的帮助作用。

但是，合成一种毒素需要很长时间。合成箭毒蛙毒素的配方是在野外首次发现这种毒素47年后公布的。[36]

一种毒素被攻克，但还有数千种在等着我们去研究。

这数千种毒素还仅仅是我们从蛙类身上发现的。

致命毒蛇是如何让人类生存成为可能的？

我怕蛇，但我更了解它们。

只有1/4的蛇是有毒的。只有很少一部分毒蛇携带的毒素，在数量足够的情况下，可以毒死一个人。在人类经常去的地方生活的致命毒蛇就更少了。蛇大多胆小怕人，只有在被激怒的时候才会攻击；而且即使被激怒，它们也常常会进行无毒攻击，即所谓的"干咬"。在我逗留的大多数地方，地方医院通常都能完成常见蛇类咬伤的抗蛇毒血清治疗，尽管收费往往过于昂贵。[37] 总而言之，被蛇咬死在美国是一出极其罕见的悲剧。去掉在宗教仪式中使用响尾蛇的狂热者[38]，被咬后拒绝就医的妄想者[39]，在野外抓响尾蛇的鲁莽者[40]，以及罕见的利用眼镜蛇自杀的精神失常者（没错儿，这是真的[41]），每年有2名——甚至不到2名——美国人被蛇咬死，尽管美国本土的48个州都有毒蛇，而且每年有多达8 000人被蛇咬伤。

这些我都知道。但是，当一个名叫"邂逅生物"的巡回动物园带着一条黄白相间的缅甸蟒蛇（一条名叫纳西莎的无毒蛇）参加聚会时，我一边鼓励当时6岁的女儿去摸一摸，一边拼命祈祷，希望她在摸这条蛇的时候不要让我拉着她的手。

现在想起来我很不好意思，觉得自己当时的表现太不理性了，但事实证明，至少有很多人都会有和我一样的表现。恐蛇症是世界上最常见的恐惧症之一，可能是最常见的动物恐惧症。[42]

长期以来，很多人害怕蛇到底是因为先天还是后天原因，人们就这个问题争论不休。研究结果似乎同时支持这两种观点。2011年，罗格斯大学、卡内基梅隆大学和弗吉尼亚大学的研究人员发表的一项研究表明，虽然人类辨认爬行动物的速度似乎天生就比辨认其他动物快，但是我们通常是因为某次糟糕的经历或者身边其他人的反应（后面这个原因更为常见）才学会怕蛇的。[43]不过，来自德国马克斯·普朗克研究所和瑞典乌普萨拉大学的研究人员于2017年得出了一个看似不同的结论。他们在研究中发现，近6个月大的婴儿（他们应该还没有接触过蛇）在看到各种蛇的照片时，瞳孔会迅速扩张——这是一种对恐惧的常见反应，说明对蛇的恐惧可能是天生的。[44]

不知道我对蛇的恐惧是后天习得的产物，还是我的DNA中镌刻的东西，又或者两者兼有。人类学家琳恩·伊斯贝尔（也就是观察到长颈鹿经常低头吃低矮处的树叶，而不是伸长脖子吃高处树叶的那位科学家）

认为，我之所以是我，她之所以是她，你之所以是你，都与蛇有某种关系。她的"蛇类探测理论"认为，如果不是需要时刻提防蛇类——不擅此道会面临巨大的选择性进化压力，灵长类动物就不会进化成目前这种样子。

毕竟，蛇是世界上最有效的杀手之一。在发展中国家（包括印度、印度尼西亚、尼日利亚、巴基斯坦和孟加拉国）的一些地区，毒性极强的蛇仍然会夺走许多人的生命。世界卫生组织估计，每年有8万多人因毒蛇咬伤而丧生，截肢和其他永久性伤残的人就更多了。[45]除其他智人以外，蛇杀死的人比任何其他脊椎动物都多——而且它们致人死亡的速度非常快。在某些情况下，蛇毒只需几分钟就可以致人死亡。

伊斯贝尔认为，在数万年的时间里，蛇对人类构成的威胁可能促成了人类的一些独特行为，包括肢体行为，甚至还包括语言的发展。此外，纵观生存这部大剧，蛇还可能对灵长类物种独有的一些生理特征施加了进化压力。[46]比如，伊斯贝尔发现，在毒蛇经常出没的地方，灵长类动物的视力更好，大脑体积也更大；而在毒蛇比较少见的地方，灵长类动物的视力没有那么好，大脑也没有那么大。伊斯贝尔认为，这可以解释无忧无虑的马达加斯加狐猴与一般的灵长类动物相比大脑较小、视力较差的现象。[47]她说，这些狐猴在进化过程中无须担心毒蛇——马达加斯加这个非洲岛国有80种蛇，但没有一种是有毒的。

但在我们的进化过程中，还有无数其他压力在起作用，所以伊斯贝尔和她的合作者深入研究了灵长类动物的大脑，以便从神经学上证实这一理论。他们发现，他们一直在寻找的秘密似乎就隐藏在丘脑枕（快速处理视觉信息的丘脑区域）中：当猴子们看到蛇的图片时，这些灵长类动物大脑的某个区域似乎会有选择地"点亮"——尽管这些猴子是从小就被圈养的亚洲猕猴，之前从来没有看到过蛇。在看其他图片时，这些猕猴大脑的同一区域没有被激活。[48]

伊斯贝尔后来进行的一项研究表明，即使是快速看一眼蛇的花纹——在林间地面上两条绿色毛巾之间露出的一英寸哥夫蛇蛇皮，就足以引起穆帕拉研究中心（位于肯尼亚中部的莱基皮亚高原上）的野生青腹绿猴的注意。[49]"我原先的计划是让这些猴子看一英寸蛇皮，然后再露出一英寸，直到它们能认出那是蛇为止，"伊斯贝尔告诉我，"我没想到，仅仅露出一英寸蛇皮它们就辨认出来了。这说明它们之所以能辨认出来，并不是因为蛇没有脚，也不是因为蛇的形状，而是因为鳞片。它们肯定是通过鳞片辨认的。"

这一发现与伊斯贝尔的另一项研究相吻合。那项研究表明，来自南美的白面卷尾猴也会对蛇鳞花纹做出独特的反应。研究还表明，在面对逼真的蟒蛇和响尾蛇模型时，卷尾猴表现出的反捕行为比它们面对没有蛇鳞花纹的模型时更加激烈。[50]

这三种灵长类动物来自世界上三个截然不同的地方，但它们对蛇都高度警惕。这似乎与它们都拥有的一项脑功能有关，而这项功能的具体作用就是帮助猿类避开各种蛇，例如亚洲蝮蛇、非洲东南部的眼镜蛇和南美蝮蛇。

人类也生来就对蛇高度警惕吗？经常与伊斯贝尔合作、来自荷兰鹿特丹伊拉斯谟大学的简·范斯特林认为确实如此。通过对人类受试者进行电生理测试，范斯特林证实，无论我们是否有意识地对蛇感到恐惧，在看到蛇的影像时，我们大脑的电活动都会激增，产生所谓的早期后部负电位，其水平远远超过我们看到鼻涕虫、海龟、蜘蛛或鳄鱼等其他爬行动物（人们普遍认为这些动物非常危险）的影像时的水平。[51]伊斯贝尔和范斯特林后来共同撰写的一篇研究论文指出，受试者看到蛇皮后的早期后部负电位水平明显高于他们看到颜色相似的蜥蜴皮或鸟类羽毛时的水平——同样，这个现象与受试者是否认为自己怕蛇没有任何关系。[52]
越来越多的证据表明，人类和其他灵长类动物即使不是对蛇类极度畏惧，
也天生对蛇敏感。伊斯贝尔认为，进化这场军备竞赛可能都是从蟒蛇开
始的（这对因为害怕蟒蛇纳西莎而感到不好意思的我来说是一个小小的
安慰），但是在蛇进化出动物界中最致命的毒素并且可以把这些毒素注射
到猎物体内时，这场军备竞赛立刻大大加剧了。

为什么经济不平等会阻碍基于毒液的药品研发？

越来越多的研究表明，蛇在我们形成对危险的本能反应这个方面发
挥了重要作用，但我们对蛇和其他有毒动物是否有能力在其他方面影响
我们生活的研究才刚刚开始。

2011 年，荷兰莱顿大学的一群生物学家在投给《生物学论文集》杂
志的论文中指出，毒液是"严重开发不足的药物勘探资源"，还认为对爬
行动物了解程度上的差异（原因之一是发自内心的恐惧）使人们"忽视
了成千上万个具有潜在药用价值的物种"。[53]

为了解决这一问题，几年后，一个由欧盟研究机构组成的联盟着手
建立有史以来最大的毒素数据库。但是在为期 4 年的毒物学项目结束时，
他们的清单上只有大约 200 种毒物，而世界上一共有 15 万个有毒物种，
况且这还只是能分泌毒液的物种——通常它们通过咬伤或蜇伤将毒素注
射到受害者体内。除此以外，本身有毒的动物就更多了。比如箭毒蛙，
它们只需要接触目标就可以传播毒素。就算被捕食者吞到肚子里，它们
也可以发起终极报复行动，杀死捕食者。

我们不在预防和治疗疟疾的研究上加大投入，一个主要原因是这项
研究的最大受益者是贫困人口。我们没有投入更多的精力从事毒液研究，

也是出于这个原因。毕竟在过去，毒液分析的核心任务就是制造抗蛇毒血清，而需要抗蛇毒血清的大多是发展中国家的人。

有消息称，一家规模居世界前列的制药公司将不再生产无国界医生组织用于治疗非洲蛇咬伤的抗蛇毒血清。针对这一情况，2015年，澳大利亚动物毒液研究中心的戴维·威廉斯在《英国医学杂志》上撰文指出，即使真的有了抗蛇毒血清，"全球抗蛇毒血清供应也长期存在缺口，已累计造成数百万人死亡和数百万人伤残，还加重了许多国家本来就非常严重的贫困和公民选举权被剥夺的问题"。

但是威廉斯也指出，大多数非洲人本来就无法及时获得挽救生命和肢体所需的护理，如果再得不到这种特殊的抗蛇毒血清，那无异于雪上加霜。"专家们一直在敦促有关部门纠正这种将必需药物拒之门外的做法，"他说，"但没有得到任何有意义的回应。" [54]

威廉斯称，推销各种新型"万应灵药"的推销人员纷纷涌入国际社会没有采取行动的那些地区。例如，在加纳和乍得，无效的抗蛇毒血清导致因被蛇咬伤死亡人数在一年内上升了500%。与此同时，漠视蒙蔽了人们的眼睛，使他们根本看不到对抗蛇毒血清的迫切需要，也看不到这种药物其实很容易制备。当荷兰公共卫生研究人员试图就这个问题调查抗蛇毒血清制造商、国家卫生部门和全球毒物控制中心的意见时，仅有不到1/4的组织做出了回应。[55] 研究人员称，根据他们收集到的信息，在蛇咬伤事故频发的国家，卫生机构几乎不参与流行病学研究，不经常组织卫生工作者接受培训，也没有制定有效减少蛇咬伤事故的国家战略。他们认为，由于国际社会对解决抗蛇毒血清短缺问题的支持很少，这些国家把卫生工作的重点放在了他们能够取得成功的领域——这意味着很多人被蛇咬伤后只能听天由命。

发达国家和发展中国家在对毒蛇咬伤的处理上呈现出了极不光彩的

惊人差异。这说明尽管我害怕蛇，但我真的无须感到害怕，而世界上不太富裕地区的人则有充分的理由感到害怕，他们必须接受死于毒蛇咬伤是生活的一部分。

不过，最近人们对动物毒液的关注有所增加。这并不是因为发达国家突然开始关心这个问题，而是因为技术的进步为研究人员提供了评估动物毒液的机会，而他们这样做的目的同时也会影响富裕国家。

例如，欧盟的动物毒液项目明确提出，它的宗旨是关注"炎症、糖尿病、自身免疫病、肥胖和过敏"，发明"新型受体靶向药物以及新的治疗手段"。尽管这些补救措施在让富裕国家吃肉的同时也会让那些贫穷国家喝上一口汤，但该项目参与者毫不掩饰地指出，他们的主要目标是经济，而不是人道主义。[56]不过，无论出于什么动机，该研究最终甄别出了数百种新的蛋白质和肽，而且研究人员正在将其转化为拯救生命的疗法。

尽管应用蛇毒蛋白组学近期才引起人们的关注，但它并不是一个新的科学领域。1968 年，英国皇家外科医学院药理学家约翰·文所在实验室的一组研究人员证明了巴西具窍蝮蛇（*Bothrops jararaca*）的毒液可以作为血管紧张素转换酶抑制剂，起到放松血管、降低血压的效果。这一发现迅速导致了卡托普利的研发。1981 年，卡托普利获得美国食品药品监督管理局的批准并在美国面市，至今仍用于治疗高血压、肾脏疾病和充血性心力衰竭。[57]

卡托普利是一种革命性新药，但它的成功也有运气成分。巴西的原住民群体长期以来一直用这种毒蛇作为箭头的毒源，在他们的指引下，研究人员才把目光投向了这种毒蛇。[58]

1982 年，约翰·文在诺贝尔医学奖的获奖感言中指出："今天的药物是在几千年知识的基础上制成的。"尽管他是因为发现前列腺素（控制体内若干重要过程的类激素物质）而获得这一殊荣的，但他在简短的晚宴演讲中具体提到了动物毒液的药用前景，最后还补充说"明天的新药将以今天的研究成果为基础，诞生于世界各地实验室的基础研究之中"。[59]

但在接下来的几十年里，人们并没有急于发明基于动物毒液的药物。就当时而言，这项工作难度极大。即使是同一个物种的毒液中也可能有数以千计的有毒肽——这意味着科学家必须对数千万种化学结构进行分类，搞清楚它们各自的作用。要做到这一点，他们首先必须甄别出能影响生物过程的毒液——例如，能降低受试小鼠血压的毒液。然后，他们还要逐步分解毒液，寻找产生所见效果的单个分子或者若干分子组合。

直到最近，由于基因测序技术和体外DNA复制技术取得的进步，研究人员才有可能更快速、更清楚地了解符合哪些条件的分子才会活跃起来。这让科学家更容易找到前景光明的备选化学物质，而不需要像文在他的诺贝尔奖演讲中所说的那样把希望寄托在"民间传说"和"意外发现"上。

现在，我们可以借助超级计算机对毒液的化学结构进行分类，还可以把不同动物的毒素融合在一起创造出特制分子。[60]这些进步使得人们研究毒液的兴趣激增，尤其是世界上最致命动物（比如经常出现在世界上最致命毒蛇名单上的那些）的毒液。

给致命毒蛇赋予一个超级称号是很困难的，因为它们捕食的猎物各不相同。即使以所有蛇都会捕食的老鼠来衡量，也难以得出结论，因为有的蛇捕杀速度更快，有的蛇捕杀频率更高，有的蛇产生的毒液更多，有的蛇产生的毒液毒性更强，有的蛇因为体型和胃口的原因，需要捕杀更多的老鼠。尽管如此，所有爬虫学家在告诫人们对某些毒蛇敬而远之时，都会把内陆太攀蛇、黑曼巴蛇和锯鳞蝰列入他们的名单。[61]

内陆太攀蛇（*Oxyuranus microlepidotus*）就是在2017年让一位名叫

奈森·切库提的澳大利亚年轻捕蛇高手陷入昏迷、生命垂危的罪魁祸首。人们经常根据半数致死剂量（注射毒杀半数实验室受试小鼠所需的毒液量），称太攀蛇是最致命的毒蛇。利用太攀蛇毒液中的某种成分制成的化合物，可以起到重要的消炎、止血作用。此外，太攀蛇毒液中的某种化学物质有可能使负责血管壁收缩的肌肉放松。[62]

曼巴蛇（*Dendroaspis polylepis*）的毒性没有太攀蛇那么强，但曼巴蛇的体型要大得多，速度也快得多——它可能是世界上速度最快的毒蛇。曼巴蛇的毒液发作速度很快，注入猎物体内后很快就会麻痹猎物，因此曼巴蛇可以慢条斯理地品尝美餐。这种特性引起了研究人员的兴趣。通过分析，他们发现曼巴蛇毒液中有一种成分的止痛效果似乎可以与吗啡相媲美。[63]在全世界都面临阿片成瘾危机（在很大程度上是医生想办法解除病人的痛苦时造成的）的情况下，曼巴蛇毒液可有效抑制酸敏感离子通道（人体传导疼痛的主要途径）。这个发现使我们看到了希望：也许我们很快就可以开发出成瘾性较低的止痛药。

从原始的致死人数来看，对人类来说最致命的蛇类是锯鳞蝰（*Echis carinatus*），它所属的8个关联物种致使非洲、中东和南亚每年数万人死亡。不过，作为一种叫作替罗非班的抗血小板药的来源，它也帮助医生挽救了许多生命。替罗非班可以在心脏病发作时用于防止血液凝结，也可以在手术中用于治疗冠状动脉阻塞。[64]除替罗非班以外，我们还有可能从锯鳞蝰毒液中提炼出其他药物。2017年，一些分子生物学家对印度锯鳞蝰的毒液进行了串联质谱分析。他们发现这种蛇的毒液简直就是一个一站式药店：不仅含有多种毒蛇毒液里都有的几十种蛋白质，还含有几种新型蛋白质。在接下来的几年里，他们将深入研究这些新发现的蛋白质。[65]

陆生蛇是世界上被研究得最多的有毒生物。不过，尽管只有大约600种毒蛇，但要全面评估它们潜在的药用价值，我们还有很长一段路要走。[66]

要了解海洋生物的毒性，我们有更长的一段路要走。

为什么说世界上最大的药店可能在海底？

蜇伤的地方刚开始没那么疼。

我是和妻子一起，在墨西哥洛斯阿科斯国家海洋公园潜水时被蜇伤的。我看到下方有一条蝠鲼，于是准备跟在它后面，却不小心一头扎进了一个水母群中。

其中一只水母蜇了我一下。我感觉就像被针快速地戳了一下，没那么疼，所以我没有立刻浮出水面。但那天晚上，我发现背上有一个20比索硬币大小的圆形伤痕。由于伤痕一直难以消除，又红又丑，我好几个月都不敢打赤膊。我觉得自己很倒霉，但是等到我在网上搜索其他人被水母蜇伤的照片，看到那一个个犬牙交错的裂口、密密麻麻的脓疱和深色的痂之后，我恶心得直想吐。然后，我就觉得自己很幸运了。

海洋刺胞动物（包括水母、海葵和珊瑚）都会利用刺丝囊这种鱼叉状触须，将毒液注入猎物体内或者击退捕食者。有些刺胞动物的蜇刺让人极不舒服，有的蜇伤可能致命。对人类来说，最致命的是箱水母。这种长有24只眼睛的水母在水中非常敏捷，毒液的毒性极强。它们生活在世界各地的海洋中，和人类一样喜欢在海滩附近活动。据估计，箱水母每年都会导致约100人丧命。它们使用的武器是一种很快就会发作的毒液，可以在几分钟内使成年人的心脏停止跳动。[67]

箱水母毒液的潜在价值极大。然而，正如澳大利亚昆士兰大学的毒液学家布莱恩·弗赖伊所指出的那样，人们在一年的蛇毒研究中取得的成果比有史以来发表的水母毒性研究成果还要多，原因之一可能就是水母毒液很难获得。[68]因此，弗赖伊决定开发一种可以方便地获取这种毒液的技术。

弗赖伊知道乙醇可以诱导其他刺胞动物的刺丝囊发射毒液，所以他和合作者收集了一些叫作海黄蜂（*Chironex fleckeri*）的箱水母。他们把海黄蜂的触须在酒精中浸泡了30秒，过了一天，待蛋白质分散后，再用离心机分离。[69]最后得到的就是纯净的海黄蜂毒液，以及一些新的有待研究的蛋白质和肽。随后不久，就有研究人员开始采用这种方法研究其他刺胞动物。例如，研究冷水海葵、太平洋海刺水母和巨型狮鬃水母的科学家已经在应用弗莱的研究成果了。整个包含大约一万种有毒动物的刺胞动物门向我们敞开了大门。

当然，任何听说过史蒂夫·欧文的悲惨故事的人都会告诉你，刺胞动物并不是海洋中唯一的有毒生物。欧文以勇敢乐观的"鳄鱼猎手"的形象崭露头角，曾多次遭遇鳄鱼和毒蛇，但每一次都能幸免于难。他常开玩笑说，他受到的最严重的伤害是鹦鹉造成的。但在2006年，就在他拍摄一部纪录片时，一条刺魟意外地导致了他的死亡。巧合的是，那部纪录片就叫《最致命的海洋生物》。

刺魟是1 200种有毒鱼类中的一种。就像刺胞动物一样，刺魟直到不久前还被人们所忽视。到目前为止（必须强调"到目前为止"，因为还有大片海洋有待我们去探索），科学上已知最具毒性的鱼是一种热带鱼——毒鲉。

毒鲉经常伪装成岩石，因此得名"石鱼"。它背部的尖刺可以分泌神经毒素，人类不小心踩到就会导致疼痛、肿胀、低血压和呼吸窘迫。

虽然人类在大约5亿年前与毒鲉分道扬镳，但人类与它仍有一些共同之处。例如，在毒鲉体内有一种叫作毒鲉毒素的蛋白质，它似乎与叫作穿孔素的人体蛋白质有远亲关系。人体中穿孔素的作用是破坏已被感染或发生癌变的细胞，但它也会导致1型糖尿病患者的胰岛细胞被破坏，以及骨髓受体的移植排斥反应。

科学家早就知道穿孔素在发挥作用（包括积极作用和消极作用）时会在细胞表面形成一个足够大的孔隙，让毒素进入并自里至外杀死细胞。2015年，他们发现了穿孔素的作用原理。整个过程开始于毒鲉毒素的两个亚单位——它们相互作用，形成一个晶体结构，从而启动了孔隙的形成。科学家们知道孔隙形成过程如何开始之后，就可以着手寻找可能从一开始就抑制这一过程的化学物质。[70]一旦成功，就可以为身体排斥骨髓移植的约30%的白血病患者提供帮助。

如果一定找出最有药用价值的致命海洋生物[71]，那就是来自芋螺属的可怕的鸡心螺（又称芋螺），它的毒液是世界上发作最快的毒液之一。这些腹足类动物又被称作"香烟螺"，据说，如果被它蜇了，只需要抽一支烟的时间，心脏就会停止跳动。

事实上，在数百种鸡心螺中，只有少数几种能产生足以威胁人类的毒素，但它们的毒液发作的速度真的有传说的那么快。如果你是从它旁边游过的一条鱼，毒液在你体内发作的速度甚至会更快。不需要一秒钟，你就会陷入无助的瘫痪状态，再也不能自由自在地在水中穿梭了。这个速度引起了弗兰克·马里以及其他生物化学家的兴趣。马里在美国国家标准与技术研究院建立的鸡心螺"农场"，在数十项与鸡心螺携带的神经毒性肽——芋螺毒素有关的研究中发挥了核心作用。

马里娴熟地掌握了给鸡心螺放毒的技术。他用死金鱼引诱实验室里的鸡心螺，一直等到它们来回摆动长有毒牙的喙部。在最后一刹那，他把那条死金鱼换成一个带乳胶瓶盖的小瓶。[72]

这项技术是建立在20世纪80年代犹他大学本科生克里斯·霍普金斯提出的一个更有趣的过程之上的。霍普金斯用金鱼摩擦一只充气避孕套，然后将避孕套放进装满有毒鸡心螺的容器之中。他的大学老师、神经学家巴尔多梅罗·奥利弗后来说："水面上是一只充气避孕套，下面挂着的鸡心螺就像钟摆一样来回摆动。当时真应该用摄像机把这一幕记录下来。"[73]

奥利弗的实验室后来从神奇的僧袍芋螺（*Conus magus*）体内分离出一种肽。在它的基础上研发的齐考诺肽是一种脊髓注射镇痛剂，对患有严重慢性疼痛的患者来说，其镇痛效果是吗啡的1 000倍。研究人员猜想，鸡心螺毒液中成千上万的肽，说不定在将来可以被用来治疗肺结核、癌症、尼古丁成瘾、阿尔茨海默病、帕金森病、精神分裂症、多发性硬化和糖尿病等。[74]

杀手蜘蛛和友善山羊如何合作制造鞋子？

伯特·特恩布尔于1973年在《昆虫学年度评论》上发表的那篇蜘蛛生态学论文，读起来像是恐怖电影预告片的开头。

他在文中写道："全世界所有适宜生命的陆地上都有它们的踪迹。可以肯定，只要有任何形式的陆地生命存在，附近就会有蜘蛛。"[75]

特恩布尔的研究表明，蜘蛛似乎总是饥肠辘辘。为了满足它们贪婪的胃口，它们进化成了世界上最多产的杀手之一。

相比之下，人类每年总共捕杀并吃掉大约4亿吨肉和鱼。海洋中的所有鲸可能会吃掉多达5亿吨的肉。但根据特恩布尔长期以来的研究，全球的蜘蛛每年估计会杀死并吃掉多达8亿吨其他动物。[76]

尽管蜘蛛每年会吃掉相当于8 000艘航空母舰重量的肉，但这个数据对痴迷于在《华盛顿邮报》上摆弄各类数据的克里斯托弗·英格拉姆来说还不够惊心动魄，所以他又做了一些计算："地球上所有成年人的总生物量估计是2.87亿吨。"随后，他又补充说，即使加上所有孩子，也只是再增加0.7亿吨，"蜘蛛可以吃掉我们所有人，而且它还没有吃饱。"[77]

　　和蛇一样，蜘蛛也是人类最害怕的动物之一。但如果没有蜘蛛，情况反而会可怕得多。毕竟，蜘蛛吞下去的数亿吨食物都是双翅目（苍蝇）、半翅目（蝉、蚜虫等）、膜翅目（叶蜂、黄蜂、蜜蜂和蚂蚁）、弹尾目（跳虫）、鞘翅目（甲虫）、鳞翅目（蝴蝶、飞蛾）和直翅目动物（蚱蜢、蝗虫和蟋蟀）。[78]

　　蜘蛛还会吃掉大量的其他蜘蛛，这意味着杀死蜘蛛就是帮助其他蜘蛛消灭天敌。对于蜘蛛恐惧症患者来说，这是一个糟糕的零和游戏。

　　蜘蛛的胃口如此之大，原因之一是它们作为一个进化分支取得了巨大的成功。已知的蜘蛛种类接近4.5万种，几乎全部是有毒的。这些毒液中藏有多少生化宝藏呢？我们对此毫无头绪。全世界所有蜘蛛的毒液中可能有1 000万种活性分子，而研究人员才刚刚研究了其中的几千种。即便如此，这项新兴研究已经找出了可能对肌营养不良和慢性疼痛有疗效的分子。[79]

　　要让有钱人心甘情愿地投资研究，最好的办法是找到勃起功能障碍（ED）的治疗方法。研究巴西游走蛛（*Phoneutria fera*）的科学家就瞄准了这个方向。巴西游走蛛是南美雨林中随处可见的一种蜘蛛。研究人员发现被这种蜘蛛咬伤可能导致持续勃起，因此他们收集了一些年龄比较大的老鼠（就像许多老年男性一样，这些老鼠在勃起方面有一点儿麻烦），并给它们注射了一定剂量的巴西游走蛛毒素——PnTx2-6。研究表明，PnTx2-6的效果与常见ED药物中的活性分子有所不同，因此它可能会给1/3对"伟哥"、"艾力达"和"希爱力"等药物没有反应的男性带来希望。[80]

　　蜘蛛的价值并不仅限于此。

　　毕竟，如果不是因为它们最具象征意义的一个特征——大多数蜘蛛会吐丝结网以捕捉猎物，蜘蛛的致命性就没有那么强。蜘蛛网的纤维比钢还强韧，因此蜘蛛丝是制造绳索、网、降落伞、防弹用品以及类似产品的极具吸引力的材料。由于蜘蛛丝具有生物相容性——不会被人体排斥，所以人们正在研究是否有可能利用导致蜘蛛丝强韧而有弹性的蛋白质，制造人造韧带、肌腱、骨骼和皮肤等。

问题是，蜘蛛的商业化养殖难度极大，这在很大程度上是因为蜘蛛具有领地性，而且同类相食。正是出于这个原因，兰迪·刘易斯研究山羊，而没有研究蜘蛛。

山羊当然不会结网。但刘易斯发现，他在犹他州立大学实验室里将两种蜘蛛基因移植到山羊体内后，山羊产的奶中含有蛛丝蛋白。经过冷冻、分离、解冻、过滤等处理，羊奶变成了一种精细的白色粉末。然后就可以利用注射器针头，把这种粉末配成的溶液变成非常轻、非常强的纤维，与蜘蛛的悬丝十分相似。[81]

山羊不是唯一能接受蜘蛛基因的生物。刘易斯等人还用蚕、苜蓿和细菌进行了类似实验。利用其中几种生物制成的蜘蛛丝正在逐步进入市场。例如，阿迪达斯在2016年宣布，他们正在研发一种由人造蜘蛛丝制成的跑鞋。这种鞋不仅重量轻、强度高，而且在穿完后可以生物降解，为这个德国品牌的口号"没有不可能"（Impossible is nothing）赋予了新的含义。

为什么蚊子的致命性降低会带来更大的危险？

任何看过比尔·盖茨关于抗击疟疾的2009年TED演讲的人都会记得，这位玩心不改的微软创始人在加州长滩打开了一只装满蚊子的玻璃瓶，让这些蚊子飞进礼堂，飞向毫无戒心的听众。

"疟疾无疑是通过蚊子传播的。"盖茨一边放飞这些蚊子，一边对听众说，"我带了一些蚊子来，让大家也体验一下。我们让它们在礼堂里飞一会儿。没有理由穷人才能有这种体验。"[82]

如果你没看过这个演讲，我强烈推荐你看一看。当盖茨打开玻璃瓶时，也就是演讲进行到大约5分10秒时，你可以闭上眼睛，听听现场的笑声。

盖茨带去的蚊子其实并没有被感染，很明显，大多数观众在他打开瓶盖的那一刻就知道。因此，观众立即笑着鼓起了掌，但盖茨仍然赶紧告诉他的粉丝们无须害怕。现场观众非富即贵，如果他们当中有人认为盖茨真的做出了把人们的生命置于危险境地的疯狂之举，后果是很可怕的，因此他必须马上消除这种可能性。[83]

盖茨多次指出全世界脱发治疗的市场总额高于我们在防控疟疾上的投入，[85]为了纠正这个可耻的现象，他个人已经花费了数亿美元。由于盖茨等人的努力，许多人现在至少已经知道，威胁人类的头号杀手并不是大白鲨等顶端肉食动物，也不是蛇以及其他有毒动物，而是微不足道的蚊子。越来越多的人认为蚊子是地球上最致命的动物，但有几点需要注意，其中最重要的一点是：蚊子本身并不致命。

蚊子让我们最难受的地方就是被蚊子叮咬后会痒，而且这个问题也不应该归咎于它们。当雌性蚊子（雄性蚊子不吸血）将针状口器扎入人的皮肤时，会释放一种抗凝血剂，防止血液凝固——把嘴巴伸进人的皮肤本身就是一件麻烦事，如果嘴巴被人的皮肤卡住，那就更麻烦了。导致我们发痒的并不是抗凝血剂，而是我们身体在对这种"蚊叮虫咬"做出反应时产生的组胺。否则，我们可能根本不会注意到这些影响。

蚊子真正的致命性源自它携带的细菌、病毒和寄生虫，特别是引起疟疾的5种疟原虫——恶性疟原虫（*P. falciparum*）、间日疟原虫（*P. vivax*）、卵形疟原虫（*P. ovale*）、三日疟原虫（*P. malariae*）和诺氏疟原虫（*P. knowlesi*）。这些疟原虫十分讨厌，它们会进入人类的血液，在肝脏中繁殖，然后再次进入血液，系统地杀死血细胞。

在5种疟原虫中，恶性疟原虫最常见也最致命，每年可能导致21.5万人死亡。这大约是在广岛和长崎原子弹爆炸中死亡人数之和，但恶性疟原虫每年都会夺去这么多人的生命。不过，事实证明，直接对付疟原虫并不能有效地防控疟疾，特别是在恶性疟原虫对最常见的抗疟疾药物氯喹和长效磺胺–乙胺嘧啶的耐药性日益增强的情况下。[85]

"病媒是疾病的薄弱环节。"分子生物学家、疟疾防控著名专家安德里亚·克里桑蒂在2016年接受《史密森尼》杂志采访时说，如果攻击病原体，"唯一的结果就是导致耐药性"。[86]

如果你摧毁了它们的载体呢？它们就会彻底完蛋。

在大约3 500种蚊子中，只有大约100种会传播疾病，其中只有8种［它们所属的冈比亚按蚊（*Anopheles gambiae*）包含一些形态相同但生殖隔离的成员］是导致世界各地绝大多数疟疾病例的罪魁祸首。

越来越多的科学家认为，冈比亚按蚊除了传播疾病之外，对地球生态没有任何意义。他们绞尽脑汁，试图为这些蚊子确定一个生态位——如果它们彻底灭绝就不会被其他生物占据的生态位，但他们的努力没有成功。通过狩猎、栖息地减少以及人类造成的气候变化，我们已经导致很多动物从地球上消失，但现在有些人提出，吸血的蚊子以及不吸血但携带致命疾病的蚊子，可能而且应该是人类蓄意灭绝的第一批动物。

我是在2010年记者珍妮特·方为《自然》杂志撰写的一篇文章中看到蓄意灭绝这个概念的。文章认为："归根结底，蚊子似乎并没有十分独特的地方，唯一的例外或许就是蚊子非常善于从一个动物身上吸食血液，然后注入另一个动物体内。"[87]

　　珍妮特·方真的找到了反对这种做法的人，但人数并不是很多。事实上，就连生物伦理学家也讨厌蚊子。即使他们不讨厌蚊子，考虑到人类已经导致成千上万的动物彻底消失，也很难从伦理角度证明仅仅为保留蚊子这个物种就值得人类牺牲数百万人的生命。

　　值得注意的是，珍妮特·方在文章中没有提到的一个事实：当时，一些人已经在为促成世界上第一例蓄意灭绝而努力了。事实上，当方考虑是否应该付诸行动时，由盖茨资助的一个小组已经在加勒比海的大开曼岛朝着这个目标迈出了一大步。这项研究在国际社会的关注下进行了一年多，其目的是考察释放经过基因改造的不育雄性蚊子是否能抑制登革热的流行。执行这次试验的英国Oxitec公司称，登革热的流行确实得到了抑制。在6个月的时间里，该公司释放了300多万只不育雄性蚊子，远远多于自然繁殖、有生育能力的雄性蚊子。最终，蚊子数量减少了80%——这足以让一个大约有3 000名居民的小镇彻底摆脱登革热。[88]

　　多年来，科学家一直在讨论如何进行这样的试验——世界卫生组织正在起草进行这类研究的指导方针。[89]但是，Oxitec并没有推迟试验。该公司认为，除了地方政府，这项研究没有必要获得其他任何人的批准。尽管该公司宣布他们在没有通知国际社会的情况下，将经过基因改造的蚊子释放到了野外环境之中，但由于试验取得了成功，外界并没有对这种行为进行口诛笔伐。

　　毕竟，大开曼岛是一个岛。Oxitec公司释放的蚊子——其不育性确保了它们对所属物种的影响只能持续一代——对外面世界产生影响的可能性非常小。

　　不过，出于同样的原因，Oxitec公司在加勒比地区首创的灭蚊计划也难以大规模开展。这个办法可以大量灭杀某一代蚊子，但无法将这一代蚊子全部杀死。[90]要把蚊子消灭干净，就必须针对计划灭杀的每一种蚊子，在蚊子栖息地的每一个角落，一次又一次释放不育雄蚊。

这就让基因驱动有了用武之地。一些科学家现在已经确定，与其把物种推向灭绝，不如从根本上改变它，使它能够生存，但危险性有所降低。2015年，来自加州大学欧文分校的一组研究人员利用一种名为CRISPR-Cas9的基因编辑便易技术，对携带抗体、可以杀灭恶性疟原虫的蚊子进行基因工程。他们通过操控，使抗体基因具有超强的显性，遗传的比例超过99%，[91]以保证它们的每一个后代——以及后代的后代——几乎都无法传播疟疾。考虑到蚊子完成从出生到繁殖这个周期只需要几天时间，这样一个基因很快就能在大量蚊子体内安营扎寨。

你可能以为，与稍微改造某个物种以降低其危险性相比，彻底灭绝整个物种的做法会招致更多的反对意见。但事实证明，并不是这样。尽管许多生物伦理学家似乎对蓄意灭绝的做法不是很在意，但是对于把通过基因驱动实施改造的蚊子释放到野外环境的做法，很多人旗帜鲜明地表示反对。这是因为即使这个试验是在一个岛上开始的，我们也完全不可能（至少是很难）将它限定在这个范围内。基因驱动的修改就像"劲量兔子"：一旦放开，它就会持续不断地蔓延，直到整个物种被消灭或者变成别的东西。

在为卫生健康和基因组技术制定"可操作的"伦理标准这个问题上，世界上最具创新精神的思想家之一埃莱奥诺雷·保韦尔斯认为，危险是显而易见的。她在2016年指出："我们现在有能力接管进化。"[92]

对牛津大学哲学家乔纳森·皮尤来说，"扮演上帝"（不仅帮助动物确定生存地点，还帮助它们选择生存方式）的最大危险在于，"人类并非无所不知，我们可能会忽视发生某些意想不到的灾难性后果的可能性。"[93]我们没有忽视的可能后果就已经够可怕了。

2016年，时任美国国家情报总监的詹姆斯·克拉珀警告参议院军事委员会必须注意生物武器对国家安全的深远影响[94]——仅仅几年前，诸如此类的武器还只是出现在反面假想国的背景介绍中。如果你能改造冈比亚按蚊，使其不再传播疟疾，就没有多少办法可以阻止你通过改造它们——以及其他成千上万种蚊子，使它们携带各种其他致命疾病。

如果一个掌握了一点儿计算机和生物学知识[95]的潜在恐怖分子准备利用邮购的CRISPR基因编辑实验装置实施恐怖活动，该如何阻止呢？答案很可怕：办法并不多。[96]

就算那些有邪恶目的的人不会掌握制造蚊虫的技术，我们又如何防止Oxitec公司以及类似组织不顾意想不到的后果，冒险将基因驱动改造过的动物释放出去呢？这个问题的答案更加可怕：几乎没有任何办法。

根据目前的国际法，每个国家都有权选择自己面临的生物风险。但在了解国界线对蚊子这类生物没有多少限制作用之后，很多国家签署了《卡塔赫纳生物安全议定书》，对"活的基因改造生物"的跨界搬运、过境、处理以及使用做出了规定。[97]

但是，当科学家试图释放感染了沃尔巴克氏菌的蚊子（沃尔巴克氏菌会杀死胚胎发育中的蚊子后代），以控制登革热和奇昆古尼亚热时，他们选择了澳大利亚昆士兰。这并非巧合，因为澳大利亚不是该议定书的签署国。

电视剧《嗜血法医》的所有忠实观众都可以证明，要针对一名猎杀杀手的杀手是极其困难的。如果科学家的目的是寻找没有对消灭致命疾病设置很多障碍的国家，那么他们"浏览场地"的做法真的很糟糕吗？

或许没有那么糟糕。但是，在生命安全受到多大威胁时，我们才会在道德方面容许有一点儿灵活性呢？

如果在涉及蚊子时我们愿意宽容国际标准的疏忽，那么在涉及淡水蜗牛时呢？淡水蜗牛会传播导致血吸虫病的寄生扁虫。根据世界卫生组织的数据，血吸虫病每年导致约20万人死亡。如果涉及的是每年杀死10万甚至更多人的蛇呢？如果是每年导致多达6万人死亡（主要是通过狂犬病的传播）的狗呢？

为了保护自己，我们希望修改多少种生物的基因呢？我们如何确定哪些基因最适合这项任务，又该由谁来选择呢？

当涉及世界上最致命的生物时，我们对这些问题的答案将直接影响我们与大自然的关系。

很快就要做出选择了。我真心希望我们能做出明智的选择。

第 8 章

别样的智能

为什么说最聪明的生物不是人类?

坦纳什么也看不见，不过没关系。

这头16岁的大西洋宽吻海豚戴着发泡眼罩，但每次我悄无声息地给它的研究伙伴"彩虹"（一头年龄比他长的鼠海豚）一个手势，坦纳在稍晚一些时候，都能做出一模一样的动作。

如果这两头海豚是在水下完成这些动作的，或许就不会给我留下如此深刻的印象。几乎所有人都知道海豚的回声定位技术十分高明，人们常说，它们能在100码外分辨出乒乓球和高尔夫球。

但坦纳没有把脑袋浸在水里，所以不可能进行回声定位。海豚研究中心的驯养员埃米莉·瓜里诺低声说："它在使用被动听力。我们可以肯定的是，它正在仔细研究水花的声音，从中得出信息。"

这时候，坦纳右眼上的眼罩掉了下来。它把眼罩翻过来，用鼻子顶着，放回瓜里诺的手里。瓜里诺帮它重新戴上眼罩。瓜里诺的助理克里斯蒂娜·麦克马伦向我展示了接下来使用的手势——挥手。做出这个手势，是希望海豚做出同样的回应。

不过，我肯定是过于热情了，因为彩虹没有挥手回应，而是转起了圈。坦纳不知道我的手势有误，也跟着它的朋友转圈。看起来，相较我模仿麦克马伦的动作，坦纳对彩虹的模仿更到位。

坦纳还能模仿人类，但刚开始的时候比较困难。研究中心的研究人员（该中心在佛罗里达群岛有90名工作人员，照看大约30头海豚）认为，这是因为人类胳膊的动作比较笨拙，而腿脚的动作变化不定，在水中发出的声音与海豚不同。他们推测，坦纳很难在脑海中勾勒出人类驯养员的动作。

但经过一段时间的努力，坦纳做出了一个令人吃惊的举动：它把脑袋浸入水中，很快又浮出水面，然后就开始跟驯养员做一模一样的动作——无论是上下浮动、旋转，还是倒立。

"当被动听力不能满足需要时，它就转而使用回声定位技术，"瓜里诺说，"它在想办法解决问题。"

那一刻，瓜里诺有种恍然大悟的感觉。她说，海豚处理声音的方式和人类不同。当它们知道一种感官策略不起作用时，就会使用另一种办法——同样是人类做不到的办法。

海豚的认知能力并不仅仅在这方面强于我们。除此以外，它们的自我意识似乎也特别强，7个月大的海豚就能借助镜子指导自己的行为。人类通常要到至少一岁时才会认出镜子里的自己。寿命与海豚相似的黑猩猩也需要长得更大后，才能把自己的倒影和另一头黑猩猩区分开。

动物行为和认知专家雷切尔·莫里森第一次看到一只名叫贝利的小海豚认出水下镜子里的自己时，十分震惊。当时，她正和著名海豚研究员戴安娜·赖斯一起，在巴尔的摩国家水族馆的单向玻璃后面拍摄海豚的行为。

在视频中，贝利游了上来，点了点头，左眼对着镜子看。[1]对于那些年复一年经常连续数小时观察鼠海豚相互交流的人来说，贝利的这个行为显然不同于海豚与身边其他海豚交流的行为。

"我记得我说，'我没看错吧？'"莫里森回忆起她与赖斯共同经历的那一刻，"我们一直非常谨慎。贝利其实在更早的时候就已经表现出了一些自我指导的行为，但我们不希望弄错——不过，贝利那一次的表现非常明显。"

后来的视频显示，贝利看着自己吹泡泡，用它的喷水孔撞镜子，然后调整身体，从镜子里看到研究人员用钢笔在它胸前画的一个标记。即使是我这样的外行，也可以看出它似乎真的是在欣赏并研究镜中的自己。

莫里森说海豚似乎能比人类更早地认出镜子中的自己，这一认知可能有助于研究人员掌握一些背景资料，但她经常担心人们可能因此对他们的研究结果产生误解。

"我们肯定不会认为海豚比人类更聪明，"她说，"我们要说的是，看着它们在这个发育阶段就早早显示出了它们的能力，真的很有趣。"

海豚研究中心的研究主任、认知科学家凯利·亚科拉对此表示赞同。他告诉我，千万不要把海豚当作我们的同类加以比较。毕竟，按照人类的标准，海豚在很多方面似乎都不那么聪明。例如，海豚很难理解客体永久性——看过的事物会一直存在，即使在察觉不到时也是存在的。

为了证明这一点，培训中心的驯养员带着我去看贾克斯。这头海豚在幼年时受了重伤，随后就被人从杰克逊维尔附近的圣约翰河送到了这里。贾克斯的背部和尾鳍有些破损，可能是与一头牛鲨相撞造成的，但它是一个游泳健将，而且几乎所有驯养员都认为它是培训中心最聪明的海豚之一。

但是，当他们把贾克斯最喜欢的一个玩具填充鳄鱼放进桶里，并把桶放到几英尺以外的地方时，贾克斯就很难找到这只毛茸茸的玩具了。当他们把这只玩具放进一只小桶里，再换到一个更大的桶时，贾克斯就更找不到这只玩具了。[2]

贾科拉说，像我们和贾克斯玩的那个简单"骗局"，对于人类来说"不费任何脑筋，但对海豚来说就很复杂了"。

但这并不能反映海豚的智慧，贾科拉说，"它反映的其实是我们人类的智慧"。

贾科拉说，与人类的智慧不同，宽吻海豚的智慧表现在不同方面。贾科拉告诉我，正因为如此，通过研究证明海豚很难以人类的方式理解事物，与证明海豚可以用比人类更先进的方式思考，这两者同样重要。"如果我们只盯着自认为占有巨大优势的领域，"她说，"就会忽略很多东西。"

总体而言，海豚和人类并不是位于同一认知量表的不同部位，而是存在于大不相同的两个量表之中。从我们最晚的共同祖先到现在，已经过去了 9 500 万年，我们的认知量表也已经变得截然不同了。

"智力是不能用多少来衡量的，"贾科拉告诉我，"这就好像拿莫扎特和达·芬奇进行比较，然后说，'看一看，到底谁更有才华？'他们都是天才，但他们表现才华的媒介截然不同。"

对此，我们应该感到庆幸。如果动物都像我们一样思考，我们可能会有很多麻烦。

为什么海豚不要我们的命？（这显然不应该啊）

这是 2009 年圣丹斯电影节上最热门的电影票之一。能进入影院，我觉得自己运气很好，尽管唯一的空位是前排最左边的那个座位。像那天下午的许多观众一样，我之前就听说看了《海豚湾》这部记录日本太地町每年屠杀海豚的影片后可能会很难受。果真如此。电影最暴力的那一段——秘密摄录的屠杀视频和水下音频——只持续了几分钟，但是随着渔民把长矛扎进惊慌失措的海豚体内，周围的海水从深灰色变成鲜艳的红色，那一幕足以给人留下难以消弭的恐怖印象。

看完电影后的几个星期，一个场景一直在我脑海挥之不去：几个穿着潜水服、戴着呼吸管的人站在海湾齐胸口的水里，正在平静地引导周围的几十只海豚进入一个滑道，去接受被屠戮的命运。海豚显然感受到了危险，它们四处乱跳，试图逃跑。

但令人费解的是，海豚并没有攻击潜水员。

它们并不是没有这个能力。即使是个头不大的成年宽吻海豚，也比大多数人类的体型大；大海豚有7个人那么重。一项研究估计，它们的力气比10名奥运会选手还要大。[3]它们的牙齿像剃刀一样锋利。众所周知，海豚曾攻击并杀死鲨鱼。[4]

它们完全有能力杀死那些人，但是它们没有那样做。

目睹太地町屠杀的劳拉·布里奇曼对此也深感困惑。"这些海豚虽然不是很情愿，但比较平静地进入了一个被防水油布覆盖的区域。人们将它们的尾巴固定住，让它们并排待在那儿。然后，一个个金属钉慢慢地钉进它们的脑袋。它们的亲友就在它们周围的水里扑腾着，直到筋疲力尽，很可能是吓坏了……在我们知道的野生动物中，有哪一种——甚至我们当中的哪一个人——会在被逼到这样的绝境时都不猛烈反击呢？"[5]

这似乎是一个特别令人困惑的问题，因为有研究表明，鲸类动物的边缘系统（大脑负责处理"情感"的部位）非常大，体积远远大于人类的边缘系统。而且即使与其他鲸类和鼠海豚相比，海豚的边缘系统也是相当壮观的。例如，它的神经元密度几乎是座头鲸的两倍。[6]与人类相比，海豚不应该更加"情感丰富"吗？

是，也不是。

海豚的情感可能的确非常丰富，但它们也可能比我们更善于控制自己的情感。一些研究人员认为，由于宽吻海豚的边缘系统分散在大脑中，因此它们的大脑可能没有分成彼此矛盾、分别负责情感和负责理性的两个"半脑"（患胼胝怒症的人类大脑就经常发生左右半脑相互矛盾的现象）。野生海豚项目的研究主任丹尼斯·赫尔辛认为，在海豚的所有思想和行动中，情感上的整体性可能远高于其他方面。这可能导致海豚彼此之间的情感依恋比人类更深，甚至会导致它们对其他动物产生更重的同情心——或者说鲸类动物类似于人类同情心的一种情感。

此外，对大脑受损者的研究表明，边缘系统的神经元与新皮质（与视觉、听觉等感觉信息的处理有关）神经元的比例会影响对情绪的自我控制。海豚的这个比例比人类高得多。野生海豚项目的科学顾问托马斯·怀特认为，这或许可以回答"在人类有可能会做出暴力反应的条件下，海豚为什么不会对人类表现出更大的攻击性"这个问题。[7]换句话说，如果海豚在一般情况下不会做出某种行为——比如夺走一个人的生命，那么即使发生剧烈的情绪变化，可能也不会改变这个事实。[8]

果真如此的话，这将是一个非常好的情商指标。

长久以来，人类一直将智力推理作为衡量智力的关键标准。近几十年来，我们对情商的重要性有了更好的理解——所谓情商，就是了解并控制自己情绪的能力。当然，我们面临的巨大压力就是对情商的最有效测试。面临这些测试，我们屡屡失败，因此情商低似乎可以被认为是人类的一大特点。

但是，就海豚的情商而言，一切似乎都在掌控之中。事实上，海豚甚至连呼吸都会有意识地加以控制。它们的每一次呼吸肯定都是深思熟虑的结果，在计划和执行每一个呼吸动作时都会充分考虑生活中各个方面的需要。

但是，接受屠杀而不是反击，真的是明智之举吗？

这可能取决于海豚对我们的了解。比如，它们是否知道人类非常不善于控制情绪？是否知道我们哪怕是在受到最轻微的攻击时也曾做出毁灭性的暴行？是否知道我们是地球上到目前为止最喜欢实施暴行的动物，与人类的暴行相比，动物之间最残酷的行为也显得无比仁慈？它们是否认为攻击人类不仅对它们自己无益，还会给它们深深依恋的所有其他海豚群体带来厄运？

如果是这样，那么它们可能与大象有很多共同之处。

为什么说大象的记忆能帮助我们理解创伤？

说大象永远不会忘记或许不一定正确，但研究人员认为这句古老的格言可能并不是那么离谱儿。

作为世界上最大的陆地哺乳动物，大象的大脑和颞叶是陆地上所有动物中最大的。颞叶的作用之一是帮助将短期信息转化为长期记忆。

例如，大象可以记住前往几十年前进食和饮水地点的安全路线。一些证据有力地表明，即使过了几十年，大象也能认出它们遇到过的其他大象。例如，1999年，在田纳西州的一个大象保护区，一头名叫珍妮的亚洲象遇到了新来的大象雪莉。两头大象非常兴奋，一边嗷嗷叫地跺着脚，一边用鼻子互相抚摸，保护区的工作人员认为它们一定互相认识。事实确实如此。养护员后来得知，珍妮和雪莉之前在一家旅行马戏团有过交集。令人不可思议的是，它们仅在一起待过几周时间，而且那是接近25年前的事了。[9]

想想看，如果这些事发生在人类的身上，会怎么样呢？如果不借助手机上的地图，你还记得几十年前你只去过一次的餐厅该怎么走吗？如果不查看脸谱网上的记录，你还记得25年前你曾与之短暂相遇的人吗？

到底是什么原因使某件事或某个人如此令人难忘呢？鉴于大象非凡的记忆力，它们有可能帮助我们理解记忆的原理——尤其是过去创伤留下的记忆。

即使是人类自己因为身体、精神和情绪痛苦而受到的长期影响，我们也知之甚少。很多人已经不再认为创伤可以"重塑"我们的大脑。英国皇家精神科医学院前院长迪内什·布格拉甚至认为，创伤后应激障碍（PTSD）不是一种精神健康问题，而是一种文化问题。他还认为，只要给人们贴上这个标签，就"必然"会导致他们按照所贴的标签行事。[10]简而言之，布格拉认为，无意识的社会洗脑是导致 PTSD 流行的罪魁祸首。

其他精神病学家得出的结论大多与之不同，但大胆的心理学假设很容易传播，而且很难反驳。据说布格拉的观点得到了美军指挥官和美国退伍军人管理局官员的响应。有一次，当我问及新病员接收流程的积压情况时，退伍军人管理局的一名官员告诉我："如果你们记者不再报道什么创伤后压力，我们这里认为自己需要帮助的人就会少得多。"

对于这样的观点，该如何反击呢？当时我无言以对，但现在大象给了我一个答案。

我们不是唯一遭受痛苦的动物，而且我们越来越清楚地看到，我们不是唯一长时间忍受痛苦的动物。

我是在莱斯·朔贝特的帮助下明白这个道理的。当我们于 2008 年秋天见面时，这位洛杉矶动物园的前任管理者因为患了肺癌，已经时日无多了。他似乎想在自己去世前帮助人们真正理解他们在马戏团或动物园看到的一切。说到这个通过圈养那些生而自由的动物建立起来的产业时，他很严肃，也很坦率。

朔贝特告诉我，与其他被我们驯服后用于骑行、工作和陪伴的动物不同，大象从来没有被真正驯化过。人工圈养大象极其困难，而且这样做的风险不小。因此，纵观人类"照顾"大象的悠久历史，在绝大多数情况下，人类首先需要从野外捕获一头小象——通常是一头健康的小象。[11]

可以想象，这不是一件容易的事。

"唯一的办法就是先杀了母象，"朔贝特在去世前几周告诉我，"否则，你不可能把小象从它妈妈身边带走。你只有射杀母象，才能带走幼象。"[12]

你可能以为野生动物保护区的大象不会遭受如此野蛮的对待。但事实上，这种事经常发生在保护区里。

20世纪早期，南非的大象数量曾下降到不足200头，但到了20世纪80年代，大象数量稳步回升至8 000头以上，这对南非野生动物园的容纳能力和财力构成了挑战。为了缓解这种压力，南非政府批准扑杀了3 000多头大象，并允许捕捉那些因为扑杀而失去父母的小象。结果，有数百头小象被捕捉并被卖给世界各地的动物园。考虑到非洲象几乎在大陆所有其他地方都处境艰难，这种做法堪称荒谬。

几年前，英国萨塞克斯大学研究动物习性和认知的教授卡伦·麦库姆与世界各地的同事就那些在南非扑杀行动中幸存下来的大象的命运展开了讨论。它们还记得那个创伤吗？没有人知道确切答案。

麦库姆和同事们出发前往南非的匹林斯堡国家公园（一些在扑杀中幸存下来的象群被运到了这里）和肯尼亚的安博塞利国家公园（这里的大象比较幸运，相比较而言，它们的生活没怎么受到人类干扰）。这些研究人员定制了一批扬声器，那些低音炮足以让最有鉴赏力的"发烧友"垂涎欲滴。他们利用各种各样录制好的大象叫声，对象群进行轰炸。第一组叫声是非攻击性的，都是该象群中年轻成员的叫声。第二组叫声听起来更具威胁性，是一些陌生象群中的年长成员的叫声。

"象群的行为表现出非常巨大的差异。"麦库姆说。

在听到威胁性的声音后，那些生活一直比较平静的大象的反应是挤到一起，一面竖起耳朵，一面举起鼻子嗅着风中的气息。在扑杀中幸存下来的大象对威胁性叫声的反应，与它们对非威胁性叫声的反应没有任何不同。它们似乎已经麻木了，不知道自己在那些时刻应该有什么样的感觉——就像那些经历过创伤的人一样，很难将自己的情感反应与所处的现实环境联系起来。

肯定没有人跟这些大象谈论过创伤后应激障碍，但研究小组认为，他们看到的那些现象至少在一定程度上说明心理困扰给匹林斯堡象群留下了长期的影响。这些证据再次证明，人类的创伤后压力并不仅仅是一种文化构建，而是深深地扎根于我们人类以及数千万年前与我们有共同祖先的那些生物的基因之中。

自然资源保护主义者黄伊菲（音译）希望通过研究亚洲象的应激激素来更好地理解创伤体验导致一蹶不振的原因。她告诉我："关于人类的很多研究表明，经历过创伤压力后，人的糖皮质激素系统就会发生遗传和表观遗传变化。我想看看大象是否也是这样。"

因此，黄伊菲跟踪了一头在马来西亚公路上表现出奇特行为的野生亚洲象。这头大象是从其他地方迁徙过来的，黄伊菲认为它可能会因为这次迁徙而内分泌失调。果然，收集、处理大象粪便后得到的测试结果表明它的糖皮质激素水平很低。激素水平正常时，大象和人类对创伤后压力的反应比较相似——在创伤过去很久之后仍然有反应。

安博塞利和匹林斯堡的实验，以及黄伊菲在马来西亚的研究，都只是浅尝辄止，并没有深入研究如何通过创伤对大象的影响来更好地理解创伤对人类的影响。美国圈养的大象大多是在野外出生的，在被捕获和转移的过程中遭受过一定程度（即使不是特别严重）的创伤，极有可能帮助我们进行一些之前无法进行的研究。

科学家利用小鼠做创伤实验时，采用的方法是让小鼠受到创伤——例如，把幼鼠从妈妈身边拿走，电击它们，把它们关在笼子里并在旁边放一些饥饿的肉食动物，或者用金属棒打它们的头。不管怎样，我们可以容忍这样对待啮齿动物，但如果是对大象这种与我们关系密切的动物施以暴行，那么我们在个人情感上是无法接受的。

不过，在进化成功、脑容量大、寿命长的群居哺乳动物如何对创伤做出反应这个问题上，尤其是在涉及表观遗传学的问题上，大象显然会对我们有所启示。表观遗传学是一门研究基因如何通过甲基化等化学过程进行表达，以及基因表达的变化如何代代相传的科学。事实证明，创伤是基因表达的一个强有力的影响因素。在一项论证这种影响的研究中，研究人员向装有实验鼠的笼子里喷洒了苯乙酮（这种有机化合物常用于樱桃、草莓和金银花香味的香精中），然后对小鼠进行电击。不出所料，小鼠很快就把这种气味与危险联系起来，每当这种气味的东西喷到笼子上时，它们就会表现出紧张的样子。然后，研究人员利用接受过该实验的雄性老鼠，通过体外受精而不是自然繁殖的方式，来繁殖第二代老鼠。在这种情况下，鼠爸爸无法告诉它们的后代金银花气味意味着马上就会疼痛难忍。研究人员用这种方法确保苯乙酮气味的危险性不会发生任何形式的社会传播。尽管如此，第二代小鼠在闻到这种气味后还是表现出了紧张的样子，而且第三代小鼠也有同样的表现。[13]

小鼠在6~8周就会性成熟，在这类动物身上进行表观遗传研究难度不大。但对寿命较长的动物来说，情况就大不相同了。2016年，北得克萨斯大学教授沃伦·伯格伦在《生物学杂志》上遗憾地指出，"进行表观遗传的思想实验"没问题，但由于所需的时间、经济和空间成本，"真的动手做实验就完全是另一回事了"。伯格伦说，在进行表观遗传学研究时，科学家倾向于选择果蝇和蠕虫这样的动物，这并不奇怪。"简单地说，"他在文中写道，"人们不会贸然选择大象来进行表观遗传学研究的，因为大象的寿命长达70年。"[14]

我们或许会问：为什么不呢？如果说很难甚至不可能从道德和经济

的角度证明，单纯为了进行表观基因表达和遗传研究就故意伤害，然后维持一个研究规模的象群达几十年之久的做法是合理的，那么人类已经饲养数百头大象的行为又怎么解释呢？

以我经常去当地动物园看望的小象祖里为例。它的母亲克里斯蒂被人们从南非克鲁格国家公园的野外带到美国时，还没满一周岁。如果研究祖里基因的甲基化状况，会有什么发现呢？克里斯蒂的创伤会给它留下什么呢？

一个又一个类似的问题让我们发现，同理心和创伤等概念不是人类独有的概念，甚至不是人类独有的体验，而是我们通过遗传从很久以前继承的东西——在这个漫长过程中，进化的力量得到了无数次展示。

大象似乎也有类似的能力，也许比人类还强，甚至可能是最强的。像海豚一样，大象可能是世界上情商最高的生物之一，它们的记忆力即使不是最高超的，至少也相当惊人。也就是说，这些庞然大物有很多值得我们学习的地方。

到目前为止，我们只讨论了与人类在进化上关系密切的动物，也就是那些智力进化路径与我们非常相似，直到不久前才与我们分道扬镳的动物。

不过，那些走上了一条完全不同的进化之路但智力水平超常的动物身上，同样有很多东西值得我们学习。

为什么说章鱼们像一支橄榄球队？

它的名字叫章鱼"老黑"。2016年，新西兰国家水族馆的这只章鱼掀开了鱼缸的盖子，沿着侧壁爬了出来，然后找到一条排水管，为了在太平洋过上自由自在的生活，义无反顾地踏上了漫漫征程。它的这一举动引起了全世界的轰动。

第一次听说老黑的大逃亡时，我很惊讶，但章鱼饲养员并不感到吃惊。事实证明，章鱼逃跑是相当常见的事情。章鱼[15]被普遍认为是世界上最聪明的无脊椎动物，而无脊椎动物占世界动物总数的97%左右，由此可见章鱼的聪明程度不容小觑。

章鱼在渔民心中"臭名昭著"，它们会闯入捕蟹笼、偷走里面的螃蟹和龙虾，偷偷溜到捕捞甲壳类海产品的渔船上大快朵颐，还会盗走椰子壳，作为自己日后的容身之所。至少有一种章鱼——拟态章鱼（*Thaumoctopus mimicus*），可以改变颜色、皮肤纹理和身体结构，以模仿多种其他海洋生物，包括鲆鱼、水母、海蛇和海绵动物。它们似乎可以根据附近的天敌或猎物来决定模仿哪一种动物。

记录表明，圈养的章鱼可以学会拉下解锁手柄以寻找食物、走迷宫，以及袭击水族馆中的其他水箱并捕食其中圈养的动物，甚至还会研究其他章鱼以寻找解谜线索。

章鱼的智力发展速度比人类快得多。它们必须如此，因为大多数种类的章鱼在两三岁之前就会死亡。《其他思想：章鱼、海洋和意识的深层起源》的作者、哲学家彼得·戈弗雷-史密斯坚定地认为，章鱼短暂的生命和巨大的大脑在进化上是有联系的。早期的章鱼和它们的同类软体动物蜗牛、鹦鹉螺一样，也是有壳的。失去外壳带来了一些独特的进化优势——例如，它们能够将没有骨头的身体挤进令人难以置信的狭小空间，以躲避天敌的捕食。但这也造成了很大的损失，因为失去甲壳后容易受到其他捕食者的攻击。戈弗雷-史密斯认为，这说明它们高度重视智力。章鱼个体越聪明，一生中智力发展得越快，就越有可能生存下来。[16]

进化上的这种权衡产生了一种智慧，它在许多方面与人类的智慧相似，但在人类登上历史舞台时，这种智慧已经进化了大约4亿年——在我们这两个血统分道扬镳之后，它又进化了1亿多年。按照更强调时间顺序的思维方式，我们不能说章鱼进化出和人类一样的思维方式，而应该说人类进化出和章鱼一样的思维方式。生物学家悉尼·布伦纳曾说，章鱼"是地球上最早的智慧生物"。[17]

布伦纳获得过包括诺贝尔奖在内的几乎所有颁发给生物学成果的重要奖项，在职业生涯的最后几年，他可以任选一个领域专心研究。不过，他曾对一位科学家同行说，他希望可以"像触手无所不在的章鱼那样"，了解"一切的一切"[18]。结果，他的一个"触手"碰巧就落在了章鱼的身上。第一个发起章鱼基因组测序工作的就是布伦纳，这项工作已于2015年完成。[19]

之所以开展这项工作，是因为人们发现了数百个在任何其他动物身上从未见过的基因。在章鱼发展独特的中央大脑以及触手中的大量神经元（每个触手的神经元都享有高度自主权）的过程中，这些新发现的基因中有很多似乎都发挥了重要作用。

章鱼身体的运行机制有点儿像橄榄球中的进攻战术。四分卫可以招呼队友采取某种打法，但其他球员在执行命令时必须做出独立的决定。同样，章鱼的中央大脑可能会告诉某一条或所有的触手去探索岩石下方，看看那里有没有食物，但是触手一旦被派出就可以独立行动，要么探索岩石周围的空间和裂隙，要么抓住它在那儿发现的可口的甲壳类动物。

使这种智慧成为可能的独特基因，让我们对趋同进化有了新的深刻认识。趋同进化是指不同物种（有时甚至是血统相差较大的不同物种）出现相似特征的生物现象。通常情况下，这是因为在两个物种分化很久之后，保存下来的基因（有时是保存了很长一段时间的基因）还一直保持着这两个物种共有的某种潜能。比如有氧能量代谢基因，它帮助解决了脑容量大的人类和脑容量更大的大象的需要。不过，有时动物也会通过截然不同的进化方式来应对相似的挑战。

数百万年的进化压力共同作用于章鱼，让它们设计出通过分布式"足球队型"智慧解决问题的神经网络。这为科学家解决我们这个美丽新世界在大量使用无人机时遇到的一个关键难题提供了全新模型。[20]他们的基本思路是把这些小型无人机（任何观看过2018年平昌冬奥会开幕式上1 200架英特尔无人机灯光秀的人，都不会对无人机感到陌生）建成网络，从而使其既可以接受单一来源的命令，也可以自行解决问题；既可以释放集中处理能力，又可以用作天气或地理条件干扰连接时的备用冗余。

类似于章鱼的人工智能可能会彻底改变基于无人机的搜索和救援。总体而言，搜索和救援工作已经发生了彻底变化。自2013年以来，一个主要是娱乐性质的无人机爱好者团体"多旋翼遥控飞机搜索"（SWARM），多次贡献他们的无人机，支持公共机构的数百次空中搜救行动。到了2018年，该组织已经成为世界上最大的全志愿者搜救组织。但是，大多数无人机操控人员一次只能控制一架无人机，而半自主无人机构成的分布式网络可以在更短的时间内散开到更大的区域。

不过，我们在设计和使用人工智能技术时不仅仅用章鱼作为模型，符合条件的聪明动物还有很多。

为什么说单细胞生物对于我们构建更好的人工智能具有重要意义？

我很喜欢"搞笑诺贝尔奖"，每年它都会把大奖颁发给那些看似微不足道的研究成果。但是，我喜欢它并不是因为这些研究成果非常有趣（尽管可能很有趣），而是因为得奖的常常是大多数科学家根本不会考虑的实验，而得奖的原因恰恰是这些试验看起来微不足道。

现在，有许多科学家都愿意参与这个令人啼笑皆非的活动。因此，尽管获奖者非常清楚他们将成为嘲讽的对象，但几乎所有获奖者都会出席颁奖典礼，观看在哈佛大学举行的各种各样的综艺节目，然后去旁边的麻省理工学院发表获奖演讲。如果不能亲自到场，获奖者通常也会发送幽默视频，比如：发现一种洞穴昆虫的雄虫长有雌性生殖器官、雌虫长有雄性生殖器官的获奖人，是在一个黑暗的洞穴里发表获奖感言的。[21]

2008 年，日本广岛大学的中垣俊之、小林亮和淳泰罗因为发现黏菌可以解答谜题而获得了搞笑诺贝尔奖，也得到了前往马萨诸塞州剑桥市领奖的机会。中垣俊之演唱了一首只有三个音符的歌曲（这是颁奖典礼上最短的节目之一），然后用几乎同样短的时间，为他毕生研究的微生物进行了辩护。他说，如果你想用日语骂人，"你可以称他们为'单细胞动物'，意思是'几乎达到了愚蠢的地步'。但现在我们该对这种说法说'我反对'了，因为单细胞生物要比我们通常认为的聪明得多！"

它们到底有多聪明呢？也许比我们还聪明。人类的神经元与大脑中的其他细胞协同作业，当然可以做一些令人惊讶的事情。但是，人类脑细胞需要借助神经递质，为了解决哪怕是最简单的问题，也必须与成千上万的其他脑细胞协同工作。研究表明，单细胞黏菌自己就能做到这一点。

起初，中垣俊之并不知道多头绒泡菌（*Physarum polycephalum*，一种类似于变形虫的大型细胞）是如何找出迷宫两个出口之间最短路径的。但他猜测他看到的可能是一种原始形式的智慧，这种智慧也可能存在于其他单细胞生物中。[22]

在他的团队取得这个发现之后的几年里，其他科学家为这个假设找到了更多的证据。普林斯顿大学的研究人员对网柄菌属（*Dictyostelium*）和轮柄菌属（*Polysphondylium*）的变形虫进行观察。在每次持续 10 个小时的观察中，这些小生物每一次变换方向都会被记录下来。在观察过程中，他们发现一旦变形虫变换了一次方向，下次变向时选择相反方向的可能性会增加一倍——这表明单细胞生物有一定的记忆能力，可以帮助它们避免绕圈子，从而优化觅食路线。[23]

而且这是一种长时记忆。变形虫的平均寿命只有几天，每隔几分钟才会变换一次方向。换成人类的话，就相当于要记住你20天前做过的事情。大多数时候，我甚至不记得前一天穿的是什么衣服。

中垣俊之的团队后来证明，如果他们每隔60分钟给这些多头绒泡菌加热，然后冷却，这些黏菌就会因为预感寒冷即将到来而减慢速度。这不仅证明了它们能记住并预测模式，还证明了它们有很强的时间感。[24]

但是，这些能力是如何形成的呢？答案可能就隐藏在黏菌的细胞质中。当黏菌细胞移动时，一些微小颗粒就会从细胞内液中穿过形成通道。只要细胞的运动方式继续与这些沟槽保持一致，通道就会得到加强，形成"记忆"。但是，如果环境改变，细胞不得不做出不同的反应，通道就会被破坏，记忆也会被抹去。

为了模仿这种基本的记忆存储策略，加州大学圣迭戈分校的理论物理学家马西米利亚诺·迪文特拉利用忆阻器设计了一个简单的电路。忆阻器是一种电子元件，可以记住最后通过它的电流的电压。[25]当迪文特拉按照某种模式施加外部电压时（与中垣俊之的做法相类似，不过中垣俊之是让这些黏菌暴露于冷热交替的环境中），他发现忆阻器电路可以预测电压波动，就像多头绒泡菌可以预测温度波动一样。[26]

这一结果对于缩小人类记忆和人工记忆之间的差异，可能具有非常重要的意义。毕竟，大多数计算机一次只能执行一个操作——处理器的速度越快，它们在内存中存储这些操作的速度就越快。但人类智能的工作方式不同，突触就像黏菌细胞质中的通道一样，会随着时间的推移得到加强。[27]

这种构建上的差异，可以在能源消耗方面产生非常重要的影响。为了模拟拥有100亿个神经元和100万亿个突触的人脑，IBM（国际商业机器公司）使用了著名的"红杉"超级计算机。这台计算机安装在劳伦斯利弗莫尔国家实验室，占地3 000平方英尺。尽管红杉享有达到了超级计算机"能效顶峰"[28]的美誉，但它在运行时仍然需要消耗7.9兆瓦的能量，也就是说，可以同时满足成千上万户家庭的用电需求。与之相比，人类的大脑只需要20瓦的能量——可以点亮一只节能灯泡。

那么，模拟大脑怎么样呢？它可能已经达到了人脑的计算能力，但达不到人脑的计算速度。人脑的运行速度比模拟大脑快1 542倍。[29]如果我们能让人造数据存储和处理单元的效果更加接近于自然的数据存储和处理单元，就能大大降低不断上升的能源需求。

这对我们这个使用加密货币的世界来说可能尤其重要。夏威夷大学马诺阿分校的研究人员称，"挖掘"和使用世界上第一种，也是最受欢迎的去中心化数字货币——比特币——所消耗的电力，会产生大量热排放。到2033年，这些排放可能足以导致全球气温上升2摄氏度。[30]

"我们需要重新思考我们的计算方式，"仿生计算专家朱莉·格罗利耶在2016年世界经济论坛上说，"我们的计算机在精确计算方面非常出色，而我们的大脑擅长认知任务。"她认为，就模式识别而言，在没有事先被告知将会出现何种模式的情况下，有机智能仍然拥有很大优势。[31]

在第二年发表的一篇论文中，格罗利耶和她在法国国家科学研究中心的团队指出，使用忆阻器的电路更像是人类的大脑，可以并行处理和存储信息，而不是一次完成一项计算。因此，这些电路可以确定未标记数据的结构并做出相应的响应——与黏菌的做法十分相似。[32]

最终，我们从单细胞智慧生物身上学到的东西可能会帮助我们用人工智能来模仿人类水平的智能。但如果我们真的像自己认为的那样聪明，我们就不会只是模仿单个生物的思维方式。毕竟，蚂蚁多了也能咬死大象。

为什么说蚂蚁能教我们在复杂环境下辨明方向？

蚂蚁的大脑真的很大。有的蚂蚁，比如被称作"流浪蚁"的短蚁属（*Brachymyrmex*），大脑占其体重的15%，按占比计算，它们是世界上大脑最大的蚂蚁。人们经常用大脑在体重中的占比粗略地表示智力水平，尽管这个方法不是非常完美。

我们也可以说蚂蚁的大脑非常小。据测量，短蚁的大脑重量是0.005毫克——约为一粒盐的1/10。[33]

不管怎么测量，都清楚无误地说明了一个事实：蚂蚁的大脑真的不可思议。因为尽管有些蚂蚁的大脑比人类的大脑小几百万倍，但与它们的思维方式相比，人类显得非常愚蠢。

当蚂蚁携手合作时（正如我们所知，蚂蚁作为一个物种是非常强悍的，原因就是它们几乎总是携手合作），它们能在非常短的时间内处理大量信息，从混乱中建立秩序，尽最大的可能为快速有效地采集维持生命所需食物创造条件。

单只侦察蚁的行动可能看起来具有随机性。它们东奔西走，来回往复，四处寻找食物，往往费了很长时间却一无所获。但是，它们的活动之所以看上去混乱不堪，原因之一就是我们很难从蚂蚁的角度来欣赏这个世界。尽管蚂蚁善于攀爬——它们的6条腿和强劲的钳子可以帮助它们攀越高大的障碍物，但从旁边绕行常常比攀越更容易一些。因此，单只蚂蚁的工作不仅仅是寻找食物，还有评价觅食的来回路径，以保证在发现食物之后其他蚂蚁的能量输出达到最低。

一旦一只蚂蚁找到了好吃的东西，它就会取一小块带回蚁巢。它会沿途分泌信息素，标记出返回食物所在位置的路径。但是，因为一只蚂蚁的信息素不会持续很长时间，所以第一批循迹而来的蚂蚁在寻找气味时仍然会四处游走。一段时间之后，这些游走不定的蚂蚁就会找到第一只蚂蚁没有发现的更好、更直接的捷径。随着越来越多的蚂蚁加入行列之中，信息素就会在蚁巢与食物之间标记出一条指示清晰、畅行无碍的"高速公路"。

所有这些都与互联网搜索引擎非常相似。网络爬虫在互联网上四处游荡，在不断变化的万维网的各个角落寻找新信息。谷歌的网络爬虫在发现新的内容后，就会将数据带回来编入索引。随后，网络爬虫就会一再被送出。它们关注的重点是评估指向该信息的所有可能路径，确保信息仍然存在并可以有效地访问。[34]

谷歌引擎每次编索引时检索几十万亿个网页，每个月检索数千亿次。[35]但对数学家尤根·库思来说，蚂蚁可以将看似随机的搜索模式转换成线性路径，这让谷歌的卓越算法看起来就像小学算术。

库思在2014年表示："这种混沌和有序之间的转换是一种很重要的机制，我甚至可以说，其中涉及的学习策略比谷歌搜索更准确、更复杂。毫无疑问，这些昆虫在处理周围环境的信息方面比谷歌更有效。"[36]

库思不是普通的数学家。这位在柏林洪堡大学任职的非线性动力学教授是世界上最有影响力的复杂系统科学家之一。在他的蚂蚁觅食行为"混乱—有序转换"研究（2014年发表）的影响下，科学家已经开始研发模拟生物神经元网络的计算系统，[37]希望可以解决复杂的数学优化问题，[38]减少计算模型中的不确定性。[39]

不过，蚂蚁的高明之处并不仅仅在于合作修建漂筏和觅食"高速公路"，它们还善于建造桥梁——用自己的身体搭建一座实实在在的桥。这不仅是无私的体现，更是智慧的产物。

事实上，这确实需要智慧，因为蚂蚁在搭建桥梁时显然没有得到任何指导。试想一下，如果华盛顿·罗布林和埃米莉·罗布林在19世纪末不给施工人员提供具体指导，而是简单地告诉每名工人"自行其是"，那么布鲁克林大桥会被修成什么样子？但是，当中美洲和南美洲的行军蚁——钩齿游蚁（*Eciton hamatum*）需要跨越林地上的缺口时，它们就是这样做的。[40]

如果缺口不断扩大，桥就会随之延伸，在这个过程中同样没有任何蚂蚁居中指挥。如果全体蚂蚁都认为投入到修桥工作中的蚂蚁数量过多，需要改变行动计划，那么它们会整齐划一地拆除这座桥，回过头来寻找新的觅食道路。

"这些蚂蚁其实是在进行集体计算。它们站在整个蚁群的层面，判断出它们只能派出这么多蚂蚁搭建这座桥，再多就不行了。"生物学家马修·卢茨在2015年说，"没有一只蚂蚁在监督这个决策过程，它们是作为一个群体来完成计算的。"[41]

越来越多的人接受了蚂蚁具有集体智慧这个观点，与此同时，很多人（甚至是那些研究昆虫的人）都不太看重蚂蚁个体的脑力。就连库思也认为，尽管蚂蚁的集体行为酷似我们所认为的智能，但"单只蚂蚁肯定没那么聪明"。[42]

不过，我得站出来为这些小家伙进行辩解。正如我们不能用同样的方法测量人类和海豚的智力——尽管在进化的大框架中看二者真的很相似，我们也不能用测人类智商的那一套来测蚂蚁的智商。是的，这与蚂蚁拥有非凡的集体智慧有很大关系。但新的研究表明，即使是在个体层面，蚂蚁也非常聪明。

想一想，在那些畅通无阻的道路和桥梁建成之前，面对广袤的世界，蚂蚁是如何辨明方向的。它们看世界的方式与人类不同，大多数蚂蚁的眼睛善于探测运动的事物，但不善于分辨形状、测量距离。[43] 然而，无论采用哪一种测量标准，蚂蚁随时确定自己所在位置的能力都远远强于我们人类。

从一个地方前往另一个地方时，人类几乎总是依赖于视觉线索，再加上一些听觉刺激。如果我们寻找的是一个制作饼干、汉堡包或比萨的地方，也许还会用到一点儿嗅觉信息。

单只蚂蚁收集和处理的线索比我们多得多。像人类一样，它们也会利用周围事物的形状、大小和运动来推断自己身在何处，确定前进方向。但与此同时，它们还会利用太阳的位置、光的偏振模式、风的方向、气味的微小变化、脚下地面给它们的感觉，甚至还会利用离开蚁巢之后已经走过的步数。[44]

想使用蚂蚁的导航技术吗？你可以从城市公园的一边开始步行，记录一路上走了多少步。每当遇到障碍物或地形变化（比如野餐长椅或贯穿公园的混凝土小路）时，记住那个特征以及它与上一个特征的相对位置。还要记住太阳的位置。遇到树荫时，要记住从树荫下回到阳光下用了多长时间。风是从哪个方向吹来的？一定要注意这一点。随风吹来的是什么气味？闻到这个气味时，你在哪里？这些也要记住。

对了，还要想象有一只体型比你大几百倍的饥饿的动物，随时会出现在你眼前，将你吞进肚子里。与此同时，你不能受到影响，必须记住你需要记住的所有内容！

没有多少人能同时处理所有这些信息。人类大脑在确定方向时需要获取零碎的感官线索（主要是视觉线索），然后利用这些线索创建一张认知地图——对周围环境的心理表征，通常与我们所处的位置和我们想去的地方有关。[45]但为了创建这幅地图，我们必须放弃很多信息，而且由于大多数人十分依赖视觉线索，所以放弃的往往都是其他信息。正因为如此，我们在黑暗中很容易迷路，即使在自己家里，熄灯之后也会磕磕绊绊。

蚂蚁不会创建认知地图，但它们有多个记忆模块。当出现问题时，它们既可以单独使用某个模块，也可以组合使用多个模块。[46]因为它们不依赖于任何一种表征，所以当它们周围的世界发生变化时（例如天黑了，一个很大的障碍物突然出现或消失不见了，或者风向发生了变化），它们只需调用不同的模块，就会大大降低迷失方向的可能性。

所有这些都可以方便地应用到自动驾驶汽车上。自动驾驶汽车是世界上最复杂的工程问题之一。在地图准确、标识清晰的公路上，自动驾驶汽车大多表现出色。但在情况不断变化的市区和施工区，它们的表现就会差得多。人们越来越清楚地认识到，对于这种大多数时候循规蹈矩、但偶尔会导致无序状态的汽车驾驶技术来说，最好的办法是同时依靠集体智慧和个体智慧。

例如，在减少流量方面，集体智慧是关键。物理学家阿普尔瓦·纳加尔研究发现，即使蚂蚁的数量增加，也不会导致拥堵，[47]是因为有三条简单规则保证蚂蚁通行无阻。首先，由于蚂蚁没有自我的概念，所有蚂蚁都不会有"超车"的想法，而且被超越时不会生气。其次，蚂蚁在发生碰撞时不会停下脚步，所以小事故不会影响交通。再次，交通越拥挤，蚂蚁行进的路线就越直，通行也越稳定。

很容易看出规则一和规则三适用于自动驾驶交通。规则二似乎有点儿复杂，不适用于人类和汽车，但是你要记住一点：人类司机并不是在真的发生碰撞时才会突然转向或踩刹车，而这些操作往往会产生连锁影响，导致后面相距几分钟或几英里的车辆全部减速。如果车辆驾驶者（无论是不是人类）没有在绝对必要的情况下突然转向或刹车，哪怕是惊险不断，也不会减缓交通。你可以称之为自动驾驶汽车的"不流血，不犯规"规则。这些规则需要精确性和纪律性，只有所有车辆都像蚂蚁和算法一样遵守规则，它们才能发挥作用。

但是，正如自动驾驶技术的先驱们在整个21世纪前10年认识到的那样，一旦遇到施工，这些简单的规则就变得毫无价值。当路锥取代交通标志、安全帽标志取代信号灯时，每辆车就像每只蚂蚁一样，需要遵守一套复杂得多的规则。我们生活在一个动态世界里，仅有一个智能模块不足以判断这些规则应该有哪些内容、应该如何遵循这些规则。[48]需要导航时，GPS（全球定位系统）是一个不错的第一选择，但是一旦失去卫星信号它就无法工作。摄像头被雪覆盖时就变得毫无价值。激光测距可以准确地测出静止物体的距离，但遇到移动的物体就不那么准确了。雷达的作用可能比声呐大，也可能比声呐小，取决于周围的环境。尽管地图非常有用，但路中间有穿着反光背心的人时就不能盲目地按地图行驶了。要在这类环境中成功通行，自动驾驶汽车就不能依赖于标准统一的地图，而是必须像蚂蚁一样，通过独立行动从多个可用的模块获取信息，然后利用这些信息解决手头的问题，最后还要将结果通报给所有单位。

我们需要虚心地接受一个事实：蚂蚁这种小小的节肢动物，无论是个体还是群体，都比我们聪明得多。一旦承认蚂蚁和其他非常聪明的动物身上有很多值得我们学习的东西，我们就可以向它们学习，并把学到的东西付诸应用。这也有助于我们实现一个巨大的认知飞跃：尽管我们一直以为某些生物没有智慧，但现在我们必须承认它们是有智慧的。

我们从聪明的植物身上能学到什么？

当我5岁时，祖母告诉我："如果你在给植物浇水的时候唱歌，它们会长得更好。"

我没有理由怀疑她说的这句话。她以前从来没有对我撒过谎,除了圣诞老人那件事。但那个谎言是可以原谅的,因为我4岁时,她送给我一艘《星球大战》中的反抗军运输舰模型,而我的堂兄弟们得到的都是小得多的宇宙飞船或单人小雕像。

所以在去她家的时候,我就会对着她的植物唱歌。我还对着我家里的那些植物唱歌。这种情况一直持续到我上二年级的时候。那天,从彩色美术纸盖着的咖啡罐里抽出来的冰棒棍上写着我的名字,因此我成了那一周的"班级园丁"。

那天下午,我一边给教室里的无花果树浇水,一边用艾伦·谢尔曼的《你好妈咪,你好爹地》[49]的曲调唱道:"天气越来越热了,所以我来给你浇水。你想谢谢我吗?没有那个必要。"

我不会忘记这一天,因为我的感情受到了伤害。同学们嘲笑我,老师似乎也很担心我。我老老实实地告诉他们唱歌能让植物长得更好,这下同学们笑得更厉害了,老师也显得更担心了。

其实,我的祖母并不算欺骗我。20世纪70年代中期,包括我祖母在内的数百万美国人都认为植物可能对人类的话语、歌声甚至思想有感知和反应。这在很大程度上要归功于一本叫作《植物生活大揭秘》的书和无处不在的新纪元运动。可以说,这本书源于一位名叫克里夫·巴克斯特的测谎员因失眠而萌生的突发奇想。1966年的一个深夜,巴克斯特决定把测谎仪连接到常见的家庭植物——龙血树上。为了给这株植物施加压力,巴克斯特把它的一片叶子浸入一杯热咖啡中,结果他没有看到任何变化。于是,他想到了一个更厉害的威胁手段——他准备用火烧这些叶子。

作者彼得·汤普金斯和克里斯托弗·伯德在书中写道:"在他脑海中

出现火焰画面那一瞬间，他甚至还没来得及去拿火柴，测谎仪图像上的描迹就发生了显著变化。难道植物读懂了他的心思？"[50]

这个问题的答案显然是否定的。科学家试图复制这一发现以及巴克斯特声称的其他发现（其中包括巴克斯特认为他在这些能发生光合作用的试验对象面前把活虾扔进沸水时发现的真核生物间的同理心），但都失败了。不过，这并没有导致《植物生活大揭秘》从书店的书架上消失，也没有阻止人们拍摄它的同名纪录片（悦耳动听的配乐居然是史提夫·汪达制作的）[51]。在随后很长一段时间里，像我祖母这样的人一直认为善待植物——例如为它们唱小夜曲，会帮助它们生长得更快乐、更健康，这让科学界大为光火。

直到几十年后，大多数严肃的科学家才愿意再次公开讨论植物是否有可能收集、处理和共享信息。但这一次不是通过某种神奇的心灵感应，而是通过复杂的植物生物学作用。

2006年，植物信号与行为研究领域的先驱和最热心的倡导者之一——华盛顿大学的植物生物学家伊丽莎白·范·沃肯伯格等6名作者在《植物科学发展趋势》杂志上发表了一篇论文，宣布新领域"植物神经生物学"诞生了。

这篇论文立即遭到了强烈的抵制。几个月后，同一杂志发表了一封26名科学家联合署名的信，指责范·沃肯伯格等支持建立植物神经生物学的人提出了一些"错误观点"，并指出他们建立这个领域的基础是"肤浅的类比和可疑的推断"，缺乏"严格的学术基础。"[52]

"让我吃惊的是我们受到的抵制，"范·沃肯伯格告诉我，"以及这些抵制受到的抵制。这似乎更像是一个文化问题，而与科学无关。"

范·沃肯伯格说，对植物神经生物学有异议的不仅仅是动物学家。她笑着说："很多科学家，尤其是那些教授植物生物学课程的科学家，都不希望把神奇庄严的植物降低到和人类一样的地位。我确实能理解这种观点，尽管我自己并没有这样想过。我从未想过我们会把植物放到和人类一样原始的层次；我原以为说动物和植物有共同之处会让人类更具吸引力。"

10多年后，这场辩论仍然很激烈，甚至有些情绪化。[53]我们第一次交谈时，范·沃肯伯格刚刚见了加州大学戴维斯分校的一名研究生，那是一个希望研究植物交流方式的年轻人。

"这位年轻人似乎很勇敢。"我说。

"那是肯定的，"范·沃肯伯格回答，"她不勇敢也不行啊。"

但范·沃肯伯格还是乐观地认为，我们对植物的理解正在不断深入。无论你称之为神经生物学还是智能或者别的什么，这都不重要，因为认为植物没有智慧的观点越来越没有市场了。

以莫妮卡·加利亚诺选择的研究对象含羞草为例。这种纤细的植物俗称"别碰我"，被触碰后就会满怀戒备地将叶子收拢起来。几年前，加利亚诺想，能不能让含羞草不再卷起叶子呢？于是，她把一束含羞草一棵一棵地放进一个特殊的装置里，使它们一次又一次地从6英寸高的地方掉落。慢慢地，这些含羞草似乎发现它们在掉落时不会受到任何实质性的伤害，于是它们的叶子再也不收拢了。[54]

如果加利亚诺以其他方式（比如摇晃）干扰这些含羞草，它们仍然会做出标志性的防御行为。但即使过了4周，含羞草似乎也仍然记得从6英寸的高度掉落时没有必要恐慌。[55]

这是记忆吗？在回答这个问题之前，范·沃肯伯格常常让学生们思考另一个问题：人类的大脑是如何记忆事物的？

范·沃肯伯格说："有时候，我的学生会十分吃惊，因为他们刚刚学过一门人类生物学课程，但仍然不知道该如何回答这个问题。那是因为没人知道大脑是如何记忆的。听我这么说时，学生们常常十分惊讶。"[56]

人类靠大脑收集、储存并处理信息，而植物显然没有大脑。但是，没有大脑并不意味着它们无法收集、储存和处理信息。毕竟，鱼没有肺，但它们同样可以呼吸。

我们越来越清楚地看到，植物可以学习。

加利亚诺通过一个实验，证明植物和动物一样会联想学习。这个实验使用了科学史上最著名的植物——格雷戈尔·孟德尔用来确定遗传规律的豌豆。此外，该实验是在最著名的动物研究之一——伊万·巴甫洛夫的狗的条件反射研究的基础上完成的。

在海边见过树木遭遇大风侵袭的人都知道，植物一般会顺着强风的方向生长。但是，当加利亚诺和她的研究团队把风扇和光源放在一起时，他们发现植物逆着风向生长。这本身并不奇怪：对豌豆来说，对光的需求是最重要的。但是，当研究人员移走光源并改变风扇的位置时，那些习惯把风和光联系在一起的豌豆仍然逆着风向生长。联想学习（这是所有智力定义中的一个基本组成部分）似乎具有普遍适应性，而动物和植物都拥有这种机制。[57]

但是，这种决策是如何产生的呢？ 2017 年，科学家找到了一个重大线索。他们发现，在一种常见的路边杂草——拟南芥中有几十个聚在一起的细胞，似乎控制着种子决定发芽的过程。

没错儿，是决定。这些细胞被分成两个子群。第一个子群产生大量促进发芽的激素——赤霉素，第二个子群产生大量促进休眠的脱落酸。这两种激素都受到温度波动的拮抗作用，信号分子在细胞群中来回传递，直到促进发芽的激素占据上风。[58]

植物还会做出哪些决定呢？消耗多少水？从土壤中提取哪些特定的营养物质？为了获得阳光可以承受多大的压力？我们距离这些问题的答

案还有一步之遥。

那么，世界上最聪明的植物是什么呢？现有近40万种已被确认的植物，它们的总量占世界生物量的80%以上。[59]研究人员仅仅研究了其中的一小部分。植物的智慧各不相同，我们需要很长一段时间才能有所了解，更不用说找出其中最聪明的了。

与此同时，我们对植物的态度几乎肯定会受到各种因素的复杂影响。毕竟，绝大多数生命（大约相当于4 500亿吨碳）是以植物这种形式存在的。2016年，普鲁登丝·吉布森问："这一切将把我们引向何方？嗯，将把我们引入惊涛骇浪之中，所以握紧船桨吧。这将是一场艰难的哲学之旅。"[60]

范·沃肯伯格当然希望如此。从进化的角度来看，我们都是真核生物——植物、动物和真菌直到大约15亿年前才开始分化。在那之前，我们在同一条遗传道路上，在大约20亿年里都同属一个谱系。我们还有更多共同点：细胞明显相似，都有细胞核、细胞骨架、胞质溶胶、过氧化物酶体、高尔基体、细胞膜、内质网、溶酶体和线粒体。我们有相同的长DNA序列，它们有相同的双螺旋结构，由4种同样的核苷酸组成。范·沃肯伯格说："我们有更多的相似点，而不是不同之处。如果我们能意识到这一点，我们对待地球的方式或许就会不同。"

也许植物不像人类那样思考。但是，大象、海豚、章鱼、蚂蚁和变形虫都不会像人类那样思考。

我们必须承认所有这些生物都是有智慧的（而且人类难以理解它们的智慧），就如何在地球上生活这个问题而言，它们可以给我们很多启发。承认这些，对于人类来说绝对没有坏处。

下一个超级生物有待你来发现

几乎是在我刚刚认识小象祖里的时候，我妻子带回家一本红色封面的儿童读物——史蒂夫·詹金斯的《实际大小》（*Actual Size*）。

这本书看上去是给年龄尚小的女儿斯派克买的，里面有各种动物的实际大小的图片，但它莫名其妙地就出现在我们的咖啡桌上。我经常翻看，而且每一次翻看，我的目光都会被那些漂亮图片所吸引。这些动物都异乎寻常，其中有世界上最大的鳞翅目昆虫——乌柏大蚕蛾，它的翼展几乎有1英尺宽；有现代世界上最大的鸟——鸵鸟，它能长到超过9英尺高；有世界上最大的爬行动物——湾鳄，它可以长到25英尺长。

这些动物以及世界上许多其他超级生物，不只是供人观赏的奇特景象。它们是环保大使，是引导我们深入了解周围世界的线索。它们可以教给我们可操作的重要知识，帮助我们改善甚至拯救生命。它们是所有生物相互联系的连接点。

还有很多超级生物有待我们去发现。

每个人都可以从事科学研究。是的，每个人。我们中的许多人是在准备小学科学展览项目的时候明白这个道理的。为了完成这些项目，我们开展了崇高的研究工作，确定哪种冰激凌融化得最慢，了解猫最喜欢吃哪种鱼，或者弄清楚哪种水果和蔬菜能产生最多的电力。到了某个年龄，我们大多数人都不会再问这样的问题了。

上面这些是我的亲身经历。在很长一段时间里，我都觉得科学家似乎已经回答了世界上所有的简单问题，而那些未解之谜又太复杂了，我甚至无法提出一个和它们有关系的问题。就这样，我的敬畏之心慢慢消失了。

但是，和许多人一样，我仍然迷恋那些超级生物。我认为，这为我们带着孩子般的敬畏和兴奋重新融入这个世界提供了一个机会，因为发现下一个超级生物的很可能是我们中的某个人。

你想发现什么？是被人们长期忽视的异常值，是尚未被研究的极端微生物，还是生物学奇迹？

也许你想找出某个生物类别中声音最大的成员。比如，声音最大的鱼？目前的纪录保持者是生活在墨西哥科罗拉多河三角洲的直鳍犬牙石首鱼（*Cynoscion othonopterus*）。据记录，它发出的声音超过了175分贝。[1]但已知有1 000多种鱼会发出声音，大多数都没有被研究过。做一个初步的调查并不费事，比如说，下次去钓鱼时把一个便宜的水听器放到水中。

也许你对最强悍的生物感兴趣？一直以来，人们不断发现新的缓步动物。如果你居住的地方有苔藓，那么你的附近很有可能有缓步动物。寻找缓步动物是一件相当简单的事情：收集一小块苔藓，把它放在培养皿中，滴一些水到上面，一天之后把水放到显微镜下观察。

　　你是否想知道地球上跑得最快的动物是什么？大家应该还记得，目前的相对速度纪录保持者是 P. macropalpis。这种小小的螨虫就藏在我们眼皮底下。在它被发现之后的100多年里，从来没有人研究过它。后来，一位大学生注意到了这个问题，他收集了一些视频片段，做了一点儿数学计算。请记住，在一位业余科学家、业余跳伞爱好者决定找出答案之前，没有人知道绝对速度的纪录保持者游隼能飞多快。

　　想了解某个生物类别中最高的成员吗？直到2006年，人们才知道世界上已知最高的单棵树木是加利福尼亚的一棵红杉。但完全有可能还有更高的红杉，只不过到目前还没有被发现而已，因为379英尺高的"许伯里翁"也是在长时间默默无闻之后才被人们发现的。2016年夏天，科学家宣布发现了世界上最高的热带树木——婆罗洲的一棵近300英尺高的黄柳桉。但人们又发现，同一个岛上其他地方就有比它还高的柳桉，而且不是一棵，而是50棵。当然，精确测量是需要技巧的，但是一点点儿直角三角学知识就能让你开启发现超级生物的大门。

　　或许你希望完成最大的发现？我肯定有这样的想法。

　　证实潘多是单株颤杨无性系的基因研究，在"最大"这个问题上并没有最终话语权。就目前而言，潘多仍是已知最大的植物。但在这棵高大的颤杨西北方向不远的位置，就有"最大生物"这个称号的又一个竞争者。人们发现它的大小更难测量——同颤杨无性系一样，它的身体有很大一部分是在地下。

　　它被称作"巨型真菌"。从遗传角度看，这是一株非常独特的奥氏蜜环菌（Armillaria ostoyae），占地近2 500英亩，是潘多的25倍。它在地下爬行，还会扎进树根和树皮汲取养分。它的生长呈季节性变化，在每年秋天的几周时间里，它会长出数百万朵蘑菇。目前还不清楚它是不是一个相互联系的整体，但一些研究人员推测，如果是，那么在它生长周期的特定时间把所有部分收集到一起，重量可能会超过潘多。还有很多问题有待我们去研究。

在很长一段时间里，我一直认为是"未知的庞然大物"让伯顿·巴恩斯不愿把他的重大发现归功于自己——他是第一个绘制出颤杨无性系图谱的人，后来人们才知道它的存在并称其为潘多。

然而，当我在2013年问他时，他否认了。

"关于那棵大颤杨和其他候选者的想法和评论有很多，但我当时不想参与。"他指的是《发现》杂志刊登那篇公开介绍潘多的文章之后的那段时间，"现在我仍然持这个观点。"

多年来，我一直没有注意到他给我的那些提示。后来，在一个夏日的下午，我躺在世界上最大已知生物潘多东南角（这里有潘多的一个体型小得多的近亲）的一张吊床上，突然想起了巴恩斯说的话。

"那棵大颤杨，"他说，"和其他候选者。"

在谈到潘多时我们总是使用"已知"这个词（至少我们应该使用这个词）。毕竟，总有一些东西是未知的，而且正是自然界的神秘性让生物学变得如此有趣（这确实是一大幸事）。但是，潘多可能被另一个更大的无性系取代的想法一直没有清晰地出现在我的脑海里——直到我想起巴恩斯那句话的那一刻。我抬头看了看潘多与另一个无性系相互交织的枝叶，可以看出它们之间有明显区别。我的眼睛有点儿看花了，但我可以看出树叶颜色深浅度有细微的区别。我把目光投向枝干，发现潘多的枝条弯弯曲曲的方式和它的近亲不一样。

我猛地坐起来，差点儿从吊床上滚下来。我收拾好行李，开始往山上走，每走几步就低头看手机，看看屏幕上是否有信号条。就这样，我一边向上爬，一边低头看手机。

终于，一个信号条出现了。太棒了！然后，奇迹发生了，屏幕上出现了两个信号条。这已经足够了。

要找到巴恩斯关于这个无性系的文章原文并不容易，但是在我的大学的图书管理员的帮助下（顺便说一下，他们是超级英雄），这篇文章弹出在我小小的手机屏幕上。

巴恩斯在文中写道："在落基山脉中部和南部，10~200英亩的大型颤杨无性系并不罕见。"

200英亩。

200英亩？

200英亩！

巴恩斯并没有大肆宣扬他在鱼湖发现的100英亩无性系，因为他并不认为它是首屈一指的超级生物。的确，是他发现了这个后来被称为潘多的生物，但他认为还有更大的颤杨无性系。

在哪儿呢？巴恩斯把这个秘密带进了坟墓。

但是，荒野资源研究人员保罗·罗杰斯认为，更大的无性系不仅可能存在，而且存在的可能性非常高。我们所在的位置枝干林立，我认为那是潘多的"心脏"。罗杰斯说："颤杨分布很广，这一棵正好有一条路从中穿过。如果这条路从别的地方穿过这个盆地，我们可能就永远不会知道这里有这样一棵树。"

寻找其他大型颤杨的工作可能不那么简单，需要耗费财力，可能需要使用无人机和红外摄像机、组建大型研究团队，还要为DNA的采集建立一些类似于卡伦·莫克在确定潘多的尺寸时使用的规程。

但也有可能简单得多。毕竟，巴恩斯在没有得到任何帮助，也没有使用任何高科技手段的情况下，发现了鱼湖颤杨无性系。

你同样能做到。

　　密歇根理工大学的优秀研究生克里斯蒂娜·弗莱舍在她的硕士论文中告诉我们这个过程有多么简单。这篇论文试图说明，与基于DNA的绘图技术相比"表型描述"效果同样很好，从而表明巴恩斯辨别单株颤杨的方法看似不可思议，其实也没有那么神奇。只要下定决心，任何人都能做好这件事。[2]

　　如果你附近有一小片颤杨林（如果你住在美国的北部或西部，或者住在加拿大或阿拉斯加的任何区域，你家附近很可能有颤杨林），只要去林中走一走就可以了。即使你不住在这些地区，你也可以找到其他品种的山杨，北美东部有美洲锯齿白杨（*P. grandidentata*）、中亚和东亚有响叶杨（*P. adenopoda*）、楔叶山杨（*P. davidiana*）和西氏杨（*P. sieboldii*），北欧和西亚有欧洲山杨（*P. tremula*）。这些山杨也是无性系，而且还没有人大规模绘制它们的图谱，至少现在还没有。

　　去看颤杨的话，最好是在秋天。这样的选择不仅科学，而且有激励我们奋发向上的效果，因为到了秋天，颤杨的树叶就会发生变化，整个树冠一片火红。每一株无性体的树叶，甚至包括彼此关系可能比较紧密的树叶，颜色改变的时间都各不相同，而且深浅不一。这时候，各个无性体泾渭分明，不同颜色依次排开，这边是淡黄色与鲜绿色相映成趣，那边是明晃晃的橙色与亮灿灿的金色交相辉映。

　　不过，在一年中任何有叶子的时候，颤杨树叶的颜色可能都是一个微妙的线索，从中可以看出哪些枝干属于同一个无性系。我最近一次去看潘多时，提前去我家附近的五金店买了一堆油漆色卡。"帆板"和"薄荷松露"这两种颜色之间的区别可能很细微，但在你辨别归属不同无性系的树叶时，它也可能是一个非常重要的线索。

　　叶子上不同颜色的比例也可以提供重要的信息。树叶都是绿色的吗？绿色中带点儿黄色？半绿半黄？还是黄色带一点儿棕？

正如你猜想的那样，树叶的形状和大小也能告诉我们很多所属无性系的信息。1959年，巴恩斯在从密歇根大学毕业的博士论文中首次提出，归属同一无性系的树叶的长宽比惊人的一致。他还注意到可以利用树叶锯齿区分不同无性系的树叶。弗莱舍在她的论文中也详细阐述了这种方法。巴恩斯指出，有的颤杨树叶每边只有20个锯齿，而有的接近它的两倍。弗莱舍提议，为了保持一致性，只计算每片叶子左边的齿尖，从叶柄开始，沿顺时针方向至叶尖结束。

现在是春天吗？看一下叶芽。它们是棕色且闭合的，还是已经开始长出尖尖的绿芽了？叶子才刚刚展开，还是已经全部展开了？无性系萌发的时间各不相同。

树皮也能说明问题。乍一看，颤杨的树皮通常明显呈白色，但如果你拿着一个灰度色卡或者一个有浅绿色、棕色、橙色和黄色等颜色的色卡靠近树干，就会发现树皮的颜色明显不同。如果把很多颤杨表面都有的白色粉末（顺便告诉大家，这些白色粉末是从树皮脱落的死细胞）擦掉，就能更清楚地看出树皮颜色的不同。

所有这些因素本身都不能说明你看到的那些枝干是否属于同一个无性系，但是把它们归总到一起，就很容易看出两个无性系之间的明显不同。

我坚信有比潘多更大的生物，找到它只是时间、耐心和运气的问题。

写到这里的时候，已经是冬末时节了。我在犹他州北部的住所窗外就是沃萨奇山岭，站在窗口，就可以看到颤杨。在白雪皑皑的山坡映衬下，颤杨那瘦骨嶙峋的枝干显得了无生气。再过几个星期，树叶就要开始长出来了。到那时，我就会在林中散步，看看它们有哪些不同之处。

我将踏上征程，去追寻更大的目标。无论结果如何，我都将大有收获。

如果多年以前保罗·罗杰斯不同意带我去看独木成林的潘多，就不会有这本书的出现。如果保罗·罗杰斯没有展现出一种特殊的敬畏，伴随着虔诚和愉悦，令我迫切希望与所有人分享，我就不会受到启发，尝试着用手中的笔把潘多及其他超级生物介绍给大家。

本书引用了包括保罗在内的数百位科学家的研究成果，而所有这些研究又都引用了其他研究，以此类推。科学是一项集体事业，归根到底就是乌龟驮着乌龟，一直驮下去。因此，科学作家需要感谢的人数不胜数。

那么，我该怎么感谢对本书的创作做出了重大贡献的研究人员呢？

对于这个问题，我有一个想法。当人们听说我是一名美国老兵时，他们通常会说："谢谢你的付出。"我没做过任何理应受到感谢的事，所以我并不是很喜欢听到这句话。我的朋友贾里德·琼斯是一名军用直升机飞行员，在阿富汗执行过几次任务。他告诉我，人们之所以感谢我们，并不是真的因为我们个人做出过什么贡献。"我想，大多数人都明白并非每名军人都是真正的英雄，"他说，"但我们没有办法知道到底应该感谢谁，干脆感谢所有人吧。"因此，现在我遇到任何领域的科学家时都会说："感谢你为科学做出的贡献。"

我也非常感谢众多科学作家，我经常需要依靠他们的作品来帮助我理解一些科研文献。刚开始，我很难看懂这些东西，正是在克里斯廷·雨果、珍妮特·方、亚历克斯·杰林斯基、特雷西·施泰特、丽贝卡·博伊尔、卡丽·阿诺德、海莉·贝内特、亨利·尼科尔斯、马克·斯特劳斯、萨沙·斯泰因霍夫、锡德·珀金斯、布伦丹·布勒、埃丽卡·古德、凯特·托宾、布赖恩·斯威泰克、珍妮特·拉洛夫、劳拉·赫尔穆特、该领域作品丰硕的大师埃德·扬以及其他很多人的帮助下，我才能逐渐看懂一些。

说到看懂科研文献这个问题，有些时候，即使科学家耐心地一步一步告诉我他们的研究过程和发现，我还是没法听懂。如果本书在提及研究人员的成果时会导致任何困惑或者出现错误，都是我的责任。

本书的创作是在世界各地的咖啡馆里完成的，但有一家咖啡馆我去的次数最多。我不知道我在盐湖城的炼金术咖啡店消费了多少钱，但我知道那是我最喜欢的创作环境之一。与我在那里度过的数百个小时相比，我的那些消费远不足为道。在南大街1 700号那个时尚的小咖啡馆进进出出的顾客和咖啡馆员工，给我带来了无尽的快乐。

作为犹他州立大学的教师，如果学校没有给予灵活变通的支持，我就不可能完成本书的创作。我永远感谢泰德·皮斯教授邀请我来洛根，感谢他在教学上为我树立了榜样；感谢前系主任约翰·艾伦，他认为愿意动手做事的人可以走上讲台。我也非常感谢我在新闻与传播系的同事们，他们每天都激励着我，尤其是坎迪·卡特·奥尔森和德布拉·詹森，他们愿意听我唠叨，给予我支持和鼓舞，我恐怕永远也无法回报他们。要感谢学校对我的帮助，就不能不提我的学生——包括我以前教过的学生，他们让我觉得我对他们的敦促是值得的。我们这个世界的未来将由他们来谱写，而他们的表现没有任何瑕疵。

如果当时的《盐湖城论坛报》总编特里·奥姆面对我的纠缠没有让步，不允许我报道犹他州的霍格尔动物园，我可能根本不敢从事跟科学相关的写作。我还要感谢我在 20 年写作生涯中合作过的所有编辑：A. K. 杜根、史蒂夫·巴格韦尔、史蒂夫·福克斯、布伦特·伊斯雷尔森、格雷格·伯顿、汤姆·哈维、乔·贝尔德、瑞秋·派珀，尤其是希拉·麦卡恩，他们总是鼓励我突破自己的极限。多年来，我在 BenBella 出版社合作的编辑利娅·威尔逊总是表扬我发到她的收件箱里的稿件非常整洁，由此可见他们的工作量非常大。

从我和 BenBella 出版社签约的那一刻起，我就知道我想和利娅合作。她选择和我合作完成这本书，对此我深感自豪，同时也庆幸不已。她细致周到的工作——连注释都不会放过——使这本书的质量远远超出了我的期望，她的旁注常常让我会心一笑。

利娅是 BenBella 团队的杰出代表，她的善良、专业知识和职业精神时刻敦促我精益求精。与阿德里安娜·兰、林赛·马歇尔、艾丽西亚·卡尼亚、苏珊·韦尔特、莫妮卡·劳里以及这个令人惊喜的组织的全体工作人员的合作，让我非常开心。诚挚感谢文字编辑詹姆斯·弗雷利，他对细节的关注以及他渊博的知识（从夏威夷这个单词包含的声门塞音到星球大战的飞船，他几乎无所不知），不仅避免了一些令人尴尬的错误，也让我对这个世界有了更深入的了解。感谢萨拉·艾文格，第一眼看到她领导的团队制作的封面，我的眼泪都下来了。我非常钦佩格伦·耶菲斯，正是因为他的远见、正直和幽默，才会有这样一个组织。

Union Literary公司的特蕾娜·基廷每次都说我是她最喜欢合作也是最重要的客户（但我知道她的客户都是哪些人，也知道我不可能是她最喜欢合作、最重要的客户）。不是她的话，我甚至都不知道BenBella出版社。

没有约翰·戴的帮助，我也不会认识特蕾娜。戴非常信任我，他的第一本书《长寿计划》就是和我合作的，我希望能成为他的长期合作伙伴和亲密好友。我还要感谢与我合作过的其他作者。沙伦·莫勒姆相信我可以写一写表观遗传学，尽管我对她说自己对表观遗传学一无所知。戴维·辛克莱很优秀，很好相处，他的研究将改变整个世界。我因作为他的合作作者和朋友而感到自豪。

接下来我要感谢我的朋友们。如果没有斯科特·索默多夫和马特·坎汉的支持，这本书永远不会出版。他们告诉我，除了报纸新闻，还可以想一想其他东西。他们当时指的主要是玩扑克，玩玩扑克也没什么错。如果没有罗杰·韦弗，我很可能不会从一名军人变成一名作家。他就是我的良师益友，我一直努力向他学习，像他一样成为学生的良师益友。即使得到了他的帮助，如果没有凯蒂·派斯内克、斯科特·约翰逊、特洛伊·福斯特、詹妮弗·琼·纳尔逊、安德鲁·欣克尔曼、德安·韦尔克、杰克·坦恩·帕斯、卡萝尔·蔡斯和乔尔·福尔克斯的支持，我的职业转换也无法成功。如果不是因为CReEL团队的那些人，我的下一个重大人生转变，也就是从全职记者到全职学者的转变，几乎肯定会成为我成长为作家道路上的一个障碍。我每年都会和他们在A. B. 格思里位于蒙大拿州乔托市的小屋里聚会，庆祝各自取得的成果并相互鼓励。感谢我亲爱的朋友们、我的合伙人亚历克斯·萨卡里亚森和比尔·奥拉姆，感谢我多年来的同事格温·弗洛里奥、卡米拉·莫滕森、阿伦·福尔克、戴维·蒙特罗、凯西·帕克斯、埃米莉·史密斯和杰米·罗杰斯，我无法用语言来描述你们给我的启发。我要特别感谢CReEL团队的另外两名成员，不仅因为他们是催人向上的作家和优秀的编辑，还因为在我创作本书的这一年里，他们慷慨地给予了我深厚的友谊，而这一年是我有生以来最困难的时期（原因与本书创作无关）。我爱你，萨拉·盖利！我爱你，斯蒂芬·达克！

我每次写爱这个字，就要把它送给我的母亲琳达、父亲里克、妹妹凯莉和弟弟米奇。我爱你们！

本书献给海蒂·乔伊。和我在一起，你忍受了很多，你的幽默、优雅、美丽、聪颖和智慧让我自惭形秽，但我会继续努力。能成为你的人生伴侣，我引以为豪。

最后，我要感谢仍然让我称呼她斯派克的米娅·多拉。在我认识的人中，你最聪明、最勇敢、最美丽、最坚强、最善良，你是无与伦比的！

引言　大自然的杰出使者

1. 我们第一次见面的时候，祖里还没有名字。2009年9月8日，我在《盐湖城论坛报》的一篇文章中写道："大家暂时可以叫她'活力'。"

2. 长期以来，《吉尼斯世界纪录大全》一直认为世界上最古老的热带雨林是马来西亚的塔曼尼加拉国家公园，据估计它有1.3亿年的历史。也有人认为是澳大利亚的丹特里雨林，它可能有1.35亿年甚至更久远的历史。这场辩论为我们从多个角度探讨"最古老生物"的问题提供了一个非常好的机会，有助于我们从科学的角度进一步深入了解这两个神奇的地方。这也是本书的目的之一。解决这种主观性很强的争论是毫无意义的，但我们可以利用这些争论来拓宽视野。

3. 子弹蚁、沙漠蛛蜂和武士黄蜂在昆虫学家加斯顿·施密特的4级疼痛测量体系中都被定为了4级。施密特写了一本非常奇特的书——《蜇虫记》，对人体在被各种昆虫叮咬后受到的影响进行了比较（主要通过他自己的亲身体验）。

4. 尾巴最长的恐龙可能是梁龙，它还拥有"最快"的尾巴。电脑模型显示，这种恐龙的尾巴抽动时可以达到超音速，发出类似于响鞭的"啪啪"声。

5. 这是《卫报》科学编辑罗宾 · 麦基对人类祖先的称呼。她还指出，我们现在所说的"战利品狩猎"可能在我们的进化史上根深蒂固。在《200万年前人类为肉食而狩猎》一文中，麦基称威斯康星大学人类学家亨利 · 邦恩在2012年完成的一项发现将人类系统性狩猎的时间向前推进了数十万年。

6. 我是从史蒂夫 · 詹金斯的优秀儿童读物《实际大小》中知道非洲巨蛙的。詹金斯才华横溢，他的其他作品还包括《最大的、最强壮的、最快的》和《顶级捕食者》。由此可见，他和我一样迷恋超级生物。

7. 我经常嘲笑有的论文题目非常深奥，但这种表面看起来很深奥的研究可能十分重要。谢洁（音译）、迈克尔·托西、张景兰（音译）和保罗·罗之所以撰写这篇论文，是因为他们发现青蛙虽然可以很好地指示环境状态，但它们的数量难以统计。给蛙类叫声自动分类是蛙群监测的重要组成部分。

8. 该研究表明，金属污染物对不同的青蛙组织有不同的影响，肝脏和皮肤比肌肉更适合评估金属诱导的氧化应激反应。这项研究的负责人是贝尔格莱德大学生理学系的马尔科·普罗奇克。

9. 在最近一次评估时，由于成熟个体的数量在过去15年里减少了50%以上，因此非洲巨蛙被列为濒危物种。

10. 科学报告对照料和喂养动物的描述总是特别有意思。1961年，研究人员在《老年医学》杂志上发表的《非洲爪蟾的老化过程》一文中称："在一年多时间里，我们只给它们喂食牛肝碎末。"

11. 是的，我有一些很奇怪的爱好。2018年，我开始在犹他州公共广播电台一个名为UnDisci-pline的节目中为不同领域的科学家牵线搭桥。

12. 德国斯图加特动物学研究所的研究人员在2018年的《细胞组织器官》杂志上撰文称，蛙类是"被低估的模型生物"，同时指出蛙类是"更省时、更经济的动物模型，可以用来研究人类疾病的等位基因和致病原理"。

13. 是的，这个名字听起来很可爱。另外，我们会在第2章深入讨论这种动物。

14. 严重的青霉素过敏极其罕见。桑吉布·巴查里亚博士在《青霉素过敏综述》（2010年发表在《先进医药技术与研究杂志》上）一文中估计，过敏反应的频率不超过万分之五。当然，如果你属于罕见之列，这个数据对你来说就没有多大意义。因此，个体基因测序对医学的未来非常重要。

15. 因为没有青霉素可用而死亡的人，远多于因为注射青霉素而死亡的人。在《如果弗莱明没有发现青霉素？》一文中，来自沙特阿拉伯国王大学和谢菲尔德大学的一组研究人员提出了一个设想：如果抗生素时代从未出现过，我们这个世界会怎么样？他们发现情况不是很妙。

16. 例如，2017年春天，《纽约时报》请人对1 700多名美国人进行了调查，要求他们在灰色的亚洲地图上用蓝点标出朝鲜的位置。只有大约1/3的人能找到朝鲜的位置，其他人连蒙带猜，他们标出的蓝点到处都是，其中在印度、阿富汗、蒙古和越南等国的位置比较集中。缺乏地理空间知识和缺乏科学知识一样，都会导致人们对一些重要的事情关心不够。

17.《宇宙膨胀的速度有多快？》是2017年玛丽娜·科伦在《大西洋月刊》上发表的一篇文章，深入讨论了这个问题。（据估计，宇宙正在以每百万秒45英里的速度膨胀。）

18. 引自比尔·奈的《通过比尔·奈的眼睛看世界》（2005）第一集。

19. 我收到过的最善意的赞美来自作家、散文家、诗人、记者萨拉·盖利。"你把可怕的事物写得很美，"她告诉我。我当然渴望如此。这里引用的许多文章，以及我作为报社记者和自由撰稿人完成的其他新闻作品，都可以在mdlaplante.com上阅读。

20. 在我写下这些文字的那天，祖里晚餐前后的体重为4 800磅（约2 200千克）。

第1章　迷人的大家伙

1. 德尔莱因说，他认为协会2000年在《热带动物学》杂志上发表的象群估计数量高于实际数量，实际数量可能约为200头。他还告诉我，他和其他统计人员"熟悉这些大象，知道在哪里可以找到它们"。

2. 直到2010年，一项基因研究才发现了第三个物种的存在——非洲森林象，学名为 *Loxodonta cyclotis*。

3. 从理论上讲，非洲象和亚洲象的杂交是可能的，因为它们拥有相同数量的染色体，但这种杂交动物对于科学研究或自然保护来说没有任何明确的意义，而且成功率极低，已知存活的先例只有一例。"莫蒂"的母亲是亚洲象，父亲是非洲象。它出生在英国切斯特动物园，存活12天后死亡。

4. 2008年，肖沙尼在亚的斯亚贝巴的一次巴士爆炸中丧生，大象研究失去了一位热心支持者。

5. 这是一本非常适合放在咖啡桌上的书，花10美元就可以在网上买到一本二手书。

6. 在《连线》杂志2006年发表的《寂静之声》一文中，记者约翰·吉尔兰德描述了次声迷人的历史，其中包括一次火箭爆炸实验。据称，该实验"生成的数据有望让次声科学变得更加精确"。

7. 虽然柯普公开出版的1 300多篇著述中并没有明确提出这个定律。

8. 1948年，德国生物学家伯恩哈德·伦施在《进化》杂志上发表的文章《与体型进化相关的历史变化》更明确地阐述了这一现象。

9. 一个以石溪大学的莫琳·奥利里为首、包含几十名科学家的团队"发现"了这个假想的"我们共同的妈妈"。他们的这一发现在2008年《科学》杂志上发表的《有胎盘类哺乳动物的祖先和白垩纪—古近纪边界以后有胎盘类哺乳动物的辐射》一文中有详细描述。

10. 你可能认为我们应该非常清楚有多少动物和我们同时生活在地球上。但是2011年，加拿大达尔豪斯大学的一个研究小组在《美国科学公共图书馆》（生物学卷）上发表了一篇题为《地球和海洋里有多少物种？》的文章，称"这个问题的答案仍然是一个谜"。

11. 邦纳的《为什么体型很重要》经常受到"可读性强"和"表述非常清楚"的赞誉。这应该是科普作品理当遵循的规则，而不应该是罕见特例。

12. 1998年，史密森学会的古生物学家约翰·阿尔罗伊在《科学》上发表《柯普定律与北美哺乳动物化石体重的动态演变》一文，称1 534种北美洲哺乳动物的估计体重表明新物种的体型平均比同属老物种大9%，而且对于大型动物来说，这种效果更为明显。

13. 2016年，记者马克·斯特劳斯在《国家地理》杂志上撰文称："有时候，在进化过程中，体型越大，就会摔得越重。"他讨论的是德国图宾根大学的埃尔韦·博切伦及其团队于2017年完成的一项研究。这项发表于《国际第四纪》的研究推断，体型庞大加上饮食生态位受限，可能是导致巨猿在上一个冰期初热带森林变成稀树草原后惨遭灭绝的原因。

14. 这当然是打个比方，红杉没有脚（它们的根系比较浅，但可以绵延数百英尺），鲸也没有脚（尽管它们的祖先在离开陆地到海上生活后，腿脚似乎还保留了数百万年之久）。

15. 2009年，迈克尔·马歇尔在发表于《新科学家》杂志中的《时间线：生命的进化》一文中指出：在蜥形类动物和下孔类动物分化后，前者最终进化成了鸟类和爬行动物，而后者进化成了哺乳动物——所有这些都发生在植物进化出花朵之前。

16. 古德曼一生笔耕不辍，在2010年去世时，还留下了一公文包的未竟手稿。多年以后，仍然有人以他的名义发表论文。他最后发表的一篇论文《系统基因组分析揭示大象和人类祖先的适应性进化表现出趋同模式》，刊登在2009年的《美国国家科学院院刊》上。

17. 我阅读科技论文的能力并不是那么差，但古德曼的报告探讨的是非同义核苷酸替代率、同义核苷酸替代率这些深奥的问题，如果没有科学作者埃德·扬的报告，我读起来肯定是云里雾里。在帮助普通人理解科学问题这个领域，埃德·扬可能是当世第一人。2009年，他在《发现》杂志上撰文，称"大象和人类进化出了解决大脑耗氧量过大问题的相似办法"。

18. 2016年，迪娜·法恩·马龙在为《科学美国人》杂志撰写的文章《我们真的能治愈癌症吗？》中称："病人和医生都清楚癌症并不是一种疾病，而是身体机能出现了一系列复杂的紊乱，没有任何一种单一疗法可以治愈。"

19. 2017年，亚历克斯·斯塔基在为《盐湖城论坛报》撰写的文章中称，为了准备进行人体临床试验，"希夫曼成立了一家衍生公司——PEEL治疗公司。Peel在希伯来语中是大象的意思"。

20. 金斯利和工作人员也不愿意让奥什在那些母象身边自由活动，因为公象有很强的攻击性。奥克兰动物园的母象梅敦达在奥什靠近时就会特别紧张。当栅栏把它们分开时，梅敦达表现得十分友好，但只要一开门，它就会逃跑。动物园的管理员说，梅敦达在几年前曾被一头发情期的公象攻击过，从那以后，它一靠近公象就会紧张——这与人类在性创伤后会长时间受影响的现象存在某种明显的关系，有待我们进一步研究。

21. 基索和研究同行在《在4摄氏度下利用含胆固醇的环糊精对亚洲象精子进行预处理并加入甘油可提高精子的冷冻存活率》一文（2015年发表于《生殖、生育力与发育》杂志）中称，研究表明，亚洲象精子不适宜低温贮藏，因此每一个新发现都有助于解决问题。

22. 基索团队在《亚洲象精浆与精液质量相关》[2013年发表于《美国科学公共图书馆》（综合卷）] 一文中称，大象精子研究为科学家拯救印度的一种稀有野马提供了有用信息。

23. 2011年，基索和她的同事们在《男科杂志》上发表的论文《大象（亚洲象和非洲象）液态精液储存：物种差异和储存优化》，证明了精子对不同"精液稀释液"的敏感性，还证明了不同产品对亚洲象和非洲象的效果也有所不同。

24. 2013年，科米佐利在《生殖、生育力和发育》杂志上撰文称："有必要对更多物种进行更基础的研究。"两年后，科米佐利还在《亚洲男科杂志》上撰文，称必须将生物银行项目"扩展到哺乳动物以外的领域，这将为我们提供知识和工具，帮助我们更好地控制那些可充当珍贵的生物医学模型的物种，以及那些需要帮助才能摆脱濒危状况的物种"。

25. 拉马克甚至不是第一个提出后天特征可以遗传的人。这个观点至少已经存在了几百年，甚至几千年。科学历史学家迈克尔·T.盖斯林称我们教科书中的拉马克是"一个虚构人物"。他的这篇论文于1994年发表在《教材通讯》杂志上，题为《虚构的拉马克：一窥教科书造假（史）》。

26. 随着我们对表观遗传有了更深入的了解，拉马克提出的一些原理又重新受到重视，但是在2015年，进化生物学家戴维·彭尼在《临床表观遗传学》杂志上指出："表观遗传学是一门标准的科学，不要把它和拉马克的理论混为一谈。"诚然，两者并不是一回事。

27. 2016年，记者亨利·尼科尔斯为英国广播公司撰写了题为《长颈鹿进化出长脖子可能并不是为了吃高处的树叶》的文章，详细阐述了进化观点的演变过程。

28. 1991年，伊斯贝尔和杜鲁门·扬在"长颈鹿摄食生态的性别差异：能量和社会约束"（1991年发表于《动物行为学》杂志）中公开了这一观察结果。

29. 1996年，《美国自然学家》杂志发表了题为《以脖子取胜：长颈鹿进化中的性选择》的文章，这标志着关于长颈鹿这种世界上最高的陆地动物是如何获得长脖子的进化思想发生了重大转变。

30. 2016年，道格拉斯·卡文纳和他的团队在《自然通讯》杂志上发表论文《长颈鹿基因组序列中隐藏有其独特形态和生理特征的线索》，比较了长颈鹿和獾狐狓的基因组序列。研究小组发现，调节骨骼和心血管发育的信号通路基因和影响线粒体代谢及挥发性脂肪酸传送的基因发生了独特的变化。长颈鹿可以吃某些对其他动物来说有毒的植物，可能就与这些变化有关。

31. 2016年，扬克和他的团队在《当代生物学》杂志上发表的论文《多位点分析表明有4个而不是1个长颈鹿物种》指出，传统观点认为有1个长颈鹿物种和11个亚种，但"它们的遗传复杂性被低估了，这突出说明我们需要加大投入，以保护这些世界上最高的哺乳动物"。

32. 2004年，耶鲁大学进化生物学家迈克尔·多诺霍向《新科学家》杂志记者鲍勃·霍姆斯抱怨道："试图理解和传播生命多样性的所有努力都因为一种过时的命名系统而受到损害，该系统已经造成了严重的后果。"

33. 2005年，凯文·德奎洛兹在《美国国家科学院院刊》的文章《恩斯特·迈尔和现代物种概念》中指出：判断某些生物是不是一个物种，将面临诸多复杂问题。

34. 科学界的动作一向缓慢。2016年的评估是基于非洲大陆只有一种长颈鹿的临时共识完成的。世界自然保护联盟宣称："在对长颈鹿分类的大规模重新评估工作完成之前，改变分类现状还为时过早。"

35. 但也有一些种类和亚种的鲸已经接近灭绝，而且可能无法挺过难关。例如，西太平洋灰鲸就陷入了绝境。2006年，中国的白暨豚（一种齿鲸）被宣布功能性灭绝——尽管《卫报》记者汤姆·菲利普斯在《生态环境保护人士说"已灭绝"的白暨豚可能已经回到了长江》一文中称，可能有人在2016年亲眼看到了一条白暨豚。

36. 这也是我获得本科学位的地方。海狸队，加油！

37. 柯比配解说词的美国国家公共广播电台浸入式地质学课程《站在地质时代的边缘》非常精彩。2016年，美国国家公共广播电台公开发行了该课程。

38. 根据华盛顿大学2014年发表在《海洋哺乳动物科学》上的一项研究，鲸类仍然经常遭到船只撞击——尽管在这篇论文中，作者针对标题提出的问题"船只撞击会威胁到正在从濒临灭绝的境况恢复过来的北太平洋东部蓝鲸吗？"，给出了一个谨慎乐观的回答："不会。"

39. 2018年，托里斯和合作伙伴在《濒危物种研究》杂志上发表了一篇题为《基于多种证据的新西兰蓝鲸种群记录》的论文。

40. 我们往往认为鲸类总是南北向迁徙，但它们有时也会朝东西方向运动。海洋生物学家胡安·巴勃罗·托里斯-弗洛雷斯发现，一头雌性蓝鲸从加拉帕戈斯群岛来到了智利沿海水域，创纪录地完成了3 200英里的航行。他告诉我，他以自己孩子的名字给这个环球旅行的家伙起了一个昵称"伊莎贝拉"，因为"我想让我的女儿知道，她可以取得令人吃惊的成就"。托里斯-弗洛雷斯的这项研究——"南太平洋东部蓝鲸的第一个有记录的迁徙目的地"，发表在2015年的《海洋哺乳动物科学》上。

41. 这是一种单点观察——只有一段视频，拍摄的是一头鲸在一个地方的行为，但它记录的内容足以让人恍然大悟。我向数十个人展示了这段视频，每个人看完后都得出了相同的结论：鲸选择放弃一顿简餐，就是因为那只是一顿简餐。

42. 例如，开车时专注地听音乐已经被证明是威胁年轻司机的一个重要危险因素。这可能也是威胁驾驶老手的一个危险因素，但"背景音乐是导致年轻新手司机分心的一个危险因素"这项研究只评估了年轻司机受到的影响（该研究发表在2013年的《事故分析与预防》杂志上）。

43. 事实证明，这也是世界上一些大型动物与小型动物非常相似的一个方面。蚂蚁在这方面也做得很好，我们将在第8章中深入讨论。

44. 当我们讨论世界上最聪明的动物时，会更加深入地研究这个问题。

45. 九月的那一天，我在去《麦克明维尔新闻纪事报》上班的路上，从车载收音机里听到了这个消息。当时，我刚刚来到俄勒冈州的这家小镇报纸当体育记者。当我走进新闻编辑室的时候，编辑说的第一件事就是："你负责的啦啦队专栏出了一个问题。把这个问题解决了，你就可以去报道纽约发生的事情了。"由此可见，我们对那天早晨袭击事件的惨烈程度和严重性几乎一无所知。

46. 美国国家航空航天局（NASA）的斯滕·奥德瓦尔德认为，如果地球突然停止转动，大气将继续以地球之前的速度旋转，"大陆块上的所有东西，只要没有附着在基岩之上，都会被刮走。也就是说，岩石、表土、树木、建筑物、你的宠物狗以及诸如此类的东西，都会被吹到大气中去"。

47. 2012年，优秀科学作家科妮莉亚·迪安在《纽约时报》发表了一篇文章"9·11恐怖袭击事件给我们的教训：鲸、噪声和压力"，对这项研究进行了解释。

48. 2015年，《洛杉矶时报》专栏作家迈克尔·希尔齐克列出了前一年的4项里程碑式科学成就：宇宙飞船首次在彗星上着陆，希格斯玻色子的发现，成功研发出世界上最快的超级计算机，以及新的植物生物学研究。"接下来是亮点，"希尔齐克说，"所有这些成就都不是美国主导的。"为什么呢？因为投入的资金缩水了。

49. 马歇尔在2002年接受《纽约时报》采访时表示："要让我们所知道的生命存活下去，就必须有无数人死去。说起来很可悲，但事实如此。不计其数的人已经走到了死亡的边缘，悲剧就将在这里上演。"马歇尔认为，只有大量发达国家的国民死亡，人们才会开始关心环境。我第一次听到他的这个逻辑时非常吃惊。后来，我又听说一些受人尊敬的科学家对这个推断发出了几乎同样激烈的共鸣。他们认为，除了全球大灾难之外，任何事情都无法把我们从麻木不仁中唤醒。不过，他们都不支持恐怖主义行为。

50. 在过去的几千年里，树木的数量大大减少了。2015年，根据对树木密度的预测，《全球范围树木密度图示》的作者在《自然》杂志上说："我们估计每年有超过150亿棵树被砍伐，全球树木数量与人类文明开始时相比下降了约46%。"

51. 2016年，洪堡州立大学的科学家罗伯特·范佩尔特在接受《圣何塞水星报》记者保罗·罗杰斯的采访时说："碳是一个非常重要的方面。在未来几十年里，红杉在吸收碳这方面的价值高于它贡献的木材。"

52. "拯救红杉林联盟"称，在1849年的加利福尼亚淘金热中，这些大树被大量砍伐。今天，在450英里长的沿海地带，只有5%的原始森林保留了下来。

53. 2013年，我和大学生保罗·克里斯蒂安森在《城市周刊》上发表了一篇关于这个巨型无性系的文章——《毁灭》。这篇文章后来被美国科学促进会授予卡弗里科学新闻奖。

第2章　神奇的小东西

1. 范·列文虎克十分谦虚，经常写信给其他科学家寻求建议、反馈甚至批评。他在写给德国自然哲学家、科学同行评议之父亨利·奥尔登伯格的信中写道："感谢你对我的观察结果提出的反对意见，将来我可能还会把我进一步观察取得的结果寄给你。但我希望你能记住我，并认真考虑我这些观点的价值。我始终坚持我的推测和考虑，直到我得到更好的指导或积累更多的经验，然后才会放弃我之前的观点，接受我最新得出的观点，并把它们记录下来。"

2. 如果你已为人父母，或者打算为人父母，那么我强烈推荐吉尔伯特和奈特的《脏点儿有益健康》(Dirt Is Good)。

3. 在用平实的语言介绍科学方面，科学记者卡丽·阿诺德当仁不让地排在第一位。2017年，美国公共电视网介绍"永无止境的改写生命之树的探索"的那一期《新星》节目，就是她执笔完成的。

4. 在《创世纪》1：26中，神说："我们要照着我们的形象，按着我们的样式造人，使他们管理海里的鱼，空中的鸟，地上的牲畜，和全地，并地上所爬的一切昆虫。"你尽可以责怪人类把自然弄得一团糟，但如果你相信这位神，那这一切似乎真的应该归咎于这些神，因为他们一开始就告诉我们，自然是交给我们来管理的。

5.《等比法则预示全球微生物多样性》（发表在2016年的《美国国家科学院院刊》上）的作者后来告诉我，他们预测的数字可能有些高了。论文发表后，他们开始怀疑，一共存在了35亿年的地球生命是否有足够的时间进化出一万亿个物种。微生物浩若繁星，无论具体数量有多少，其多样性都是难以估量的。

6. 2015年，萨拉·简·格林在《西雅图时报》上发表的一篇文章称，这种方法也曾用于2002年华盛顿的一起强奸案中，最终使杀害一名12岁女孩的凶手在2007年落入法网。

7. 研究团队发现了20个对面部特征有显著影响的基因。2014年，《美国科学公共图书馆》（遗传学卷）杂志上的《用DNA建模3维面部形状》一文称，利用这些基因的组合，可以通过遗传标记近似表现面部外观。

8. 完整度达90%的图像有多大意义呢？想象一头霸王龙正在追逐另一头恐龙。然后，根据头脑中的这幅画面——饥饿的眼睛、斑驳的皮肤、紧紧咬合的牙齿、笨拙的腿和来回摆动的细胳膊，你可以确定这是某个物种。我们找到了该物种的一些化石，但其中只有一小部分的完整度超过50%，只有一块化石的完整度达到了90%。（人们用探险家苏珊·亨德里克森的名字，将这块化石命名为"苏"。亨德里克森是一名从事潜水打捞、琥珀开采和恐龙化石挖掘的传奇人物。）就像我们永远找不到完美的霸王龙照片一样，我们也可能永远找不到来福镇发现的所有生物的完整照片。但在这两种情况下，我们仍然可以从我们的发现中了解到很多东西。

9. 2015年，班菲尔德和她的团队在《自然通讯》的一篇文章中详细介绍了他们发现的"超小型细菌"。

10. 在2015年来福镇研究公开发表时，乃至2018年我为创作本书收集资料时，极端嗜热古菌都是公认的最小生物。

11. 他们至少或多或少偏向于支原体。在1992年发表于《欧洲微生物学会联合会微生物学通讯》的《支原体的特殊性质：最小的可自我复制的原核生物》一文中，支原体被称为"最小的可自我复制的原核生物"。

12. 原文是"Cum rerum natura nusquam magis quam in minimis tota sit"。

13. 全球协作是最有效的科研模式之一。2011年发表于《科学》杂志的《响应生态变化的水蚤基因组》一文有69位署名共同作者。

14. 2011年，记者丽贝卡·博伊尔在《大众科学》杂志上写道："在迄今为止所有基因组被测序的无脊椎动物中，水蚤与我们拥有的相同基因最多，科学家希望这些相同的基因能够帮助他们了解人类应该如何应对环境威胁。"

15. 例如，类似于介形类甲壳动物的群体。2017年，加拿大贝德福德海洋学研究所的研究人员在《遗传杂志》上发表了一篇题为《介形类甲壳动物的基因组大小与体型大小相关》的论文。

16. 住在布里斯托尔的科学作家海利·贝内特写了一些优美的文字，比如"Actually making it, however, is rather trickier."（但是，要真的做到这一点，难度极大。）2010年，她在《化学世界》杂志上发表的题为《第一个合成细胞》的文章，是介绍世界上第一个人造微生物（一个功能齐全的有机体，甚至可以繁殖）的优秀入门级读物。

17. 这句话其实并非出自玛丽·雪莱写的《弗兰肯斯坦》。

18. 2016年，科学记者蕾切尔·费尔特曼在《华盛顿邮报》的一篇文章中详细解释了这个过程，题为《这个人造细胞拥有史上最小的基因组，但1/3的基因披上了神秘的面纱》。

19. OK Go乐队为这首歌拍摄了两段视频，因为即使一段视频非常复杂，也显然无法满足需要。之所以决定制作第二段视频，似乎是因为乐队在病毒式视频在线发布问题上与唱片公司发生了争端。

20. 自称"职业野人"的韦斯·赛勒似乎是第一个注意到OK Go乐队对大马力Escort汽车情有独钟的人。LeMons系列赛的参赛车队驾驶的都是不超过500美元的垃圾汽车，即所谓的柠檬车。

21. 值得注意的是，华盛顿大学和微软的一些科学家后来在DNA链上对这段视频进行了编码和解码，认为它很好地展示了人类基因组的常用工作方式。

22. 范·列文虎克与维米尔出生于同一年，两家相距只有几百英尺。一些历史学家推测，范·列文虎克可能是这位画家的模特。在持这种观点的人当中，名气最大的是作家劳拉·斯奈德。她在《旁观者之眼》（*Eye of the Beholder*）中指出，范·列文虎克可能是维米尔的画作《地理学家》的原型。

23. 法尔科夫斯基的书《生命的引擎》让我对微生物在世界演变成当前状态的过程中发挥的作用有了更深刻的认识。

24. 罗博·奈特的TED演讲全长17分20秒，整个演讲异常精彩。建议大家看一看，它会对你的世界观产生全方位的影响。

25. 我上次核查这个数据时，一共有11 190个捐献者。我坦白，我是捐献者之一。进一步坦白，在我创作本书的时候，我的测试套件就放在我的桌子上，还没有使用。因为，怎么说呢，太恶心了！

26. 她曾经对食品科学作者迈克尔·波伦说，她终于说服奈特，把她采集样品的频率降低到每周一次，因此她非常高兴。但是在2013年5月19日的《纽约时报》上波伦撰写的文章中，她又说："我把几个拭子放在包里，随身带着，因为你永远不知道什么时候会用到它们。"

27.《为什么有的人特别招蚊子》这本内容丰富、妙趣横生的书是他与优秀科学作者布伦丹·布勒合著的。

28. 2016年发表在《电子生物医学》上的《美国肠道项目分析》指出，对坚果和季节性花粉过敏的美国成年人肠道菌群多样性较低，梭菌较少，拟杆菌较多。

29. 有趣的是，《偏头痛与美国肠道项目参与者体内可分解硝酸盐、亚硝酸盐和一氧化氮的口腔微生物含量较高有关》一文（2016年发表在 *mSystems* 杂志上）的几位作者发现，这些微生物在口腔样本中的浓度较高，而在粪便样本中的浓度较低但明显可见。

30. 2014年，《剖宫产出生或有阑尾切除手术史的成人粪便微生物组的多样性和成分：美国肠道项目分析》一文的作者在《电子生物医学》杂志上指出："剖宫产出生的成人粪便微生物组的成分似乎有明显的不同。目前尚不清楚这种区别是否是在出生时形成的，也不清楚它是否会影响成年后的患病风险。"

31. 讣告是一个神奇的东西。以下内容节选自一个讣告："我们永远记得伯特带给我们的特殊体验和回忆：菲利伯特营地的松果和打水仗，热香料苹果酒，苹果，极速驾驶和徒步旅行，万圣节前夜考试狂欢，神秘的生态系统，创造性的篝火歌曲，史诗般的百乐餐，辣椒–塑料/回收利用的银器–即兴演唱会，神秘的植物模仿，100次静立实验，即兴罐坛乐队，伐木巨人舞。"

32. "他对夏威夷昆虫的了解没有人能与之相比，"比尔兹利的学生、同为昆虫学研究人员的迪克·津田在接受该报采访时说。

33. 2000年发表的研究"缨小蜂科的新成员——夏威夷群岛的Kikiki"所描述的Kikiki huna，是研究人员在对夏威夷的缨小蜂科昆虫进行一般综述时发现的。有时候，世界上最神奇的东西就是在不经意间发现的。

34. 向我最喜欢的未定稿版读者萨拉·盖利致敬！……我没那么聪明，没有发现藏在这个名字中的彩蛋。

35. 这项研究证实仙人蜂的体型可以更小，还发现了另一种小昆虫。2013年，《缨小蜂科的新属新种——小叮当卵蜂（膜翅目，缨小蜂科），以及对其姊妹属Kikiki的评论和关于小体型对节肢动物限制作用的讨论》发表在《膜翅目昆虫研究杂志》上。

36. 根据美国国务院的数据，截至2009年，检测、控制褐林蛇的成本估计为每年250万美元。

37. 据2017年发表在《自然》杂志上的《捕食者大量入侵通过破坏共生关系对植物产生的影响》一文的保守估计，森林生长降速的幅度可能"只有"61%，但也可能高达92%。这个估计令人不寒而栗。

38. 根据1997年的一份名为《美国白纹伊蚊：十年存在与公共卫生影响》的报告，白纹伊蚊在到达美国仅仅10年后，就已经传播到678个县。

39. 不要把斑驴贻贝与同样是入侵物种的斑马贻贝混为一谈，尽管斑驴贻贝是以一种现已灭绝的斑马的名字来命名的。

40. 这是《纽约时报》科学作家埃丽卡·古德在《入侵物种未必不受欢迎》一文中得出的结论。古德是最善于将科学进展置于社会背景之下的业内人士之一。

41. 来自谢菲尔德大学、专爱唱反调的生物学家肯·汤普森在他的大作《骆驼属于哪儿？》（Where Do Camels Belong?）中提到了埃尔顿。

42. 查尔斯·埃尔顿在他的《动植物的生态入侵》（Ecology of Invasions by Animals and Plants）一书中详细介绍了"入侵"物种的历史渊源。

43. 在这一年里，苏联至少进行了36次核试验，美国和英国签署了共同防御核武器协议。

44. Untamed Science网站提供了一个名为"入侵物种——是与它们战斗到底还是干脆认输？"的视频，探讨了这场争论的微妙之处，值得一看。

45. 2013年，美国国家野生动物联合会在其网站上发表了这一观点。该页面现在已被隐藏起来，但通过archive.org仍然可以访问。

46. 戴维斯和他的同事在《不要根据来源地判断物种》一文中表示："今天的管理方法必须认识到一个问题：以前的自然系统正在发生永久性变化。"

47. 黑胶唱片就是一个薄薄的圆形塑料片，上面有紧密排布的螺旋纹。唱针"阅读"这些螺旋纹，就会产生声音。

48. 2012年，他们的研究成果发表在《美国科学公共图书馆》（综合卷）杂志上，其中包括一些很酷的照片和一张标有发现地点的地图。

49. 根据2017年发表在《免疫》杂志上的文章《两栖动物宿主防卫肽对携带H1型血凝素的流感病毒具有抗病毒作用》，这一发现有可能指向流感暴发期间急需的重要抗病毒疗法。

50. 这两种微型脊椎动物的名称都有前缀"paedo"，意思是"儿童"或"儿童般的"。

51. 当时，泰国大黄蜂蝙蝠的数量已经因为收藏者和游客而受到影响，要想在接近自然状态下研究动物，难度越来越大。缅甸的发现为科学家亲临现场考察这个物种的进化提供了又一个机会。

52. 2011年发表在《自然通讯》杂志上的文章《大黄蜂蝙蝠在有限基因流动背景下的感官差异进化》指出，地理距离在限制基因流动方面的作用大于回声定位技术上的差异。

53. 生物学家艾哈迈德·塞尔丘克和哈留克·凯菲里奥古鲁在调查土耳其北部的小型哺乳动物时，平均100个猫头鹰球形呕吐物中只有一个里面能找到小臭鼩的遗骸。他们于2016年发表在《比哈尔生物学家》杂志上的论文《小臭鼩（1822年萨维定名，哺乳纲，鼩形目）在土耳其北部的新纪录》，披露了土耳其安纳托利亚东北部的首个小臭鼩记录。

54. 罗伯特·瑙曼在《即使是最小的哺乳动物大脑也有未解之谜》一文中称，尽管小臭鼩的大脑重量只有64毫克，但它"展示了大量社会和探索行为、高端的捕食能力，以及心血管和呼吸系统对小体型的独特适应能力"。这项研究发表在2015年的《进化神经科学成果与展望》杂志上。

55. 2011年，研究人员在发表于《英国皇家学会哲学会刊》（B卷：生物科学）的《小臭鼩触觉敏锐的神经生物学原理》一文中称："体积小，动作快，极度依赖触觉，这并不是巧合，而是反映了一种利用短距离高速接触并扑杀猎物的捕食方式来抵消小体型代谢成本的进化策略。"

56. 布里斯托尔机器人实验室的艾伦·温菲尔德在2013年接受美国有线电视新闻网采访时表示："触须的妙处之一是即使受到损伤后仍能发挥作用——所有的感知都是在根部完成的。"

第3章　古老领地

1. 史密森学会举办的蔚为壮观的"人类进化时间表交互式展览"表明，人类历史上一些重要的里程碑，例如大脑的发展、对火的控制以及直立行走，都发生在气候波动最剧烈的时期。

2. 我听说科学家还曾给出3万年的估计，但所有人都承认这些只是猜测。

3. 这是98个国家成年男性平均身高的最大值和最小值。这些数据是由《每日电讯报》在2017年发布的，但非洲国家大多不包含在这个名单之中。

4. 该机构的名称缩写非常酷：RED实验室。

5. 正如《生物地理学杂志》2017年发表的论文《气候变化和火灾对美国落基山脉中部颤杨的影响》所强调的那样，沉积物中的花粉为我们研究公历元年之前几千年的地球提供了又一个渠道。

6. 这是我与遗传学家沙伦·莫勒姆2015年合著的《基因革命：跑步、牛奶、童年经历如何改变我们的基因》一书得出的重要结论之一。这本书揭示了基因研究取得的突破正在彻底改变我们对世界和生活的理解。

7. 洛马山龙眼所在地的塔斯马尼亚政府采取了非常严密的保护措施。几年前，为了报道这棵树，记者格雷厄姆·劳埃德还签署了一项具有法律约束力的协议，承诺不披露其位置。即便如此，担任向导的塔斯马尼亚国家公园的护林员为了确保不出问题，还是决定蒙上他的眼睛。劳埃德的文章发表在2014年的《澳大利亚人》杂志上。

8. 只要有无限的时间和无限架钢琴，无限只猴子最终肯定能演奏出莫扎特的协奏曲；只要有足够多的骡子，让它们配种足够多次，就一定会生下一两只小骡子（但是，正如南希·勒夫霍尔姆2017年在《丹佛邮报》上报道的那样，当2002年摩洛哥的骡子真的产下了小骡子时，当地人十分害怕，认为这预示着世界末日）。这样的事情也可能发生在三倍体植物上。也就是说，它们有可能实现有性繁殖，而且并不意味着世界末日。

9. 另外两个已知的 *G. renwickiana* 无性系大约是最大无性系的一半大小，同样是庞然大物。所有已知无性系所在位置都在《空间遗传结构反映出澳大利亚东南部罕见不育灌木 *Grevillea renwickiana*（山龙眼科）广泛具有克隆性、基因多样性较低、栖息地破碎化等特点》一文中标记了出来。该文章2014年发表在《植物学年鉴》上。

10. 1958年，梅纳德·史密斯发现不育的果蝇寿命更长，这一发现后来在更受实验室欢迎的黑腹果蝇以及秀丽隐杆线虫身上得到了验证。秀丽隐杆线虫是一种被广泛研究的蛔虫，辛西娅·基顿就是通过它发现老化遗传原因的。托马斯·弗拉特在2011年5月《实验老年学》杂志上发表的《果蝇繁殖的生存成本》一文是介绍这些研究的优秀入门级资料。

11. 他们的研究，"人类寿命以生育成功为代价：来自全球数据的证据"，发表在2001年的《进化生物学杂志》上。

12. 罗杰斯（与报道红杉有吸碳功能的加州记者保罗·罗杰斯不是同一个人）与达伦·麦卡沃伊在《黑尾鹿阻碍潘多的复苏：单一基因型森林对颤杨恢复力的影响》一文中拉响了警报。这篇文章于2018年发表在《美国科学公共图书馆》（综合卷）杂志上。

13. 这些狩猎管理措施实在太糟糕。美洲狮基金会在mountainlion.org网站上发布了一份详尽的时间线，列出了北美各地自16世纪以来实施的各种赏金计划。

14. 2015年，科学作家凯特·托宾在为美国公共电视网撰写的《狼帮助恢复了黄石公园的树木吗？》一文中，出色地再现了这个缓慢发展的生态故事。

15. 《旧金山纪事报》曾这样描述《沙乡的沉思》："这本书可以和梭罗以及约翰·缪尔的作品放在同一个书架上。"在我的书桌上，利奥波德的这本书就紧挨着《圣经》，而我伸手拿它的次数明显多得多。

16. 2015年，肖恩·麦金农在《亚利桑那共和报》上写道："就像盘根错节的狐尾松一样，情况很快就发生了转折。简而言之，内华达山顶上有一棵树，由于地处偏远，因此上千年来一直默默无闻，但是等到它成为世界上最古老的树之后，一切都变了。"

17. 如果你知道哈伦去世后《亚利桑那每日星报》上发表的长长讣告中并没有"声明他发现了世界上已知最古老的狐尾松"，你可能就不会对他的这种做法感到惊讶了。

18. 萨拉·杰林斯基在2015年为Smithsonian.com网站撰写的文章《公元6世纪的谜与两次而不是一次火山喷发有某种关系》中，谈到了普罗科匹厄斯和将冰芯与年轮数据结合在一起的新分析。

19. 萨尔泽和研究伙伴马尔科姆·休斯在《狐尾松年轮与过去5 000年的火山喷发》一文中将冻伤年轮与火山喷发联系起来。该文发表在2006年的《第四纪研究》杂志上。

20. 萨尔泽的另一项研究"导致位于最高海拔的狐尾松前所未有的生长速度的可能原因"，描述了对这个超级生物的观察结果。文章发表在2009年的《美国国家科学院院刊》上。

21. 这项研究的结果发表在2006年的《抗衰老研究》杂志上，题为《不同寿命的树种端粒长度和端粒酶活性的分析，以及狐尾松随年龄发生的变化》。研究表明，端粒长度较长可能是导致狐尾松长寿的一个原因。

22.《狐尾松会衰老吗？》一文（2001年发表于《实验老年学》杂志）的作者称："我们没有找到突变老化的证据。我们认为，衰老的概念不适用于这些树木。"

23. 马丁内斯在《遗传学前沿》杂志上称："乍一看，可忽略不及的衰老与停止衰老一样，似乎都不符合汉密尔顿的自然选择力随年龄增长而下降的理论。"他指的是威廉·汉密尔顿1966年发表的试图解释衰老现象并认为自然选择是确定寿命的基本力量的那篇论文。

24. 2015年，发表在《无脊椎动物繁殖与发展》杂志上的《水螅是容易驾驭而且寿命较长的衰老模型系统》一文称，普通水螅没有表现出衰老的迹象，但褐水螅可被诱导产生与繁殖相关的衰老现象。

25. 戴维的合作伙伴是檀香山亚洲老年化研究中心的研究人员。该中心对老年日裔美国人的认知能力下降及老年痴呆的发生率、危险系数和遗传因素进行了纵向调查。这项题为《超长寿命：通过水螅揭示人类长寿的奥秘》的研究文章发表在《当代发育生物学》杂志上。

26. 2015年发表在《美国国家科学院院刊》上的论文《水螅始终不变的死亡率和生育力》研究了两个实验室中的2 256条水螅，年龄最大的一群水螅已有40岁。

27. 这个故事有好几个版本。迈克尔·科恩于1998年出版的著作《狐尾松的乐园：大盆地风云变幻的往事》收录的版本似乎最为可靠。

28. 这一集是在2001年12月11日播出的。

29. 美国科普电台Radiolab介绍过柯里的故事，而且那一期节目非常受欢迎。这说明了一些问题，因为Radiolab电台非常棒。

30. 通过比较活蛤（或是刚刚被杀死的蛤）的生长纹和死蛤的贝壳，研究人员建立了一条大约1 000年的时间线，上面标有每条生长纹生长时的海水温度和盐度等信息。2016年，卡迪夫大学和班戈大学的研究人员在《500年前的蛤蜊可以告诉我们关于气候变化的哪些信息？》一文（发表于2016年的《谈话》杂志）对此进行了解释。

31. 科学记者丽贝卡·莫雷勒为英国广播公司撰稿称："这是关于贝类的一个

史诗般的传奇，具备一个精彩报道的所有条件。"

32. 这项发表于2016年的《自然通讯》杂志上的研究绝对令人不寒而栗。它的标题很不起眼：过去1000年来逐年形成的北大西洋海洋气候。简而言之，研究表明，似乎与海洋本身一样古老的地质效应已经因我们而发生了变化。

33. 2012年发表在《化学地质学》杂志上的《硅质深海春氏单根海绵：隐藏在古代动物体内的古气候档案》一文解释了确定这个超级生物的过程。

34. 沃纳·米勒在2006年《细胞与发育生物学研讨》上发表的文章《海绵中的干细胞概念：后生动物的特征》告诉我们负责制造干细胞的是什么基因。

35. 2014年，蒙内–博施在《植物生理学》杂志上写道："在国际象棋中，所有棋子都要保护王。与之类似，多年生植物长寿的条件是保护它的根（或者至少是根的快速再生能力……）。"

36. 据《细胞报告》2015年发表的文章《从弓头鲸基因组进化出长寿》称，他们还发现调节体温、感官感知、饮食适应和免疫反应的基因发生了变化。

37. 有两项研究证明压力和简单生活有助于长寿，一项发表于2014年的《生态学和进化论》（《压力环境可间接选择长寿》），另一项发表在2015年的《老化研究综述》杂志上（《最简单的动物的老化和寿命以及对永生的追求》）。

38. 尽管直到巴盘的百岁老人出生后很久中国才开始颁发正式的出生证明，但家庭记录、军事记录和十二生肖文化都可以提供令人信服的证据，证明这些人确实有报道中那么年长。

第4章　极速世界

1. 研究人员记录了367次狩猎的数据。根据皇家兽医学院在2016年和2017年资助的系列研究项目"猎豹狩猎动力学与能量学"的数据，猎豹的奔跑速度从未超过每小时58英里，平均每次奔跑173米。

2. 英国广播公司地球频道在2011年为《琼斯妈妈》杂志拍摄的《猎豹：大自然对速度的需要》中很好地解释了这一点。

3. 兽医生理学家和田直（Naomi Wade）的团队在论文《猎豹骨骼肌肉中肌纤维的分布》中指出，猎豹的运动方式与后轮驱动汽车一样，后肢产生推力，前肢提供转向与急停所需的力。该论文发表在2013年《哺乳动物生物学》杂志上。

4. 2012年，科学记者马特·巴多为英国广播公司《自然世界》撰写的《猎豹速度之谜被解开了》一文中解释了和田的研究。

5. 在《从一般性等比法则可以看出最大的动物速度不是最快的原因》一文中，研究人员揭示了导致动物运动速度有上限的基本限制因素，深入分析了速度的本质。他们的研究成果于2017年发表在《自然生态与进化》杂志上。

6. 2017年，科学记者海伦·布里格斯在英国广播公司新闻里解释了"为什么猎豹是短跑之王"。

7. 2017年，记者锡德·珀金斯在《科学》杂志上说："为了避开这些限制，希尔特和同事查看了之前收集的各种生物的数据，包括变温动物（即所谓的冷血动物）和恒温动物。"

8. 从研究人员制作的图表（上面居然标有动物的剪影）看，这些曲线比较相似。

9. 其中的科学，怎么说呢，就像菲尔·普莱特和丹尼尔·哈伯德在2015年的《石板杂志》杂志上所说的那样，很糟糕。但"性感书呆子"杰夫·高布伦依旧迷人，而且恐龙会吃人，这才是最重要的。

10. 但是，伶盗龙的奔跑速度达到每小时35英里！

11. "弗兰格尔岛上的猛犸有过多缺陷基因缺陷"项目的研究人员称，他们发现了基因缺失过多，影响基因序列的缺失所占比例升高，以及截断、不完整和无功能遗传蛋白产品过多等问题，并且所有这些问题都不利于种群的长期生存。这项成果发表在2017年的《美国科学公共图书馆》（遗传学卷）杂志上。

12. 1996年，当《科学通讯》发表《皮肤移植和猎豹》一文时，许多人并不相信，但进一步的实验表明，遗传变异水平较低的其他动物种群也具有显著的组织相容性。

13. 奥布赖恩作为作者之一发表在2015年《基因组生物学》上的论文《非洲猎豹的基因组遗产》称，我们已知的其他所有哺乳动物都相差很远。

14. 但是，德国莱布尼茨动物园和野生动物研究所的研究人员称，至少纳米比亚一群自由放养的猎豹的免疫系统似乎没有受到影响。他们的研究发表在2011年的《分子生物学与进化》杂志上。

15. 猎豹确实有可能从某一次种群瓶颈中存活下来，但即使按照最乐观的估计，它们也不可能遭遇两次种群瓶颈却都幸免于难。

16. 通过《生物多样性数据期刊》2017年发表的濒危野生动物信托基金肉食动物保护项目"来自9头在南非林波波省塔巴津比地区自由活动的猎豹的追踪数据"，以及其他类似研究，可以一窥濒危物种生老病死等令人沮丧的状况。

17. 根据2017年发表在《生物多样性与保护》杂志上的文章《极度濒危的伊朗亚洲猎豹：近期分布情况和保护状况》，这些亚洲猎豹在伊朗面临着更大的灭绝风险。

18. 单从体型这个角度看，叉角羚似乎不应该跑得那么快、那么远。正是因为这个问题，1991年《自然》发表的一项研究断言："它们的表现得益于它们消耗和处理氧气的超强能力。"研究报告的题目是"叉角羚奔跑中蕴藏的力能学"。

19. 咬文嚼字的话，"buffalo"（水牛）这个词来源于希腊语 *boubalos*，它既指野牛也指羚羊。

20. 芝加哥大学海洋生物实验室负责人戴维·雷姆森2016年在《动物之谜》杂志上发表了一篇题为《学名对生物信息学的价值和限制》的论文，认为名称和分类之间的关系保持一致，"在生物信息学利用学名对相关的生物多样性信息进行初步锚定以及随后的检索与集成时会产生限制作用"。

21. 2013年，科学作家布赖恩·斯威泰克发表在《国家地理》网站上的《伪猎豹是叉角羚需要速度的原因吗？》一文，解释了叉角羚是如何在进化的军备竞赛中获胜，然后又拒绝"裁军"的。

22. 拜尔斯在《叉角羚：社会适应和昔日肉食动物的幽灵》一书中称，它们其实是在逃避肉食动物留在它们心头的阴影。

23. 另外，别忘了鬣狗有像猎豹一样的四肢和巨大下颌。正如拜尔斯在1996年对《纽约时报》记者卡罗尔·凯瑟克·尹所说的那样："我认为今天的肉食动物都没有昔日的长腿鬣狗那样凶猛。"

24. 科学家推断导致人类先祖"汤恩幼儿"死亡的凶手是一只老鹰，这个推理过程绝对是一个引人入胜的故事。2016年，法新社旗下南非通讯社的里安·沃尔玛朗斯报道了这个故事，题目是《"汤恩幼儿"的死亡之谜终于得解》。

25. 1993年，《泰晤士报》的记者纳塔莉·安吉尔在《无与伦比的动物运动员》一文中称，叉角羚是"一种山羊大小的有蹄类动物，足以跻身全世界最伟大在世运动员的行列"。

26. 这一定是世界上最有活力的生物实验室之一。

27. 我们可能给它起了一个不合实际的名字，事实上，美洲大蠊并非源于美国，而是在17世纪初从非洲乘船来到了新大陆。因此，蟑螂其实是一个小小的提醒，让人们不要忘记美国是建立在卑劣行径基础之上的。蟑螂是美国蓄奴制度的一个残留，在我看来，它们就是一种象征，时刻提醒我这些残留至今仍渗透在我出生和生活的这个国家的每个角落。

28. 几乎任何人都可以做这样的实验，而这也是我的爱好之一。佛罗里达大学在1999年出版的《昆虫纪录大全》中描述了这些方法。

29. 此外，它们能承受人行道表面40~60摄氏度的温度。如果我光着脚在那么热的人行道上跑步，我可能也会跑得很快。2014年，《美国实验生物学联合会会志》上发表了一篇题为《加利福尼亚海岸螨的超凡运动能力》的文章，对这种蜱螨的特点进行了介绍。

30. 从技术角度看，它实际上可能是在步行，而不是跑。毕竟奔跑时所有的脚会同时离开地面。就像竞走选手一次只能有一只脚离开地面一样，螨虫在快速移动时，8只脚中从来不会有超过4只脚同时离地。

31. 在《让纳米颗粒发挥作用：自驱动无机微米和纳米引擎》一文（选自《各向异性和形状选择性的纳米材料》）中，凯特琳·库珀史密斯称，"这些机器的灵感来自自然在独立驱动的分子过程中对化学梯度和细胞轨迹的巧妙运用"。

32. "蜱螨非凡的奔跑与转向能力"这项研究中的视频观看之后令人兴奋不已。这项研究发表在2016年的《实验生物学杂志》上。

33. 对于那些想把自己心中的英雄彻底毁灭的人来说，心理学家罗宾·罗森伯格的《蝙蝠侠怎么了？未经授权的蝙蝠侠临床观察》是一本很有趣的书。

34. 汤姆·哈波尔发表在2015年《航空航天杂志》上的文章《与游隼一起坠落》介绍了肯·富兰克林的游隼飞行研究，值得一读。

35. 哈波尔称，F-22猛禽战斗机所能承受的极限是27个负重力加速度。

36. 仅凭野外观察可能永远不会有这样的发现。《游隼俯冲飞行的空气动力学》的作者称，游隼在自由飞行时，"这么高的速度会阻碍它们对速度、加速度等飞行参数以及体型和翅膀轮廓的精确判断"。这项研究发表在2014年的《美国科学公共图书馆》（综合卷）上。

37. 是的，那起事故比基蒂霍克的首次动力飞行早了7年。"如果说106年前莱特兄弟的成就有什么值得注意的地方，"杰森·保罗于2009年在《连线》杂志上指出，"那是因为在他们之前已经有好几个人通过某种设备成功飞离地面，包括莱特兄弟自己。莱特兄弟所做的就是把他们的努力加以汇总，使飞机能够飞上天空。"

38. 这是欧盟PEL-SKIN项目的一部分，旨在发现可以改善飞机空气动力学性能的机翼涂层。2017年发表在 Meccanica 杂志上的文章《PELskin项目——第五部分：使用自激活展开襟翼在高迎角下控制机翼周围的气流》对其进行了描述。

39. 尽管这个数字在前互联网时代也很普遍，但自从网站开始分享并相互引用之后，它的最初来源似乎就不再重要了。

40. 例如，2013年发表在《美国科学公共图书馆》（综合卷）上的《旗鱼和剑鱼以巡航速度滑行时的水动力特征》。

41. 一个可能的来源是阿瑟·厄普菲尔德的《剑鱼礁之谜》，这是1939年出版的一个虚构故事。书中主人公、"瘦猴"检票员拿破仑·波拿巴站在钓竿后面，有鱼儿正在飞快地拉扯鱼线。"卷线器上本来卷有900码的鱼线，"厄普菲尔德写道，"现在只有700码了。3秒钟后只剩下600码了。"在那本书中，瘦猴的伙伴把他比作赞恩·格雷。

42. 2015年，海洋学家莫莉·卢特卡瓦奇的大型远洋研究中心在 *Medium* 杂志上发表的报告称："客观地看"，旗鱼的1.79 G 加速度可以与布加迪威龙跑车的1.55 G 相媲美，后者在2.4秒内就能完成从0到60英里每小时的加速（旗鱼的速度提升得更快！）。

43. 不过，那项研究确实很有意思。首尔国立大学的一群机械工程师在中国南海发现了一条7尺长的旗鱼。他们把这条鱼杀死、冷冻并制作成标本，然后放进风洞。随后，他们又对鱼的鼻子做了几个整形手术，以了解鱼嘴的大小对阻力是否有影响。根据2013年发表在《美国科学公共图书馆》（综合卷）上的《旗鱼和剑鱼以巡航速度滑行时的水动力特征》，答案是否定的。

44. 优质蓝鳍金枪鱼在拍卖会上有可能卖出10万美元以上的价格。2013年，一条489磅重的蓝鳍金枪鱼在日本拍出了170万美元的高价。这是东京三昧连锁餐厅在当年第一次连锁餐厅竞拍"新年金枪鱼"的拍卖会上推出的一个宣传噱头。费恩·格林伍德在2013年发表于PRI的《国际邮报》上的文章中称，这个价格约合每磅3 500美元。

45.《电子标签揭示大西洋蓝鳍金枪鱼在地中海的栖息地及活动》[发表于2015年的《美国科学公共图书馆》（综合卷）] 证实地中海是金枪鱼的产卵地和越冬觅食地。

46. 大西洋东部和西部的蓝鳍金枪鱼在体型上有非常大的差别，前者大约是后者的10倍大。不同种群的蓝鳍金枪鱼的基因也有很大差别。科学家研究了地中海蓝鳍金枪鱼的近1 000个鱼卵，从中发现了129种不同的单体型，其中一半以上的基因之前从未在地中海蓝鳍金枪鱼体内发现过。2015年，《美国科学公共图书馆》

（综合卷）发表了题为《鱼卵线粒体 DNA 分析显示的人工养殖大西洋蓝鳍金枪鱼个体产卵时间》的论文。

47. 2009 年发表在《美国科学公共图书馆》（综合卷）上的《档案标签表明大西洋蓝鳍金枪鱼有季节性迁移、聚集和水下活动》一文称，科学就是一把双刃剑，了解和保护金枪鱼的科学研究成果同样有助于寻找金枪鱼集中觅食地点，从而导致集中捕捞。

48. "海豚曾在伊拉克战争中被用于扫雷，在越南甚至被用于对付敌军的蛙人。事实上，就目前而言，动物比大多数机器人系统更敏捷，甚至感官也比后者灵敏。"国防战略专家 P. W. 辛格在 2017 年接受《圣迭戈联合论坛报》记者卡尔·普林采访时说。不过，随着机器人在速度、机动性和自主性方面不断进步，这种情况可能会有所改变。

49. 近年来，通过与美国海军合作，美国海洋哺乳动物基金会的研究人员发表了大量研究成果。

50. 2017 年，罗斯在接受哥伦比亚广播公司圣迭戈新闻分社采访时称："如果你想把它们圈养起来以供研究，那么你的研究必须对它们的野外保护起到直接、积极的作用。"

51. 包括 2008 年发表于《英国皇家学会学报》上的文章《鱼类和鲸类动物的速度上限》在内的一些研究表明，海豚的突进速度可达每小时 33 英里，但这一速度与金枪鱼相比还相差甚远。

第 5 章　咆哮的力量

1. 这个公式似乎是 $pLW^2/6$，大家可以在家验证一下。

2. 2015 年，纳普在接受《盐湖城论坛报》记者里奇·凯恩采访时表示："一些研究表明，女性觉得低沉的声音更有吸引力。另外一些研究发现，男性的声音越低沉，与他们发生过关系的女性就越多。"

3. 拥有跑车的男性自称"尺寸偏小"的可能性是其他男性的 1/7。"高速跑车与男子汉气概不足"的调查可能与大量的逸事证据相一致，但绝对不能全信。2014 年，该调查的发起者在《每日邮报》上公布了调查结果，但没有公布调查方法。

4. 2013 年，汤姆·希克曼在《沙龙》杂志上写道："研究人员面临的问题是，他们不得不依赖参与者提供自己的测量数据。……一旦涉及男人和阴茎，人们在自我测量时就会撒谎，该死的谎言！"

5. 至少在成年之前可以听到这个频率范围里的声音。但成年之后，我们通常就再也听不到这个范围内的高频声音了。

6. 1998年，佩恩在她与琳达·吉尼合作完成的研究"座头鲸歌曲中类似于韵脚的重复"中称，有一次，佩恩研究了太平洋和大西洋座头鲸"演唱"的548首"歌曲"，发现"最值得记住"的歌曲中出现了类似于韵律的结构。这项研究发表在《动物行为学》杂志上。

7. 佩恩的《寂静的雷声：站在大象面前》是一部妙趣横生的优秀作品。

8. 大象是第一个被报道可以发出次声的陆生哺乳动物。披露这一事实的文章《亚洲象的次声呼唤》发表在1986年的《行为生态学与社会生物学》杂志上。

9. 著名大象研究者乔伊斯·普尔的发情期大象研究对理解繁殖具有重要意义。普尔的《非洲象的发情行为：发情期狂暴现象》一文发表在1986年的《行为》杂志上。

10. 现在看来，大象显然会根据距离远近，以不同的方式进行交流，但直到2000年，W. R. 兰鲍尔才在《动物园生物学》杂志上发表了一篇关于"大象交流"的文章，披露了这个具有启示性的发现。

11. 全世界曾经至少有164种大象。1998年发表于《生态学与进化论发展趋势》的文章《了解长鼻类动物的进化：一项艰巨的任务》称，只有少数几种大象幸存了下来。

12. 只有鲸类专家才能解开大象次声的秘密。大象的次声可以帮助我们更好地理解鲸类等海洋哺乳动物在水下发出的声音，以及达琳·凯滕在1992年发表于《听觉进化生物学》杂志上的《海洋哺乳动物的耳朵：水声和回声定位的专门化》一文中描述的那些适应性变化。

13. 在一种动物身上发现的线索经常可以帮助我们更深入地研究其他动物，甚至是那些我们自认为非常熟悉的动物，例如"牛的发声行为：动物对自身生物过程和健康状况的评注"项目中的牛。该项目发表在2000年的《应用动物行为科学》杂志上。

14. 科学家曾在研究小象交流方式的基础上，研究小动物的"痛苦发声"。2001年发表在《心理学评论》杂志上的文章《幼鼠会哭吗？》描述了这类研究。

15. 发现许多动物可以听到人类无法听到的频率之后，研究人员立即意识到我们对这些频率的利用——例如军用和科研声呐系统发出的脉冲信号，会对很多生物产生影响，比如《对海豚（鲸下目齿鲸小目）异常灵敏的听觉的解剖学和物理学研究》所描述的那些动物。该研究文章发表于2010年出版的《比较生理学杂志》。

16.《从家畜的发声评判其健康状况》一文的作者称，分析所记录的声音，可以让我们"更深刻地理解它们对家畜健康状况的意义"。该论文发表在2004年的《应用动物行为科学》杂志上。

17. 随着我们对啮齿类动物表达痛苦的方式有了更深入的了解，我们已经可以将它们发出的声音与大脑活动以及《小鼠科评价值提升：人类抑郁和焦虑模拟的进展》一文中描述的其他行为联系起来（该项研究发表在2005年的《自然评论·药物发现》期刊上）。不研究人类听力范围之外的声音，是不可能做到这一点的。

18. 高尔顿开发和测试哨子的过程是证明科学离不开工程技术的一个重要例子。《高尔顿的哨子》（发表在2009年3月出版的《观察者》上，这是美国心理科学协会推出的出版物）是介绍这一发明历史的优秀入门读物。

19. 2003年，卡罗尔·凯瑟克·尹在《纽约时报》撰文，介绍了格里芬的精彩人生。

20. 根据《ILAR杂志》2009年发表的文章《成年大鼠通过超声波交流：生物学、社会生物学和神经科学方法》，这些叫声是大脑中化学活动增加的可靠预测因子。

21. 但根据1994年发表的《听觉比较：哺乳动物》，这些频率没有超出豚鼠、负鼠和白鲸的听觉范围。

22. 马丁和新南威尔士大学教授特雷西·罗杰斯在2016年发表于《谈话》杂志的《为什么大象会发出低沉的吼声而鲸类会像老鼠一样尖叫？》一文中提到了这一点。

23.《体型重要吗？哺乳动物发声驱动因素研究》发表在2016年的《进化》杂志上。

24. 这个游戏还有其他各种各样的名字，可能起源于汉朝时的中国。

25. 这项题为《小划蝽（异翅亚目，划蝽科，小划蝽属）的发声——新西兰水族馆中的一种亚洲昆虫》的研究发表在1990年的《应用昆虫学与动物学》杂志上。令人遗憾的是，文章通篇没有一点幽默感。

26. 从技术上讲，这是小划蝽的右阴茎。是的，左边还有一个。

27. 25英尺以外的摩托车发出的噪声是90分贝，电动割草机的噪声可达100分贝。

28. 2011年发表在《美国科学公共图书馆》（综合卷）上的研究报告《声音响亮的小不点：声压值极高的一种侏儒水生昆虫（划蝽科，小划蝽属）》中的图表显示，小划蝽是一个不循常规的家伙。

29. 2013年，《美国科学公共图书馆》（综合卷）发表了一篇题为《老虎枪虾通过钳夹形成的涡旋》的文章，描述了老虎枪虾的虾钳形成涡旋的迷人物理过程。

30. 根据《科学》杂志上2000年发表的一项名为"老虎枪虾的啪啪声：通过气泡发声"的研究，那些响亮的声音是气泡爆裂形成的，而不是虾钳发出的。

31. 据美联社1947年3月16日题为《虾为潜艇保驾护航》的报道，第二次世界大战期间，美国海军接受了当时流行的做法，利用小小的虾子筑起声音的屏障，将潜伏在东京湾的潜艇隐蔽起来，以免被水听器发现。

32. 一旦某个长期存在的假设被推翻，新的科研应用很快就会出现。这是《幽灵般的空泡云对地震气枪阵列中近场水听器测量的影响》一文得出的经验之一。该文章在欧洲地球科学家和工程师协会2017年年会上展示。

33. 《科学美国人》杂志1881年发表的一篇文章称，美国发明家阿莫斯·多贝尔比亚历山大·格雷厄姆·贝尔早10多年就发明了电话，但他没有像贝尔那样办理"专利证书"。

34. 科学家认为，1891—2012年，他们已经4次重新发现了这种蟋蟀。但发表在2013年出版的《动物分类学》杂志上的文章《酷似蜘蛛的哥伦比亚丛林蟋蟀（直翅目螽斯科拟织亚科）：该属的解剖学研究》称，事实并非如此。

35. 这本书值得我们大加赞誉，因为它填补了"生命开始"和"恐龙到来"之间的空白。

36. 这就是所谓的光声效应。我们可以确定，它的确是由亚历山大·格雷厄姆·贝尔第一个发现的。

37. 2009年，菲尔·森特在《历史生物学》关于动物声音行为前新生代进化的一章中阐述了这个问题。

38. 根据2011年《美国科学公共图书馆》（综合卷）上的文章《适应咆哮：老虎和狮子声襞的功能形态研究》，一些通过大方块形声襞发出咆哮的豹属猫科动物活动范围有所扩大。

39. 这是根据2016年《进化》杂志上的文章《叽叽咕咕：鸟类闭嘴发声行为的进化》得出的结论。

40. 研究小组在2015年的《科学报告》杂志上发表的论文《体型确实重要：鳄鱼宝宝越小，鳄鱼妈妈对它的声音的反应就越强烈》中称："因此，声音互动的变化可能与鳄鱼妈妈中断照顾并驱散幼年鳄鱼的行为有关。"这种特征可能也存在于恐龙、翼龙等其他初龙身上。

41. 2015年，威尔·怀特和凯特·森塞尼格在《华盛顿邮报》上写道："在波多黎各，考齐蛙一直是岛上生活的一部分，人们对它怀有深深的敬意。"但在夏威夷，考齐蛙并不是很受欢迎。

42. 2014年，萨拉·林在《洛杉矶时报》上写道："青蛙夜间求偶的响亮叫声让居民们度过了许多不眠之夜。"

43. 这是人们为打败考齐蛙以及其他外来物种制订的诸多计划之一。2002年，科学作家珍妮特·拉洛夫说，"在尝试过肥皂、表面活性剂和现成的农药之后"，对抗考齐蛙的战士们先是考虑使用"杂货店的商品，包括对乙酰氨基酚（泰诺）和香烟尼古丁"，最后决定使用"富含咖啡因的抗睡眠制剂"。拉洛夫的这篇文章发表在2002年的《科技新闻》上。

44. 该州植物产业部称，考齐蛙密度达到每英亩1万只，这表明考齐蛙对当地环境构成了负面影响。这个数据可能没有错，但显然是本末倒置了。

45. 辛格在《天堂的恐慌：入侵物种、歇斯底里和夏威夷考齐蛙战争》一书中详细介绍了他关注的这些问题。

46. 1978年发表在《比较生理学》杂志上的文章《多米尼加树蛙的两音符叫声表达的意义》描述了一个有趣的现象：在播放这些两音符叫声时，如果强度达到某个阈值，有一半雄性考齐蛙会以"考"来回应。如果考齐蛙感觉到另一只考齐蛙正在靠近，叫声中有侵略性的那个部分就会更加突出。

47. 美国足球运动员约翰·哈克斯就是一个明显的例子：仅过了几年，这位第一个进入英超联赛的美国人一改新泽西北部口音，取而代之的是明显的英国腔，甚至在他回到美国10年后，他在说话时还不时带上一点儿英格兰中部地区的口音。

48. 夏威夷大学希洛分校的研究人员弗朗西斯·贝内维德斯和威廉·莫茨在《夏威夷雄性考齐蛙两音符叫声的时间与频谱特征》一文中研究了考齐蛙叫声的持续时间、两个音符的间隔、鸣叫重复周期、中心频率和频带宽度。这篇文章发表在2013年的《生物声学》杂志上。

49. 纳林斯这个例子有力地证明了科学家可以长时间专注于某件事。关于考齐蛙叫声的两个部分的研究发表于1978年，后续研究结果发表于2014年，标题是《气候变化和考齐蛙叫声：热带高度梯度上的长期相关性》，发表在《英国皇家学会学报》（B卷：生物科学）上。

50. 这项研究的题目是"两种蜡螟的声音感知"，而且斯潘格勒没有做任何与超级生物有关的声明。因此，当它于1983年出现在不太出名的《美国昆虫学会年刊》上时，并没有引起广泛重视。

51. 1984年，斯潘格勒在发表于《堪萨斯昆虫学会志》的《大蜡螟（鳞翅目，螟蛾科）对连续高频声音的反应》一文中指出："这种蜡螟取得成功的原因之一可能是耳朵的适应能力和多种用途。"

52. "这种蜡螟能听到所有蝙蝠的叫声。"斯特拉斯克莱德大学的声学工程师詹姆斯·温德尔在2013年向在《自然》杂志发表过文章的科学作家埃德·扬惊叹道。

53. 2013年《生物学通讯》刊登的文章《一种'简单'耳朵的极高频率敏感性》引用了斯潘格勒的其他研究成果，但没有引用他在频率范围方面的研究成果。

54. 迈克尔·诺瓦切克在《美国博物馆通讯》（1987）上发表的《始新世伊神蝠和古蝠（小翼手亚目，分类位置未定）的听觉特征和亲缘关系》一文中称，科学家已经断定，这是这些早期蝙蝠在回声定位时使用的一种方法。

55. 刊登在《实验生物学杂志》（2011）的文章《虎蛾如何干扰蝙蝠的声呐？》称，虎蛾是世界上已知的唯一一拥有这种能力的动物。

56. 2010年，研究人员在《一种蝙蝠在飞行觅食时利用隐秘的回声定位技术对抗飞蛾的听觉》一文中称，宽耳蝠在飞行捕食时的叫声振幅是其他蝙蝠的1/100。这篇文章发表在《当代生物学》杂志上。

57. 比尔之所以在1839年写这篇文章，是为了提醒另一位作者阿贝·勒科斯，后者称抹香鲸"在痛苦时会发出可怕的呻吟"。

58. 哈尔·怀特黑德在《抹香鲸：海洋中的社会进化》中用优美的文笔对这个"海洋中的庞然大物"进行了详细的介绍。

59. 仅仅依据14个小时的水下录音，这项题为"抹香鲸发出的单脉冲咔嗒声"的研究发表在2003年的《美国声学学会杂志》上。如果能收集到更大的样本，或许就会发现抹香鲸还可以发出更大的声音。

60. 2011年，埃里克·瓦格纳在《史密森尼》杂志上撰文《抹香鲸的可怕叫声》，详细介绍了这个过程。

61. 研究人员在2004年《英国皇家学会学报》（B卷：生物科学）上发表的《抹香鲸的行为表明咔嗒、嗡嗡和嘎吱声的回声定位在捕获猎物中的应用》一文中指出，57%的嘎吱声是在水下深度排在前15%的潜水时产生的。

62. 根据2017年在SPIE（国际光学工程学会）防御暨安全会议上发表的"适应环境的SAS成像目标识别"，这项技术依据的基本原理是海草的声呐可见特征与鱼、波浪形沙地及沉船残骸的声呐可见特征可能有很大不同。

63. 2017年发表在《国际天体生物学杂志》上的《太阳风暴可能触发抹香鲸搁浅：对2016年北海多起搁浅的解释》一文称，研究人员认为，这些年轻的抹香鲸在迷失方向后，根本来不及学习采用替代的导航方法。

64. 世界自然保护联盟（IUCN）称，目前全球可能有数十万头抹香鲸。

第6章　强悍者生存

1. 2015年，布鲁萨特在发表于《科学美国人》的《新的化石表明伶盗龙长有羽毛》一文中指出，还有一些恐龙看起来更像《侏罗纪世界》里的伶盗龙，但并不是真的伶盗龙。

2. 我敢肯定，如果查克·诺里斯和水熊打一架，水熊把7只手绑在背后也能取胜。

3. 霍金预测，我们可能只剩下100年了。

4. 当《华盛顿邮报》记者本·瓜里诺在2017年谈到这个问题时，他在文章标题中一语道破天机："天体物理学家称，这些动物可以活到地球毁灭的那一天。"

5. 2017年，巴蒂斯塔在接受《哈佛公报》采访时表示："地球上的缓步动物几乎是不可毁灭的。"

6. 这很可能在35亿年内发生。

7. 2018年，《实验生物学杂志》发表《南极缓步动物是否能够承受全球气候变化带来的环境压力？》一文，称这些动物将"面临数量减少甚至灭绝的风险"。

8. 想把生命从一个星球转移到另一个星球吗？美国国家航空航天局的一些研究人员认为，最好的选择不是人类，而是缓步动物，这是2008年发表在《太空生物研究》上的《缓步动物 *Ramazzottius varieornatus* 作为天体生物学研究的模型动物》一文讨论出的结论。

9. 2016年，国枝武一和他的团队在《自然通讯》上发表题为《具有超强耐受性的缓步动物基因组和人类利用缓步动物特有蛋白质培养的耐受力增强的细胞》的文章，用科研中常见的有所克制的方式表示："这些发现表明缓步动物特有的蛋白质与它们的耐受性有关，缓步类可能成为新的保护基因和保护机制的丰富来源。"

10. 2014年，我和舒宾一起获得了卡弗里科学新闻奖，这让我既吃惊又深感荣幸。我的获奖作品是一篇关于世界上最大的无性系生物潘多的文章，舒宾的获奖作品是美国公共电视网根据他的书改编的三集电视系列片。两者相比，我感到无比惭愧。

11. 2014年，研究人员完成了腔棘鱼基因组排序之后，在《自然》杂志上发表题为《象鲨基因组为研究有颌类动物的进化提供了独特的视角》的文章并谨慎地指出，他们的分析表明腔棘鱼谱系的进化"速度相对较慢，与非哺乳四足动物的进化速度相似"。

12. 我告诉庞琼，如果他再有机会和象鲨一起游泳，并且需要有人帮他拿装备，我就会搭上第一班去澳大利亚的飞机。2013年，他发布的象鲨视频出现在视频网站上。

13. 但值得注意的是，在宣布完成人类基因组测序项目15年后，科学家仍在努力填补代码中一些相当麻烦的空白。莎伦·贝格利在2017年为《STAT新闻》撰写了题为《嘘！人类基因组测序根本没有完成。一些科学家认为我们应当完成这项工作》的文章。

14. 对美洲河狸进行基因组测序的原因是为了纪念加拿大建国150周年——这确实是一个重大事件，但对科学而言没有任何意义。

15. 在《软骨鱼保留下来的p53基因家族的所有三个成员以及Mdm2、Mdm4》一文中，研究人员称，他们的分析显示，象鲨基因组编码了p53基因家族中的三个成员，即p53、p63和p73。该论文发表在2011年的《细胞周期》杂志上。

16. 2017年，迈克尔·弗朗和齐永成（音译）在《生物分子与治疗学》杂志撰文，称进一步探索基因在鲨鱼和裸鼹鼠（寿命长，对癌症和其他多种疾病有抵抗力）等物种中的进化方式，"可能为治疗人类疾病带来新的认识"。

17. "条纹"这条神奇的鱼学会了钻铁环，接受手指喂食，以及在铅笔指引下跳8字舞。它死后，我把它埋在我家后院的一棵树旁。

18. 所有热爱怪异科学的人都应该读一读雨果的《奇怪生物学：反常的动物、突变体和疯狂的科学》。

19. 2018年，雨果在《新闻周刊》上写道："失去身体某些部位后能够再生的生物真的很罕见，让人不由想到了蜘蛛侠。"

20. 在2010年发表于Phys.org网站的《美西钝口螈有助于揭示干细胞和进化的奥秘》这篇报道中，诺丁汉大学研究人员安德鲁·约翰逊称他选择研究蝾螈的原因是蝾螈与实验室中使用的其他蛙类、鱼、苍蝇和蠕虫不同，它们有多能性细胞。和人类一样，蝾螈的胚胎干细胞可以变成任何其他类型的细胞。

21. 2018年，萨姆·斯基帕尼在《史密森尼》杂志撰文称："它们也经常被送到实验室进行研究，可以说，它们就是两栖类的小白鼠。"

22. 三位蝾螈研究人员在《生物科学》杂志上发表了题为《两个蝾螈的故事》的文章，声称"必须全球共同努力，才能保护和管理好这个在自然环境和实验室环境中不可替代的物种"。文章发表于2015年，但几年以来，全球范围的态势几乎没有变化。

23. 和测量速度的方法一样，测量缓慢程度的方法也有很多种。我们在这里讨论的是在以其能达到最快速度移动时，绝对速度最慢的哺乳动物。

24. 动物学家露西·库克在 The Day 杂志上写道："人们说，名字有什么关系？有关系，如果名字是罪孽的同义词，关系就太大了。是的，从人们用世界上最令人厌弃的罪行为树懒命名的那一刻起，它就被诅咒了。"值得称赞的是，库克从尘封已久的生物学史书架上，摘取了乔治-路易斯·布丰那句刻薄的名言："或者说，他就是我一贯认为的那个小丑。"

25. 保利告诉我，很容易就能找到它们，因为"它们走不了多远"。

26. 如果热量再少，树懒可能就难以生存了。它们过的是勉强果腹的日子。

27. 事实证明，性是树懒唯一能够快速完成的事情。一次完整的性接触可能只持续5秒钟。2012年，伊娃·罗泽·斯科赫在《国际邮报》上写道："无论从哪方面来看，树懒都可能成为所有雌性物种最可怕的噩梦。"

28. 我至少可以确定她是这么说的。我亲爱的柬埔寨裔美国朋友孙春告诉我，这句话的意思是"你不懂"。

29. 2018年3月，艾奥瓦大学的研究人员安德鲁·福布斯和同事们在《量化无法量化的量：为什么膜翅目（而不是鞘翅目）是最具物种多样性的动物目》一文中提出了一个令人信服的观点，他们认为黄蜂（而不是甲虫）是一个最具多样性的动物群体。

30. 在很长一段时间里，科学家都认为最小的昆虫甚至更小，它就是1863年约翰·埃顿·勒孔特描述的一种名为"*Ptilium fungi*"的甲虫。不过，勒孔特的估计远没有后来引用的那么专业。勒孔特说，*P. fungi*"很少超过0.01英寸"，但后来的测量结果证明这个说法是不正确的。2015年发表在《动物之谜》杂志的《最小的动物有多小？已知最小非寄生类昆虫 *Scydosella musawasensis Hall*，1999（鞘翅目，缨甲科）创造的新纪录和重新测量的结果》确定了一个更精确的记录。

31. 2014年，《动物之谜》发表了一项名为"在桑德兰群岛和小巽他群岛发现的98个 *Trigonopterus* 属象鼻虫新物种"的研究，研究人员提供的99张雄性象鼻虫交尾器官照片表现出的差异帮助他们确定了这些物种中有很多是非常独特的。

32. 根据2015年发表在《英国皇家学会学报》（B卷：生物科学）上的文章《甲虫化石记录和宏观进化史》，甲虫的一个分支——多食亚目，在其大部分进化史上，科级分类单元灭绝率似乎为零。

33. 据《史密森尼》杂志估计，在任何时候，地球上都生活着大约10^{19}只昆虫。仅在美国就有9万多种已知昆虫。

34. 华莱士毫不掩饰他的轻蔑之意："究其本质而言，缅因龙虾节就是打着烹饪噱头的中等规模乡镇集市。"

35. 第一家寿司店直到1966年才登陆美国，而且主顾几乎都是日本移民。那么，寿司是如何在美国大获成功的呢？特雷弗·科森在《寿司的故事：生鱼片和米饭谱写的传奇》一文中称，这个问题答案是电视迷你剧《幕府将军》、新兴的健康食品理念和外国菜的加利福尼亚化。

36. 马丁的书引导我们心情愉快地融入"全球食品运动的下一个大趋势"。

37. 2009年，雷切尔·雷特纳在生命科学网上发表了一篇关于生物学家吉鲁利的文章，题为《从运行方式看昆虫种群就是一个超个体》。

38. 在《群居昆虫群居生活的能量基础》一文提供的一张张图表中，各种有机体种群紧密围绕在单个有机体的关系曲线周围。该文章发表于2010年的《美国国家科学院院刊》上。

39. 根据2015年发表在《美国科学公共图书馆》（综合卷）上的文章《超个体的各种反捕反应》，集体的反应与个体生物的神经系统有惊人的相似之处。

40. 2017年，托维在《谈话》杂志中指出，与普遍的看法相反，蚁后不会发号施令。每只蚂蚁都能控制自己，通过复杂得令人难以置信的方式与其他蚂蚁保持协调一致。

41. 包括人类在内的大猿类是为数不多的例外。长颈鹿可能也被这个规律排除在外，但似乎没有人能确定。

42. 弗兰纳里在《纽约书评》上对伯特·荷尔多布勒和爱德华·威尔逊于2009年出版的关于蚂蚁的《超个体》进行了同样精彩的评论。弗兰纳里称，《超个体》是"一部极其重要的作品，任何对引导当前社会发展的趋势感兴趣的人都能领会其中发人深省的深刻意义"。他的说法完全正确。

第7章　致命的威胁

1. 起初，我以为这可能是导游编造的故事，目的是让我听从他的安排。后来，德克·多纳特的失踪得到了媒体的证实。

2. 想知道最有可能夺去你生命的是什么吗？你可以在《柳叶刀》2012年刊登的"1990年和2010年20个年龄组235种死亡原因的全球和区域死亡率：2010年全球疾病负担研究的系统分析"中找到不止一个答案。

3. 从致死人数的角度来看，我们对很多动物的恐惧远远超过了应有的程度，蜘蛛只是其中一种。针对2016年造成佛罗里达州一名男孩死亡的鳄鱼袭击事件，CNN记者杰奎琳·霍华德指出，这一事件"确实十分恐怖——而且极其罕见"。

4. 如果你相信上帝会伤害人类，那就想想这个事实：根据美国海洋和大气管理局的数据，闪电杀死的男性数量是女性的三倍多。

5. 美国保险信息研究所可随时提供一些有趣的图表，告诉任何一个开车、乘飞机、游泳或生活在枪支比人口还多的国家的人，他的死亡率是多少。

6. 据路透社在2017年的"澳大利亚鲨鱼袭击事件频发，可能会影响旅游业"中报道，旅游业对政府的这些决定表示欢迎，但环保主义者不以为然。

7. 美国农业部的《美国西部各州对牲畜有毒的植物手册》读起来就像《哈利·波特与密室》中的波莫娜·斯普劳特教授在课堂上使用的教科书。

8. 马达加斯加千里光的致命毒性在1993年《兽医医学杂志》的《两个月大马驹的吡咯里西啶生物碱中毒》一文中有描述。

9. 根据2012年发表于《医学毒理学杂志》上的《有毒植物的利弊：美国农业部农业研究局有毒植物研究实验室简介》一文，这些益处包括动物模型的研发、新化合物的分离以及对植物性化学物质的生物学及分子机制的深入了解。

10. 2005年，马修·赫珀在《福布斯》杂志发表了题为《独眼羊奇事》的义章。

11. "许多植物进化出毒素来抵御虫子和动物，"2017年，布赖恩·马夫利在《盐湖城论坛报》撰文称，"生物医学科学家发现，这些毒素可以用于医疗用途。"但他们首先要找到适宜种植这些植物的地方。

12. 根据2014年《药学杂志》上发表的《毒参提取物对体外癌细胞的抗癌潜力：药物−DNA相互作用及其通过生成ROS诱导细胞凋亡的能力》，研究人员推测毒参可以阻碍细胞增殖和细胞周期的过程。

13. 2008年，贝尔法斯特女王大学的约翰·曼在《化学教育》上发表的《颠茄、飞天扫帚和脑化学》一文中谈到了有致命毒性的茄属植物的历史和潜在危害。

14. 根据美国疾病控制与预防中心的数据，蓖麻毒素中毒死亡通常发生在接触毒素后36~72个小时内。

15. 2015年发表于《生态工程》杂志的《蓖藤：一种生命力旺盛，可用作生物能源、修复受污染土壤中有毒金属的植物》指出，植物修复还可以用于生物柴油生产、医药产品研发和碳封存等方面。

16. 2015年，《国际生物医学研究》发表的文章《蓖麻对有机氯农药污染土壤修复效果的评价》表明，该植物的修复效率高达70%。

17. 海洋中有许多种软珊瑚，亦称"皮革珊瑚"。根据《自然产物杂志》上发表的文章《一种新的来自红海软珊瑚 Sinularia gardineri 的 norcembranoid 型二聚物》（1996），有的软珊瑚已经被发现了一个多世纪，但几乎所有软珊瑚都没有被科学家认真研究过。

18. 温·R. 帕甘在《奇怪的幸存者》（Strange Survivors, 2012）中写道："为什么一种植物会产生两种可能互为生理拮抗物的物质呢？想想就会觉得有点奇怪，这就相当于在给你毒药的同时把解药也给了你了。"稍后，我们将讨论一种叫作拟南芥的植物是如何运用两种相互冲突的化学物质的。

19. 如果要找一本指导你做烟草生意的指南，最合适的莫过于《烟草：生产、化学和技术》，因为这本书涵盖了从播种到收获、从储藏到销售的所有方面。

20. 2016年，戴维·希思在《大西洋月刊》上撰文指出，截至2010年，烟草公司仍在习惯性地辩称，"全国最畅销的香烟（之前叫Marlboro Lights，现在改名为Marlboro Gold）可以降低患癌症的风险"。

21. 2017年，烟草公司终于承认，他们故意让香烟更容易上瘾。没错儿，浑蛋的烟草公司一直拖到了2017年才承认。那年11月，美国国家公共广播电台的艾莉森·科迪亚克在《通盘考虑》节目中解释了其中的缘由。

22. 2017年，《华尔街日报》的珍妮弗·马洛尼在美国国家公共广播电台的《通盘考虑》节目中解释了他们是如何做到的。

23. 2017年，马洛尼在《华尔街日报》上撰文指出：“这是又一个进入烟草行业的大好时机。吸烟的美国人比以前少得多，但美国的烟草收入在飙升。”

24. 长久以来，人们一直认为欧美商人是18世纪晚期烟草在美国蔓延的罪魁祸首。就普通烟草而言，这个说法或许是对的，但考古学家香农·塔欣厄姆和她的同事们通过对古代烟斗的分子分析，证明了至少在1 200年前，现在的美国西部地区的人们就已经在吸食夸德瑞武氏烟草和渐狭叶烟草了。2018年，研究小组在《美国国家科学院院刊》上发表了这些成果。

25. 这种违反直觉的发现通常不是很受媒体认可，但不管出于什么原因，大多数科学记者这一次表现出了极大的关注。这可能与研究的题目有关。2017年，这项研究发表在《生物有机和药物化学》杂志上，题目是：“烟草cembranoid (1S,2E,4S,7E,11E) - 2,7,11 - cembratriene - 4,6-diol可用作控制乳腺恶性肿瘤的新型血管生成抑制剂”。

26. 2016年，专门从事成瘾药物与文化交叉研究的精神病学家萨莉·萨特尔在《福布斯》撰文称，这些政策是“荒谬的”。

27. 2014年，他们的研究论文《磷酰肌醇介导的防御素低聚反应可诱导细胞裂解》，发表在eLife杂志上，当时这是一本仅有两年历史的开放式期刊，与《自然》《科学》《细胞》等重量级期刊相比，它的影响因子较低。许多表明烟草有益用途的研究都发表在类似期刊上。

28. 她在2014年说：“我开始对烟草属植物产生好感了。”

29. 2016年，塔文在美国国家公共广播电台的《通盘考虑》节目里描述了她舔青蛙的经历。听一听无妨，但绝对不要贸然尝试！

30. 来自美国得克萨斯大学、圣约翰大学、哈佛大学和德国康斯坦大学的塔文团队在2017年的《科学》杂志上发表了他们的研究成果：“相互作用的氨基酸替代品使毒蛙进化出对蛙皮素的抗性。”

31. 2017年，卡丽·阿诺德在《国家地理》杂志上发表文章称，有时候，科学家能做的充其量也就是将物种“记录”下来，然后采集一些标本。

32. 受到威胁的两栖动物种类相当于受到威胁的鸟类和哺乳动物的种类总和。2012年，一些生物学家在Sapiens杂志上发表了题为《两栖动物灭绝危机——怎样才能把实际行动纳入两栖动物保护行动计划？》的文章，对这一危机提出了警告。

33. 根据2015年发表在《美国国家科学院院刊》上的题为《反捕食者防御系统预测多样化率》的报告，现在的问题是如何确定这些物种是否面临着人类驱动的更大的灭绝风险。

34. 斯旺西大学的凯文·阿巴克尔在2016年接受《每日快报》采访时表示，研究表明，"了解物种的防御措施可能是判断哪些物种需要保护时必须考虑的难题之一"。

35. 根据2016年发表在《科学》杂志上的《箭毒蛙碱的不对称合成：对映异构体毒素对NaV表现出功能上的差异》，斯坦福大学化学家贾斯汀·杜布瓦率队完成的这项研究可能为后续的研究铺平了道路，有助于了解蛙类和其他动物毒素中发现的许多小分子。

36. 1969年，《美国化学学会杂志》首次描述了该毒素的结构及部分合成方法。

37. 由于治疗响尾蛇咬伤效果非常好的一种抗蛇毒血清价格在1.4万美元以上，因此你可能会有侥幸心理。（但千万不要拿自己生命去碰运气。还是先接受治疗，然后去找医院和保险公司的麻烦吧。）

38. 比如，2015年，肯塔基州一名60岁男子在五旬节教堂周日礼拜时玩弄毒蛇被咬死。

39. 同样是在2015年，密苏里州一名男子被水蛇咬了两口后拒绝去医院，结果第二天不幸身亡。

40. 密苏里州的另一名男子在野外主动捡起一条蛇后死亡。不出所料，他是被那条蛇咬死的。

41. 2015年，《奥斯汀美国政治家报》刊登的一条讣告称，得克萨斯州一名名叫格兰特·汤普森的18岁男子"在他喜爱的动物的环绕中离开了人世"。警方调查得出的结论是，他坐在得克萨斯州奥斯汀一家家装店停车场的一辆汽车里，故意让他的宠物眼镜蛇咬了他好几口。

42. 在英国民调公司YouGov于2014年完成的一项调查中，蛇击败蜘蛛，成为最可怕的动物。有趣的是，被调查者的年龄越大，就越有可能说他们"非常害怕"蛇，而自述非常害怕蜘蛛的人数则随着年龄的增长而减少。

43. 前期研究表明，在实验室饲养的猴子没有接触过蛇，并不害怕爬行动物，尽管它们发现蛇的速度比发现其他无害动物更快。在此基础上，李·戴伊开展了后续研究，并于2011年在美国广播公司新闻节目里以《怕蛇？听科学家解释其中的原因》为题，对这个问题进行了完整的总结。

44. 这项研究是在德国莱比锡市马克斯·普朗克人类认知和脑科学研究所的斯蒂芬妮·赫尔领导下完成的，2017年发表在《心理学前沿》杂志上，标题极其吸引人：《小小蜘蛛……：婴儿对蜘蛛和蛇的反应逐渐增强》。

45. 据世界卫生组织估计，每年约有540万人被毒蛇咬伤。

46. 伊斯贝尔的书《水果、树和蛇》认为，蛇推动了人类的进化，造就了今天的我们。

47. 2013年，伊斯贝尔在美国国家公共广播电台《通盘考虑》节目中表示，她对蛇与人类之间的关系感到好奇。当然，这个故事与眼镜蛇有关。

48. 这项研究以《丘脑枕神经元表明选择造就快速发现蛇的观点找到了神经生物学证据》为题，发表在2013年的《美国国家科学院院刊》上。

49. 有趣的是，雌猴和幼猴比成年雄猴更容易识别蛇皮。

50. 2017年发表在《灵长目动物》杂志上的文章《蛇鳞驱动野生青腹绿猴识别、注意并记住蛇》指出，这些猴子在4个月大的时候就能够识别蛇并进行反捕行为。

51. 看到蛇时试验对象的早期后部负电位最大。蜘蛛会引发中等程度的反应。看到鼻涕虫时，测试仪的指针几乎不动。2014年发表在《人类神经科学前沿》上的文章《蛇类识别假说的检测：与其他爬行动物、蜘蛛和鼻涕虫的图片相比，人类看到蛇的图片时早期后部负电位更大》会让你大开眼界。

52. 我觉得这是最有趣的发现之一。2017年发表在《科学报告》上的文章《蛇鳞、部分暴露和蛇识别理论：人类事件相关电位研究》指出，有一部分人已经对蛇产生了恐惧，但似乎所有人都发自内心地对蛇保持警惕。

53. 这篇论文发表在2011年的《生物学论文集》上，题目是《蛇毒：从野外调查到临床研究》。文章指出："全球生物多样性危机正威胁着蛇类种群的生存，而蛇类正是开发新的蛇毒衍生药物的希望所在。"

54. 威廉斯在2015年投到《英国医学杂志》的文章《毒蛇咬伤：全球不作为每年导致数千人死亡》中写道："现实非常残酷，尽管毒蛇咬伤是完全可以治疗的，但非洲大陆基本上没有安全有效而又负担得起的治疗方法。"

55. 他们收到了43%的卫生机构、27%的毒物研究中心和13%的制造商的回复。这些数据相当可怕。因此，发表于《国际卫生政策与管理杂志》的《抗蛇毒

血清的需求与获得：全球指导方针的重要性及其应用》在文章结尾部分提出了
警告。

56. 根据欧盟社区研究与发展信息服务部门的动物毒液项目的报告摘要，该
项目的目标是"在学术和经济层面上对欧洲竞争力产生强大影响"，拯救生命是
次要的。

57. 詹妮·布赖恩在《从蛇毒到血管紧张素转化酶抑制剂——卡托普利的发现
与兴起》一文中讲述了卡托普利的发展史，并于2009年发表在《药学杂志》上。

58. 据路透社2010年的一篇题为《巴西在2011年加大对"生物剽窃"的打击
力度》的文章，一些本地团体后来指责研究人员"生物剽窃"，因此巴西开始打
击那些未向本国或本地人民提供补偿就为其产品申请专利的公司。

59. 由于诺贝尔奖通常颁发给多年前的研究成果，因此获奖者在演讲时关注
的重点往往不是他们获奖的原因，而是他们现在的研究。

60. 因此，我们现在已经建成了庞大的毒素变体库，可以检测对各种疾病的
治疗效果，这在一定程度上要感谢一位名叫佐尔坦·塔卡克斯的科学家——世
界毒素库的创立人。我是在英国广播公司2016年的《科学聚焦》节目上，从凯
斯·南丁格尔的《蛇毒疗法：将毒液转化为药物》一文了解到这家毒素库的。

61. 数据记者萨沙·斯坦霍夫在 http://snakedatabase.org 网站上创建了一个非常
有用且可搜索的毒蛇数据库。

62. 1998年，澳大利亚莫纳什大学的研究人员在《毒素学》杂志上发表了他
们对内陆太潘蛇的研究成果：《内陆太潘蛇毒液的药理学研究》。

63. 2012年，法国分子和细胞药理学研究所的研究人员在《自然》杂志上发
表了一篇题为《黑曼巴毒液肽靶向酸敏感离子通道可消除疼痛》的文章。

64. 从 DrugBank 数据库可以看到，它的化学结构非常漂亮。该数据库由加拿
大卫生研究所等机构提供支持。

65. 特兹普尔大学的研究人员在2017年的《科学报告》杂志发表了他们的研
究结果《锯鳞蝰毒液的蛋白质组学和抗蛇毒组学分析：与药理特性和致毒病理生
理学的相关性》。

66. 世界卫生组织估计全世界有3 000种蛇，其中只有大约600种是毒蛇，据
猜测只有大约1/3的毒蛇具有"医学价值"。

67. 斯图尔特·福克斯2010年在发表于《生活科学》的《箱水母有多致命？》
一文中称，很多箱水母袭击事件频发的国家不要求开死亡证明。

68. "水母和其他刺胞动物是现存最古老的有毒生物,"弗莱在2015年接受《今日医学新闻》的凯瑟琳·帕多克采访时表示,"但由于无法通过可复制的方式获取现成毒液,这方面的研究一直裹足不前。"

69. 利用弗赖伊2015年在《毒素》杂志上发表的文章《发射毒刺:化学诱导刺丝泡释放刺丝揭示箱水母海黄蜂毒液中的新蛋白和肽》中描述的技术,离心机分离过程需要持续半小时。

70. 在《石鱼毒素是穿孔素类超家族的一个古老分支》一文中,来自澳大利亚莫纳什大学的研究人员首次向全世界公布了他们在膜攻击复合物与穿孔素或胆固醇依赖性溶细胞素相互作用方面取得的高精度成果。该文章发表在2015年的《美国国家科学院院刊》上。

71. 2003年,健康与全球环境研究中心创始人埃里克·基维安在接受美国《国家地理》杂志采访时表示:"这是自然界中所有动物中最大、最重要的临床药典。"

72. 萨拉·卡普兰在2017年8月13日的《华盛顿邮报》上对这一场景做了精彩描述。

73. C.雷尼·詹姆斯在她的大作《打开科学的枷锁:晦涩、抽象、看似无用的科学研究为现代生活奠定基础》中讲述了这个故事,同时还讲述了很多类似的故事。

74. 黛西·尤哈斯在2013年《科学美国人》杂志上指出,鸡心螺毒素还可以治疗癫痫和抑郁症。

75. 1973年,这位加拿大蜘蛛学家在发表于《昆虫学年度评论》的《真正的蜘蛛——新蛛亚目的生态学研究》一文中指出:"蜘蛛无处不在,在北极最北部的岛屿上,在干燥炎热的沙漠里,在很少有生物涉足的高海拔地区,在洞穴深处,在海岸的潮间带,在沼泽和池塘里,在干旱的高位沼泽地、沙丘和洪泛区,都能发现它们的踪迹。"

76. 2017年,来自瑞士、瑞典和德国的研究人员在《自然科学》杂志上发表文章称,"据估计,全球蜘蛛种群每年杀死的猎物达400亿~800亿吨",这大约占整个地球陆地肉类净产量的1%。

77. 英格拉姆在《华盛顿邮报》的《万物数据》栏目中报道的数据总是引人入胜,也常常令人捧腹。

78. 好吧,多几只蝴蝶,世界会更美好。但少几只也无伤大雅。

79. 但是，2015年，莱希亚·布沙克在《医学日报》上指出，"如果研究人员希望开发包含蜘蛛毒液成分的药物或疗法，那么可能还需要相当长的一段时间才能进行临床试验。"

80. 2012年，理查德·努维尔在Smithsonian.com网站上发表了题为《蜘蛛毒液会成为下一个伟哥吗？》的文章，描述了一个有趣的事实：伴有剧烈疼痛的持续勃起被称为阴茎异常勃起。

81. 美国前副总统、诺贝尔奖得主阿尔·戈尔喜欢谈论这个话题，但是他的解释比不上杰弗里·法塔赫2011年在《犹他新闻》上发表的那篇文章：《不可思议的网：犹他州立大学研究人员利用山羊制造出极其强韧的物质》。

82. 盖茨的18分钟演讲充满激情，妙趣横生，对于任何希望从乐观的角度初步了解这场疟疾歼灭战的人来说，都值得一看。

83. 这是我遇到的证明特权可以影响观点的最好的例子。

84. 2013年，《卫报》社论《医学研究：一目了然的真相》称，截至2013年，世界卫生组织估计用于疟疾控制的支出为18亿美元，而在脱发问题上的花费则高达20亿美元。

85. 2004年，泰国玛希隆大学的尼古拉斯·怀特在《临床调查杂志》上发表的文章《抗疟药物耐药性》是非常不错的入门读物。

86. 杰里·阿尔德在《要灭杀所有蚊子吗？》一文中指出，基因编辑技术已经高度发达，科学家有能力消灭所有已知的疟疾和寨卡病毒携带者。他认为，尚未解决的问题是"他们是否应该这样做？"。

87. 珍妮特·方在《没有蚊子的世界》一文中提出了许多科学家甚至没有想到的一些问题。时至今日，仍然发人深省。

88. 2010年，《自然》杂志的新闻博客《转基因蚊子在试验中消灭了登革热》一文中称，还有一些国家纷纷表示愿意成为Oxitec公司的下一批小白鼠。

89. 2010年，马丁·恩瑟林克在《科学》杂志撰文，称Oxitec公司员工否认有关他们的试验是秘密进行的说法，并且表示这在岛上是众所周知的一件事，"只是国际社会没有听说罢了"。

90. 阿尔德表示，在达尔文主义的一个实例中，有证据表明雌性蚊子已经知道如何避开基因改造过的雄性蚊子。

91. 措辞决定一切。2015年，"高效的Cas9介导基因驱动疟疾病媒史氏按蚊种群改造"研究的作者在发表于《美国国家科学院院刊》的研究报告开头没有阐述他们使用这项技术的背景，而是介绍了他们需要解决的问题：每年有成千上万的人死于这种疾病。

92. 2016年，她在接受TinkProgress网站记者亚历克斯·捷林斯基的采访时说："许多人认为这种做法有效，而且效果可以预见。但这里的情况不同。我们需要知道如何与公众沟通，让他们了解风险。"

93. 然而，皮尤似乎对这个问题持观望态度。"数百年来，人类一直在选择性地培育植物和动物，"2015年，他在《谈话》杂志上表示，"这可以被视为一种间接的基因改造，但并没有人认为它有什么道德问题。"

94.《美国情报界全球威胁评估报告》可能会让你昏昏欲睡。但是，真要睡着了，你也可能会做噩梦。

95. 2017年，康奈尔大学的罗伯特·里德曾对埃德·扬说，CRISPR已经把"我职业生涯中面临的最大难题……变成一个本科生就能完成的项目"。

96. 是的，你可以让人把一个相当复杂的CRISPR实验装置送到你家。我就有一个。就目前而言，认为人们不会利用这些基因技术来制造恶意转基因生物的主要理由是，杀伤力更大的其他类型生物武器实际上更容易制造。但这个理由并不能让人放心。

97. 加州大学伯克利分校教授约翰·马歇尔撰写的《卡塔赫纳协议与释放转基因蚊子》是可以帮助我们了解该协议及其与生物工程改造昆虫之间关系的入门读物。

第8章　别样的智能

1. 作为补充资料，2018年发表于《美国科学公共图书馆》（综合卷）的文章《海豚自我意识的早熟发展》给出了这个互动过程的视频。整个互动过程仅持续约30秒。我在观看这个视频的时候，除了觉得这是一头非常可爱的海豚以外，没有任何其他发现。但我不是海豚专家。

2. 研究分析师汉娜·萨洛蒙斯告诉我："证明海豚有某种能力并不难——只要有一只海豚有这种行为就可以了。但要证明海豚不具备某些能力要难得多。我们需要在很多海豚身上做这个实验。一共有三只桶，它们猜对的概率是1/3。"

3.《利用气泡DPIV测量海豚形成的水动力》发表在2014年的《实验生物学杂志》上。

4. 当然，正如乔舒亚·拉普·勒恩在2017年发表于《Hakai杂志》的《追踪海豚–鲨鱼战斗的伤疤》一文中所说的，鲨鱼也会攻击并杀死大量海豚。

5. 2013年，布里奇曼在《生态学家》杂志上写道："这张照片里的海豚被逼到了一个角落，一边是渔民和死亡，另一边是把它们与自由隔开的网。"

6. 我们很早以前就知道海豚的这个特点了。1982年，发表在 *Journal für Hirnforschung* 杂志上的文章《海豚大脑边缘叶：细胞结构量化研究》首次披露了这个现象。

7. 怀特的《保护海豚：新的道德前沿》以发人深省的方式将哲学和科学结合在一起。

8. 这很容易被认为是"价值观驱动的行为"。如果你真的这样想，就不能考虑这些行为正确与否的问题，因为海豚经常发生我们称之为杀婴和强奸的行为。

9. 2009年，詹姆斯·里奇在《科学美国人》杂志撰文称，这种超强记忆力可能是大象得以幸存的一个原因——让它们留在柯普悬崖顶部的又一只锚。

10. 在《创伤后应激？根本不存在！》一文中，记者保罗·斯特拉德威克报道了布格拉的观点："这种状况其实不是精神疾病，而是可以被诊断为受'保险公司和药品制造商'影响而导致的结果。"

11. 由国家颁发的那些非洲象和亚洲象血统证书表明，美国各地展出的大象大多是幼年时在野外捕获的。

12. 朔贝特说，在大多数情况下，他为动物园购买的小象在与象群分开时还在喝奶，因此必须训练它们使用奶瓶。2008年，我在《盐湖城论坛报》上首次披露这个细节。

13. 2013年，埃默里大学研究人员布赖恩·迪亚斯和克里·雷斯勒合作完成的《父母的嗅觉体验影响后代的行为和神经结构》一文发表在《自然神经科学》杂志上。

14. 2016年，他在发表于《生物学》杂志的《表观遗传及其在进化生物学中的作用：重新评估和寻找新的视角》一文中写道："跨代表观遗传研究的本质决定了它需要养育超过一代生物，需要巨大的时间、经济和空间成本。"

15. 章鱼（octopus）的复数不是"octopi"，因为"octopus"并非源自拉丁语。尽管这个词源于希腊语，但大多数人也不会说"octopodes"。（如果你一定要这么说，发音应该是ock-TOP-uh-deez。）

16. 2016年，戈弗雷–史密斯在《纽约时报》上发表的文章《章鱼与衰老之谜》中首次提到了这一点。文章推测，如果章鱼能朝着更有利于自己的方向进化，它们的寿命也会长一些，尽管可能不会像人类寿命那样长。"运气好的话，"他在文中写道，"活到100岁也有可能。"

17. 这些智慧到底从何而来？ 2015年，《独立》杂志科学编辑史蒂夫·康纳在《比人类多10 000个基因》一文中称，章鱼的基因组比人类略小，但它的基因比人类多50%，并且有数百个其他动物都没有的新基因。

18. 1998年，布伦纳在发表于《当代生物学》杂志的一篇文章中对他的同事、生物学家刘易斯·沃尔伯特说，他很羡慕查尔斯·达尔文，"但我不能嫉妒他取得的成功，也不能要求他等上一个世纪，好让我有公平竞争的机会"。

19. 2015年，布伦纳的团队成功测序了加州双斑蛸基因组，并以《章鱼基因组与头足类动物神经和形态的进化》为题，将他们的成果发表在《自然》杂志上。

20. 2016年，科学记者特蕾西·斯塔德特尔发表文章《章鱼启发人工智能机器人执行任务》，描述了科罗拉多州奥罗拉雷神公司正在进行的一个章鱼人工智能项目。

21. 这种叫作Neotrogla的昆虫的雌虫长有一种叫作"雌器"的复杂结构，可以进入雄虫的生殖腔。交配需要70个小时。2014年，作者在《当代生物学》杂志上发表的《一种洞穴昆虫的雌虫阴茎、雄虫阴道及其相关进化》一文中写道："在性别角色颠倒的动物中，没有发现类似的情况。"

22. 多头绒泡菌是一种大型变形虫，爬行时会改变形状。2000年，研究人员在发表于《自然》杂志的《智慧：会走迷宫的变形虫》一文中称，如果在迷宫中的两个不同位置放上食物，多头绒泡菌可以找到食物之间路程最短的路线。

23. 有趣的是，根据2008年发表在《美国科学公共图书馆》（综合卷）上的《在没有外部信号的情况下，细胞的持续运动：真核细胞的搜寻策略》一文，变形虫最终的确会"忘记"它们最后一次是如何变换方向的——在静止大约10分钟之后。

24. 我们知道，生理节奏是所有生物都拥有的强大力量，同地球生命与太阳之间的联系一样古老。但是，在2008年《物理评论快报》发表的文章《变形虫对周期性事件的预感》中，研究小组证明单细胞生物在仅仅几个小时的"训练"之后就会对节奏产生预期反应。

25. 1971年，著名电气工程师蔡少棠首次提出忆阻器的理论构想，但直到2008年，惠普的一个团队才证明它存在于天然的纳米系统中。

26. 多头绒泡菌可能并不是一个特例。2010年,《物理评论E》上发表的论文《阿米巴变形虫学习记忆模型》称:"这些生物记忆特征也有可能以不同的形式出现在其他单细胞和多细胞生物身上。"

27. 2017年,杰克·克里科在Quartz网站上发表文章《可以学习的电子突触标志第一个真正的人工大脑即将出现》,详细地讨论了这个问题。

28. 2012年,安迪·波克索尔在《数字趋势》杂志撰文称:"功能如此强大,那它一定在做一些非常重要的工作,比如说治疗癌症? 遗憾的是没有。它将用于核武器有效性模拟,研究如何安全地延长它们的寿命。"这是人类利用最聪明的大脑来支持人类自己最糟糕的冲动的最好(也是最糟糕)的例子。

29. 当丽贝卡·博伊尔在2012年发表于《大众科学》杂志的《模拟大脑扩容至100万亿个突触》一文中指出这一点时,有那么一会儿我为自己是人类而感到自豪。

30. 他们发表在2018年《自然气候变化》杂志上的论文《仅比特币排放就能让全球升温2摄氏度以上》让人读完之后不寒而栗。

31. 格罗利耶的演讲——"在芯片上模拟大脑",会让你大吃一惊。

32. 2017年,发表于《自然通讯》的《通过固态突触中铁电畴动态变化完成学习》一文推测,这为"无监督机器学习"创造了条件。对于后续的发展,众说纷纭,莫衷一是。有人认为人工智能将在维持世界运转时需要做出的快速决策方面发挥越来越重要的作用,因此可以为人类生存提供所需的帮助;也有人认为这是全人类的催命符,因为超智能机器会发现没有人类的世界更美好。

33. 但是,发表于2011年《大脑行为与进化》杂志的《蚂蚁微型化大脑的异率测定》一文称,它们的行为表现往往与那些大得多的物种一样复杂,有时甚至还要复杂得多。

34. 布赖恩·沃尔什在2014年发表于《时代周刊》杂志的文章《你的蚂蚁农场比谷歌聪明》中给出了一个贴切的类比,也更能说明问题。

35. 2013年,约翰·克齐尔在他为Venture Beat网站撰写的《每个月,谷歌1 000亿次搜索30万亿网页是如何做到的?》一文中解释了其中的原理。

36. 2014年,库思在《独立报》上表示,他在研究蚂蚁搜索算法时使用的数学模型可能也适用于其他有归巢能力的动物,比如信天翁(世界上最大的海鸟)。

37. 2016年,荷兰和美国的研究人员在它们发表于《美国科学公共图书馆》(计算生物学卷)的《利用锋电位学习通用计算方法》一文中指出,动物大脑中短暂的电脉冲有助于生成一幅既混乱又可广泛预测的世界图景。

38. 2015年，研究人员在《美国科学公共图书馆》（综合卷）上发表的文章《利用非光滑凸极小化的信赖域模型改进BFGS公式》中提出了一种新算法，用于从某些非线性问题的许多可能解中找出最佳解。

39. 2015年，一组中国研究人员在《美国科学公共图书馆》（综合卷）上发表了题为《一种求解不确定条件下贝叶斯反问题的混合优化方法》的文章，提出了一种新的历史匹配方法——建立多个数值模型来描述实测数据。

40. 2015年，发表在《美国国家科学院院刊》的《行军蚁通过成本效益平衡，动态调整"活体"桥》一文称，这"可能会对人类设计建造的自组装系统产生某种影响"。

41. 2015年，普林斯顿大学的摩根·凯利在《蚂蚁用自己的身体搭建"活体"桥梁，充分阐述群体智能》一文中惊呼：天啊，它们甚至看不见！

42. 当时，他就是这样跟《时代周刊》的布莱恩·沃尔什说的。

43. 1985年，发表在《实验生物学杂志》上的《澳大利亚黑头牛蚁的攻击行为和距离感知》一文指出，澳大利亚黑头牛蚁是一个例外，它的视力明显好于其他蚂蚁。

44. 2006年，《蚂蚁里程表：踩高跷的蚂蚁和被截肢的蚂蚁》发表在《科学》杂志上。

45. 2016年，在《科学》杂志上发表的论文《人脑海马体中导航目标的前瞻性表征》中，作者指出，只要我们确定了一个导航目标并开始导航，海马体-皮质网络就会支持建立一张"思维地图"。

46. 苏塞克斯大学的安托万·威斯特拉克在发表于《谈话》杂志的《我们一直在以错误的方式看待蚂蚁的智慧》一文中也指出，尽管"以我们对人类自己的智慧做出的假设作为出发点似乎是一种直觉"，但我们无法用"自上而下的方法"来回答有关昆虫智慧的问题。

47. 2009年，《物理评论快报》上发表的《像公路交通一样快速通行的蚂蚁队伍：永远不会拥堵》一文指出："蚂蚁在路上的平均速度几乎不受它们的密度影响。"这真的令人吃惊。

48. 2017年，阿瑞安·马歇尔在《连线》杂志上指出，自动驾驶汽车进入建筑工地后，"就会寸步难行"。

49. 谢尔曼的这首歌是根据阿米尔卡雷·蓬基耶利的《时辰之舞》改编的。

50.《植物生活大揭秘》实际上是一本很好的读物。尽管如此，阅读时还是要有所保留，或者说要时刻保持警惕。

51.《滚石》杂志不同意我的评估。才华横溢的音乐评论家肯·塔克承认它"在很多细节上能给人小小的快乐"，同时他认为"很不稳定"，而且"过度单调"。不过，他又补充说："青菜萝卜，各有所爱。"很多人都非常喜欢这部电影，有的是因为它的音乐，有的则是因为它的题材。我的编辑利娅·威尔逊非常肯定她在20世纪90年代的生物课上看过这部电影。

52. 2007年，发表于《植物科学发展趋势》杂志的《植物神经生物学：没有大脑，就没有收获》一文认为："'神经元'一词的确来源于希腊语中表示'植物纤维'的那个单词，但这一事实并不能成为植物生物学重新定义这个概念的有力论据。"

53. 2013年，迈克尔·波伦在《纽约客》杂志撰写了一篇关于这场辩论的文章。他说："植物神经生物学领域要么代表着我们理解生命的一种全新范式，要么代表着我们重新滑入《植物生活大揭秘》最后一次搅浑的科学水域，这取决于与你交谈的人在植物科学中的立场。"

54. 2014年，加格利亚诺和合作伙伴在《生态学》杂志上指出："这种相对持久的习得性行为变化，与我们在许多动物身上观察到的驯化效应长时间保持的现象是一致的。"

55. 2015年，罗伯特·库鲁维奇（因Radiolab而出名）在他为《国家地理》杂志撰写的文章中，用朴实的文笔介绍了加格利亚诺的研究。他在文中写道："我听说，几年前，这株植物度过了一个极其难熬的下午。"

56. 2016年，伊丽莎白·多尔蒂在波士顿大学撰写的文章《你大脑中的地图》中称，确实有一些科学家认为我们正越来越接近于了解人类大脑的记忆原理。

57. 2016年发表在《科学报告》上的《植物的联想学习》一文简单明了，通俗易懂。聪明能干的中学生可以用另一种植物来复制这个过程，用于参加科学展览。（嘿，斯派克：这是我给你的一点儿提示。）

58. 2017年，发表于《美国国家科学院院刊》的文章《拟南芥种子通过空间嵌入式决策中心综合温度变化打破休眠》指出：很多人类决策过程也采用了相似的方式，甚至负责发送化学信号的结构也一样。也许植物——和我们一样是真核生物——其实就是"速度很慢的动物"。

59. 关于人类对我们这个世界的重要性，2018年发表在《美国国家科学院院刊》上的《地球上的生物量分布》一文提供了大量令人气短的观点。例如，世界上各种动物的总生物量还不到地球古细菌总生物量的1/3。

60. 2016年，吉布森在《谈话》杂志发表《巴甫洛夫的植物：新研究表明植物可以从经验中学习》一文，详细地论述了艺术、哲学和科学的交叉。

结语　下一个超级生物有待你来发现

1. 2017年，布拉德·埃里斯曼和蒂莫西·罗威尔在《生物学快报》上发表的文章《一种值得拯救的声音：大规模聚集的产卵鱼类声学特征》称，这种鱼集体发出的尖叫声是有记录以来动物发出的最响亮的声音之一。

2. 弗莱舍的文章《渥太华国家森林保护区颤杨无性系变异分析与描述》是一篇优秀的科学著述。